U0741429

全国高等医药院校药学类规划教材

生物制药设备

主　编　宫锡坤
副主编　周丽莉

中国医药科技出版社

内 容 提 要

《生物制药设备》是生物制药专业的专业课程，本书主要讨论的对象是用于大规模生产的生物反应器和与生物反应器相关的设备及分离纯化设备。书中详细阐述了各种设备的工作原理、操作特性、设备计算、放大方法和强化设备的途径。全书结构严谨、内容较新，特别是针对工程类课程文字不易表述的特点配发了大量插图，使课程教学更加直观，有助于学生理解。本教材还根据章节特点设计了思考题，便于学生对所学知识巩固提高。

图书在版编目（CIP）数据

生物制药设备/宫锡坤主编. —北京：中国医药科技出版社，2005.10

全国高等医药院校药学类规划教材

ISBN 978 - 7 - 5067 - 3264 - 2

Ⅰ.生…　Ⅱ.宫…　Ⅲ.生物制品：药物 - 制造 - 化工设备 - 医学院校 - 教材　Ⅳ.TQ460.5

中国版本图书馆 CIP 数据核字（2005）第 123138 号

美术编辑　陈君杞
责任校对　张学军
版式设计　郭小平
出版　中国医药科技出版社
地址　北京市海淀区文慧园北路甲 22 号
邮编　100082
电话　发行：010-62227427　邮购：010-62236938
网址　www.cmstp.com
规格　787×1092mm ¹⁄₁₆
印张　16
字数　326 千字
版次　2005 年 11 月第 1 版
印次　2024 年 1 月第 7 次印刷
印刷　大厂回族自治县彩虹印刷有限公司
经销　全国各地新华书店
书号　ISBN 978 - 7 - 5067 - 3264 - 2
定价　**48.00 元**

全国高等医药院校药学类规划教材常务编委会

出 版 说 明

　　全国高等医药院校药学类专业规划教材是目前国内体系最完整、专业覆盖最全面、作者队伍最权威的药学类教材。随着我国药学教育事业的快速发展，药学及相关专业办学规模和水平的不断扩大和提高，课程设置的不断更新，对药学类教材的质量提出了更高的要求。

　　全国高等医药院校药学类规划教材编写委员会在调查和总结上轮药学类规划教材质量和使用情况的基础上，经过审议和规划，组织中国药科大学、沈阳药科大学、广东药学院、北京大学药学院、复旦大学药学院、四川大学华西药学院、北京中医药大学、西安交通大学医学院、华中科技大学同济药学院、山东大学药学院、山西医科大学药学院、第二军医大学药学院、山东中医药大学、上海中医药大学和江西中医学院等数十所院校的教师共同进行药学类第三轮规划教材的编写修订工作。

　　药学类第三轮规划教材的编写修订，坚持紧扣药学类专业本科教育培养目标，参考执业药师资格准入标准，强调药学特色鲜明，体现现代医药科技水平，进一步提高教材水平和质量。同时，针对学生自学、复习、考试等需要，紧扣主干教材内容，新编了相应的学习指导与习题集等配套教材。

　　本套教材由中国医药科技出版社出版，供全国高等医药院校药学类及相关专业使用。其中包括理论课教材 82 种，实验课教材 38 种，配套教材 10 种，其中有 45 种入选普通高等教育"十一五"国家级规划教材。

全国高等医药院校药学类规划教材

编写委员会

2009 年 8 月 1 日

前　言

20 世纪 50 年代全国只有几所院校开设了抗生素专业。随着我国医药院校的改革和发展，为了满足市场的需求，很多高等医药院校都增设了生物技术专业。1982 年由俞俊棠教授主编的《抗生素生产设备》作为试用教材被广泛采用。

20 世纪 70 年代后，是生物技术迅猛发展的阶段，DNA 重组等分子生物学技术的不断发展，赋予了生物技术崭新的内容，所获得的产品有更高的附加值，使之成为真正的高技术领域——现代生物技术。

生物技术用于新型药物的研制，对生物反应器也提出了更严格的要求，新型生物反应器不断出现，新的分离方法和设备也不断研制开发。目前，设备内容多包括在工艺教材或专著之中简单论述，编写《生物制药设备》目的是作为生物技术专业一门课程教材（40～50 学时）。

《生物制药设备》是生物技术制药专业的专业课，它是生物学、化学和工程学科的交叉学科，可以认为是生物技术的一个组成部分，也可以认为是化学工程的重要分支。

在编写过程中，仍保留原有成熟的发酵工程内容，力求反映学科的现代发展成果。遵循理论联系实际的原则，注重实际应用，注意删繁就简，同时保证有一定深度和广度。对从事科研、生产部门的技术人员也有一定参考价值。

本书由宫锡坤任主编，周丽莉任副主编。沈阳药科大学的副教授周丽莉编写（第七章、第八章）、宫锡坤教授编写（绪论、第一章、第二章、第三章、第四章、第五章、第六章、第九章及附录）。

由于生物技术发展很快，涉及的知识领域广，编者水平有限，缺点错误在所难免，恳请读者批评指正。

编　者
2005 年 6 月

目 录

绪 论

一、生物制药设备

生物化学工程（biochemical engineering，简称生化工程），它是运用化学工程的原理和方法对实验室所取得的生物技术（biotechnology）成果进行工业开发的科学。也可以说，生化工程是为生物技术服务的化学工程。

化学工程所涉及的主要问题是工厂的设计、建立及运行，使物质发生化学变化来生产产品。生化工程所处理的则是以活的细胞为催化剂或由细胞提取出来的酶为催化剂的反应过程。对这样一种有生物催化剂参与的过程，不仅要对生物物质的动态有较详尽的了解，而且还需具有较宽广的工程学的知识，才能充分挖掘和利用生物体系的潜力。

凡生物工程所引出的生产过程，可统称为生物反应过程，它大致可用下图所示的流程表示：

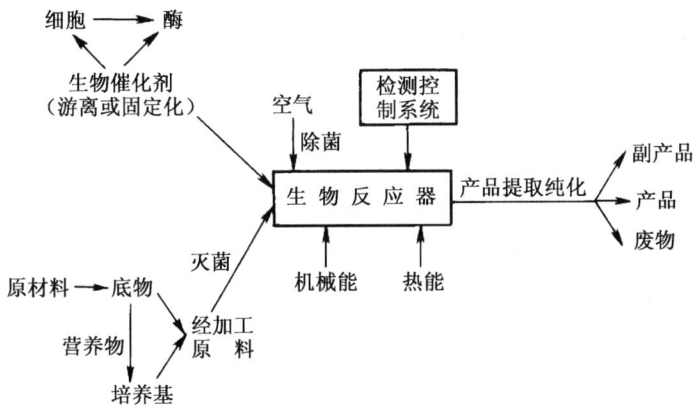

生化工程实际上就是研究生物反应过程中带有共性的特殊工程问题，如大规模的种子培养过程、大规模培养基和空气灭菌过程、发酵代谢调控、细胞生长和产物形成动力学、生物反应器的优化操作和设计、生化产品的分离纯化等过程中的工程技术问题。

由于生化工程可视为化学工程的一个分支，又可认为是生物学和化学工程相结合的交叉学科，因而又被称为生物化工。

从以上生化工程所涉及范围可以看出，要想编出内容详细全面必然文字很多。更主要的是生物技术专业的专业课还有《发酵工艺学原理》、《生物药物分离纯化技术》、《生物技术制药》等多门专业课，这些课程内容有些就属于生化工程范畴。本书力求内容不要重复，重点放在用于大规模生产的生物反应器和与生物反应器相关的设备及分离纯化设备。详细阐述各种设备的工作原理、操作特性、设备计算、放大方法和强化设备性能的途径。该专业所学的最终产品又以药物为主，因此，教材取名为《生物制药设备》，可认为是生化工程的一个组成部分。

二、生物制药设备的基本内容

按工程的定义，它是将自然科学的原理应用于生产的某一具体方面并研究该生产领域中有共性技术规律的科学。生物制药设备是为生物反应过程服务，生物反应过程常把生物反应器作为过程的中心，而分别把反应前与反应后的工序称为上游和下游加工（up stream and down stream processing）。本书将分别围绕反应器上游和下游来阐明生物制药设备的内容。

在上游加工中最重要的是提供制备高产优质和足够的生物催化剂（由常规选育或经现代生物技术方法获得的菌株、细胞系或从中提取的酶，必要时可进行固定化）。这方面的工作通常由生物学方面的工作者来担任。本书主要讨论培养基灭菌问题。这里含有较多的化工单元操作，如流体输送、热量传递及灭菌动力学和营养成分降解动力学等问题。

生物反应器是整个生物反应过程的关键设备。所谓生物反应器，若采用活细胞（包括微生物、动物、植物细胞）为生物催化剂时称发酵或细胞培养过程；若采用游离或固定化酶时称为酶反应过程。两者的区别在于生物反应过程中除得到产品外，还可能得到更多的生物细胞；而酶反应过程中，酶不会增长。生物反应器是为特定的细胞或酶提供适宜增殖或进行特定生化反应环境的设备。它的结构、操作方式和操作条件对产品的质量、转化率和能耗都有着密切的关系。在生物反应器中存在气－液－固三相的混合、传热、传质问题，不少发酵液还呈有非牛顿的流变学特性，因此同样存在大量化学工程的问题。若把生物反应器中的每一个细胞都看成一个微型的反应器，并使每一个细胞都处于同一最佳环境下才能使整个生物反应器维持最佳状态。可见生物反应器中的混合、传热、传质是何等的重要。另外，还要考虑搅拌对不同细胞机械剪力的影响。生物反应器的设计和放大不完全是化学工程问题，它还与细胞的生理特性、繁殖规律、代谢途径等密切相关。总之，生物反应器设计和放大是一个非常复杂，但又必须研究解决的工程技术问题。

大多数生物反应过程是好氧过程，因此该课程还要解决大量无菌空气供应问题，包括空气压缩、预处理和空气除菌等。

由于生物反应过程受环境（温度、pH、溶解氧等）的影响明显，此外，反应时间一般较长等原因，过程一般是分批操作，各种反应参数随时间变化。因此，生物反应过程的参数检测和控制显得十分重要。较理想的控制策略是建立在过程模型化（指单反应过程）或专家系统（复杂反应过程）的基础上利用计算机在线数据检测、数据处理和参数控制。这些内容没有列入该课程之内，在学习其他专业课时应给与足够的重视。

下游加工的任务是将目标产物从反应液中提取出来并加以精制达到规定的质量要

求。应该说这一系列的提取精制是难的。因为在反应液中目标产物的浓度是很低的，最高的乙醇也仅在10％左右，抗生素一般不超过5％，一些基因工程或杂交瘤产品则更低，如胰岛素一般不超过0.01％，单克隆抗体一般不超过0.0001％。另一困难是反应液杂质多并与目标产物有相似的结构，还有一些具有生物活性的产品对温度、酸碱度及日光都十分敏感，一些药物或食品类产品对纯度、水分、有害物质含量、无菌及洁净程度都有严格的要求。总之，下游加工的工序多，要求高，往往占生物工程产品成本的一半以上。

一些典型的化工单元操作，如液－固分离、液－液萃取、蒸馏、蒸发、结晶、离子交换、干燥等常用于下游加工。虽然这些单元操作在化工原理课程中已做了介绍，但生物反应产品要求所用设备一般必须满足高效、快速、低温、洁净等特殊要求，因此有些设备还要结合专业特点重新详细论述。

随着DNA重组技术和原生质体融合技术等新一代产品的出现，今后生化工程研究的内容包括新型生物反应器的研究开发，特别是针对基因工程产品和动、植物细胞产品的投产研制新型反应器。还有对分离方法和设备的研究开发，特别是针对蛋白质、多肽的分离。目前用于上述产品的分离方法虽较多，有的只能用于实验室规模，对有关分离方法的原理和设备设计、放大问题还不够成熟。还应该多学科协作，建立各种描述生物反应过程的数学模型，以利于过程的控制和优化及计算机的应用等。总之，生化工程还有很多研究课题和发展余地。

本书将在各章节中介绍有关生物反应器基本理论、培养基灭菌、空气除菌、细胞生物反应器、酶反应器、产品提纯等生化工程中最为基本的内容。同时也简单介绍发酵工厂车间设计的相关主要内容。

第一章

生物反应器基本理论

尽管生物反应器这个术语较新，但它的利用却有着悠久的历史。古代欧洲用牛胃盛牛奶，牛胃中的活性物质会把牛奶转化为奶酪，这就是原始的奶酪生产方法。而这牛胃便是原始状态的生物反应器，其中活性物质就是凝乳酶。在生物反应器中，通过产物的合成，廉价的原料升了值。因此，生物反应器的设计和操作，就是一个极其重要的问题。本章主要介绍生物反应器的基本工程概念及设计的基本原理。

第一节　生物反应器的基本工程概念

一、生物反应器的类型

利用生物催化剂进行生物技术产品生产的反应装置称为生物反应器，或者说生物反应器是生物化学反应得以进行的场所。生化反应也是一种或一系列的化学反应，故可根据化学反应工程的分类方法从不同角度对生物反应器进行分类。

按操作方式可分为间歇（分批）操作、连续操作、半连续操作三种类型反应器。

按反应器内流体流动及混合程度，反应器可分为理想反应器和非理想反应器。

按几何构形（高径比或长径比）和结构特征，反应器可分为罐式（槽式或釜式）、管式、塔式、及膜式等几类。罐式反应器高径比小（一般为 1～3）并通常装有搅拌器构成所谓的搅拌罐（搅拌釜），它既可以分批操作又可连续操作。管式反应器长径比最大（一般＞30），塔式反应器的高径比介于罐式与管式之间，而且通常是竖直安放的，管式和塔式反应器一般多用于连续操作。膜式反应器是在其他形式的反应器中装有膜件，以使游离酶、固定化酶或固定化细胞保留在反应器内防止随反应产物排出。

按相态反应器又可分为均相和非均相两类。气–固、液–固或气–液–固非均相反应系统中，根据流体与催化剂的接触方式，反应器又可分为固定床及流化床等类。

按所使用的催化剂不同，可分为酶反应器和微生物反应器两类。如葡萄糖被葡萄糖异构酶所催化的反应就是单一的酶催化反应，它所需要的生物反应器就称为酶反应器；而葡萄糖发酵成乙醇是由微生物酵母产生一系列酶在无氧条件下所催化而生产的产品。实现这一系列酶催化的生物反应器称为微生物反应器，俗称发酵罐。

随着生物技术的发展，动、植物细胞培养逐渐从实验室规模过度到生产规模。动、植物细胞培养是指动物或植物细胞在体外条件下进行培养繁殖，此时，细胞虽然生长与增多，但不再形成组织。动、植物细胞培养与微生物培养有较大区别。首先是动物细胞没有细胞壁，而且大多数哺乳动物细胞需要附着在固体或半固体表面才能生长，并对培养基的营养要求苛刻等因素，所以，强烈的机械搅拌与通气鼓泡产生剪切力都会损伤细胞，使细胞破裂。植物细胞具有细胞壁，可以同微生物一样在液体中悬浮培养。但对流体的剪切力的耐受性比微生物要低，加上动植物细胞的生长比微生物缓慢，并且动、植物细胞培养条件又非常适合杂菌生长，所以在反应器的结构上有其特殊要求。

二、生物反应器设计内容与开发趋势

（一）设计内容

（1）反应器类型：根据生产工艺特征，反应及物料特性等因素确定反应器的操作方式、结构类型、传热和流动方式等。

（2）设计反应器的结构，确定各种结构参数。即确定反应器内部结构几何尺寸，搅拌器形式、大小及转速，换热方式及换热面积等。

（3）确定工艺参数及控制方式，如温度、压力、通气量、进料浓度、流量等。

在设计生物反应器时，除了与一般的化学反应器相同的地方外，要考虑一些特殊需要。例如，微生物和动、植物细胞都容易受到杂菌的污染，因此，防止染菌是生物反应器设计必须考虑的一个重要因素，应尽量少用法兰连接多采用焊接连接，反应器内要保持一定正压，避免大气漏入等。

（二）开发趋势

（1）建立描述生物反应器过程的各种数学模型，以生物反应为研究对象，将其中的生物反应分解为生化反应、传质过程、流体流动及混合等分过程，分别进行研究，然后联立求解动力学方程、物料及热量衡算式，从而得到所研究的生物反应过程规律的解析表达式，获得较精确的反应过程本质的数学模型，以便用于过程的自动化控制、优化反应器的设计与放大。

（2）大型化生物反应器的开发研究。生物反应器正向大型方向发展，例如抗生素的发酵容积已达 $400m^3$，氨基酸的生产达到 $500m^3$，生产单细胞蛋白的气升式发酵罐达到 $2600m^3$，处理废水的生物反应器容积超过27 000m^3，国内生物反应器容积多在 $200m^3$ 以下。反应器的大型化降低了生产成本，但大型反应器的设计还存在一定的技术问题需要加以解决。

（3）特殊要求的新型生物反应器的研制开发。例如基因产品、细胞固定化及动、植物细胞培养的工业化反应器、固体发酵反应器、边发酵边分离反应器等的开发研制已获得广泛的重视。

第二节　理　想　反　应　器

生物反应器型式多种多样，但从结构与操作来分析，有间歇操作发酵罐，连续操作发酵罐和管式反应器等基本型式。这几种反应器内物料的流动状况具有典型性。深入研究其中的物料流动状况对生物反应器的影响，将有助于其他反应器理解。

间歇操作发酵罐特点是物料一次加入，反应完毕后一次放出。在良好的搅拌条件下罐内各点温度、底物浓度可接近均匀一致，罐内底物浓度随时间变化，所以反应速度也随时间变化。单罐间歇发酵是微生物或细胞在一个罐内完成延迟期、对数生长期、衰退期等阶段。微生物或细胞在其后两个非旺盛的生长期时间又相当长，因此，必然导致发酵周期长，发酵罐数多，设备利用率低。

若在发酵罐内连续不断地流加培养液，同时又不断地排出发酵液，进行连续操作，使发酵罐中的微生物或细胞一直维持在优化状态下生长和产物形成，这样就缩短了发酵周期，提高了设备利用率，因此，20世纪50年代后开始有了连续发酵技术。连续操作可用间歇操作相同的设备，这种操作与间歇操作相比反应器内反应温度、底物浓度都不随时间变化，因而反应速度也保持不变。

从理论上讲生物反应器也可在一个管内进行，这种反应器特点是一端加入反应物，从另一端引出反应产物。反应物在管内沿流动方向前进，反应时间是管长的函数，底物浓度和反应速度沿流动方向逐渐降低。在操作达到稳定状态后，沿管长上任一点的浓度、温度、压力等参数都不随时间而改变，因而各点反应速度也不随时间而改变。

一、返混与停留时间分布

在连续操作反应器的有效容积为 V_A，通过反应器的体积流量为 F，则 V_A/F 就可求出物料通过反应器所需要时间，称为平均停留时间（τ）。

在间歇反应器中，物料一次加入，反应完毕后一起放出，全部物料粒子经历相同的反应时间，没有停留时间分布。而在连续反应器中，同时进入反应器的物料粒子，有的很快就从出口流出，有的则经过很长时间才从出口流出，停留时间有长有短，形成一定的分布，称为停留时间分布。

（一）年龄分布与返混

停留时间分布有两种：一种是指反应器内的物料而言的，称为器内年龄分布，简称年龄分布；另一种是指反应器出口的物料而言的，称为出口年龄分布，也称寿命分布。

（1）年龄分布　从进入反应器的瞬间开始算年龄，到所考虑的瞬间为止，反应器内的物料粒子，有的已经停留了 1s（年龄 1s），有的已经停留 10s（年龄 10s）……。这些不同年龄的物料粒子混在一起，形成一定分布，称为年龄分布。而不同年龄的物料粒子混在一起的现象称为返混，所以，返混是时间概念上的混合，是反应器内不同停留时间的物料粒子之间的混合，它与停留时间分布联系在一起，有返混必然存在停留时间分布；反之，若没有停留时间分布，则不存在返混。应注意：返混的概念与一般所谓物料混合的含义是不同的。如在间歇操作中，反应器内在强烈的搅拌作用下使器内各处物料均匀混合，但由于物料是一次加入，反应完毕后一起放出，全部粒子在反应器内停留时间相同，所以不存在返混现象。在连续管式反应器中，虽然在层流流动时粒子之间互不干扰，但因管中心粒子流速最大，停留时间最短，靠近管壁的粒子流速小，停留时间长，造成流速不均，就会产生停留时间分布，引起管式反应器的返混。所以，返混是连续操作反应器中特有的现象。

（2）寿命分布　从进反应器的瞬间开始算年龄，到考虑的时间为止，在反应器出口的物料中，有的粒子在器内已经停留了 5s，有的已经停留 8s……。因为这些粒子已经离开反应器了，它们的年龄也就是寿命。在出口物料中，不同寿命的粒子混在一起，形成一定的分布，称为寿命分布。

年龄分布与寿命分布之间存在一定的关系，已知其中一种分布，即可求出另一种分布，由于反应器内的物料容积大，取样难以代表整个反应器的情况，所以一般都是实验测定寿命分布。

（二）返混产生的原因

（1）涡流与扰动　管式反应器进出口的涡流与扰动，引起物料粒子间的混合，造成返混。

（2）速度分布　管式反应器中沿径向各点速度不同，因而停留时间不同，引起返混。

（3）沟流　填充床中由于沟流等原因使物料粒子以不同流速通过反应器，引起返混。

（4）倒流　连续搅拌罐中由于搅拌作用引起物料倒流，造成返混。

（5）短路与死角　连续反应器中由于短路与死角使物料粒子在反应器内的停留时间不同，造成返混。

由于返混，物料粒子的停留时间长短不一，停留时间短粒子过早离开反应器，而停留时间长的粒子可能进一步成为副产物。所以总的来说，对化学反应返混会使产品收率、质量降低。

如前所述，连续操作对生化反应是有利的。如果在分批培养的某一时刻，向生物反应器中以一定的流量不断加入培养基，同时以相同流量不断取出培养液，由于不断有新鲜培养基补充细胞的消耗，有害代谢物则不断被稀释排出，生物反应器就可长期进行下去。通常这时培养液的组成恒定，所以也称为恒化培养。连续培养在单细胞蛋白、丙酮、啤酒等生产过程中得到应用。不过工业上连续培养的应用远不如分批培养普遍，这主要由两个原因造成。一是连续培养延续时间长，发生杂菌污染机会比较多。第二是长期进行连续培养时细胞变异发生退化的现象就比分批培养突出。当退化的细胞所占比例逐渐增大时，生产能力就会逐渐下降。

总之，返混的概念很重要，不仅在讨论反应器时要应用返混的概念，在无反应的设备内有时也要提到返混。

二、停留时间分布的测定

设备中的返混现象可通过一个简单的实验来观察。见图 1－1，在处于正常流动下的反应器进口处在一极其短的瞬间内迅速加入少量某种示踪剂（输入讯号），与此同时，在反应器出口处连续或间断测定该示踪剂的浓度（输出讯号），并以浓度为纵坐标，以时间为横坐标可标绘出（图 1－2）结果。这种方法称为脉冲示踪法。该实验测出的结果是寿命分布。

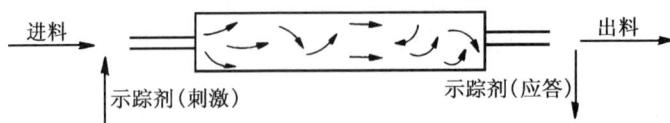

图 1-1　停留时间分布测定

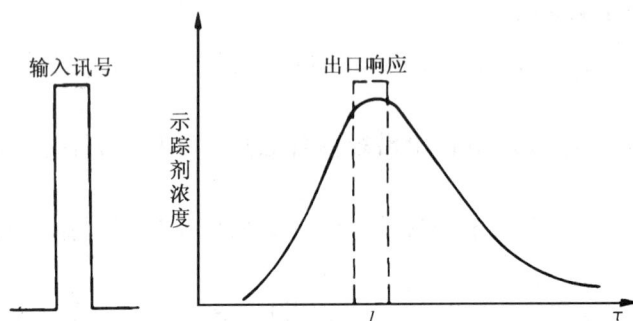

图 1-2　示踪输入讯号与出口响应

　　显然，如果所测试的设备不存在返混，则出口测得的示踪剂应如（图 1-2）中虚线所示，也就是与输入的讯号完全相同，如果设备内存在一定返混，测出口处示踪剂浓度变化就是图中的实线所示。从图中曲线的形状可以直观地看出具有返混的设备内有一部分示踪剂在平均停留时间之前已排出反应器，这表明必有部分物料的实际停留时间小于平均停留时间；而一部分示踪剂在平均停留时间之后开始排出，由此形成停留时间分布。可以作为示踪剂的物质很多，如有色物质、电解质、放射性物质等。对其要求是不能对流动状态产生任何影响，不参与反应、不挥发、不沉淀、物料容易质量守恒，还要容易分析测定。

　　除脉冲法外还有阶跃法，其区别是阶跃法是连续向系统加入示踪剂，两种方法都必须保证示踪剂输入点与系统入口截面之间不产生返混现象。

　　测定停留时间分布可描述返混程度的大小。反应器的结构形式和大小都导致不同的停留时间分布。测定停留时间分布曲线后，可根据曲线的形状做出定性的分析，推断反应器内的流动情况，分析设备的结构形式与操作条件是否合适，以便制定改进措施。所以，停留时间分布已成为连续反应器设计和放大中必须考虑的因素之一。也可根据停留时间分布曲线直接对某些反应器进行定量的计算。

三、理想反应器模型

　　根据停留时间分布曲线，用数学方程来描述物料在实际反应器内的流动情况，并对反应器进行计算，从理论上说是完全可以的。但数学方程十分复杂，解起来十分困难，不便实用。从工程实际应用出发，不一定对实际反应器内流动状况做其精确的数学描述，而通常是对反应器内的流动状况进行合理的简化。假定反应器内物料是按照某一种模式流动的，这种模式既要能基本反映物料的实际流动状况，又要能比较简便地进行数学计算，这种合理的简化模式就叫做流动模型。在分析和计算实际反应器时，用对模型的分析和计算去代替实际反应器的分析和计算，这种处理问题的方法叫做数学模型法。

物料在实际反应器内的流动状况大致可以分为基本无返混，基本上全混或介于两者之间等三种情况。针对着第一种情况提出了平推流模型，针对第二情况提出了全混流模型，针对第三种情况提出的流动模型有轴向扩散模型和多釜串联模型。

（1）平推流模型　这是不存在返混的一种理想流动型式。其特点是流体通过细长管道时，在与流动方向垂直截面上，各粒子流速完全相同，就像活塞推过去一样，故称平推流，也称为活塞流。流体粒子在流动方向（轴向）上没有混合与扩散，所以，同时进入反应器的粒子将同时离开反应器，即物料粒子的停留时间都是相同的，不存在返混。流型为平推流的反应器称为平推流反应器或称活塞流反应器（plug flow reactor，简写为 PFR）。对于均匀细长的管式反应器，当雷诺数（R_e）数很大时，流动状况接近平推流；长径比大且流速高的固定床反应器一般也可以用这个理想模型近似模拟。

（2）全混流模型　这是返混程度为最大的一种理想型式，其特点是新鲜物料一进入反应器就立即均匀分散在整个反应器内，与反应器内原有物料能在瞬间达到完全混合，且能在出口同时检测到新加入的物料粒子。反应器内物料的温度、浓度完全均匀一致，并与出口物料的温度、浓度相同。物料在反应器内的停留时间有长有短，分布的最分散，达到最大返混。相应的反应器称为连续搅拌釜式反应器（continuous stirred tank reactor，简写为 CSTR），又称为全混流反应器（简称全混釜）。连续搅拌釜内的物料流动情况接近全混流，尤其是搅拌十分剧烈时，可视为全混流。

上述完全不返混和完全返混的两种极端的流动称为理想流动，相应的反应器称为理想反应器。在实际反应器中的流动往往或多或少的偏离理想流动，称为非理想流动。非理想流动的主要特征是：反应器内流体存在着某种停留时间分布，它既不像平推流那样所有流体微元停留时间都相等；也不像全混流那样由于返混最大而存在着确定已知的停留时间分布。下面两种流型就是针对非理想流动情况。

（3）轴向扩散模型　轴向扩散模型是当实际与平推流偏离不大，即有返混，但返混程度不大时，对平推流模型做较小的修正而得到的模型。这种模型认为流体之所以偏离平推流而出现返混是由于分子扩散作用而引起的，它相当于在平推流的主体上叠加一个反方向扩散，扩散可用费克定律描述：

$$N_A = -D\frac{dC_A}{dL} \qquad (1-1)$$

式中，N_A——物质 A 的扩散速度，$kmol/m^3$；

$\dfrac{dC_A}{dL}$——轴向浓度梯度，$kmol/m^4$；

D——轴向扩散系数，m^2/s。

符号表示扩散与主流方向相反，D 越大，返混越大。（图 1-3）为轴向扩散模型示意图。

（4）多釜串联模型　对于偏离全混流模型较小的实际流型，常用多釜串联模型加以描述。多釜串联模型，即假设一个实际设备中的返混情况等于若干个等容积全混釜串联时的返混。模型中串联的釜数 N 是虚拟的，不一定是整数。它只是多釜串联模型的模型参数。但 N 个虚拟釜的总容积等于实际反应器的容积，所以每一个虚拟釜中的停留时间为实际反应器停留时间的 1/N。如某一实际反应器内的流动状况相当于 5 个全混流反应器的串联组合，则便可按全混流模型去逐个计算 5 个全混流反应器，以代替对实际反应器的计算，其计算结果应与实际基本相符。由于理想反应器流动状况易知，这样便可大大简化了数学运算，同时也可满足实际要求。

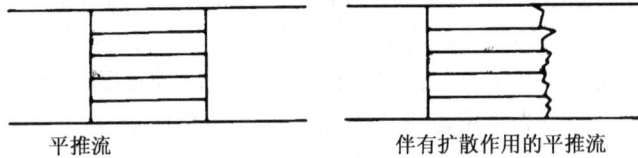

平推流　　　　　　　　伴有扩散作用的平推流

图 1-3　轴向扩散模型示意图

第三节　生物反应器的计算基础

反应器设计的重要任务之一就是根据规定的生产任务和工艺条件确定必要的反应器体积。要想出反应器体积就必须求出所需反应的时间。

一、反应器设计与操作参数

决定反应器设计和操作性能的参数有空时、转化率、生产率、反应能力等，当副反应不可忽视时，选择性也是很重要的参数。下面以酶反应器为例说明各参数的关系。

（一）反应器的空时（τ）

分批反应器中所有物料的停留时间相同，且等于反应时间；在活塞流反应器中所有物料停留时间和反应时间也相同，且容易求出。对全混反应器情况就不同，这时常用平均停留时间 τ（又称空时）来表示，其定义为：

$$\tau = V_R/F \qquad (1-2)$$

式中，V_R——反应器有效容积，m^3；

F——通过反应器的液体体积流量，m^3/s；

τ——处理反应器有效容积 V_R 的物料所需要的时间，s。

空时的倒数称为空速（SV）：

$$SV = \frac{1}{\tau} = \frac{F}{V_R} \qquad (1-3)$$

SV 则表示单位时间内能够处理相当几倍反应器容积的物料。可见 τ 越小。SV 越大，表明反应器的效率越高。

（二）转化率（x）

转化率是表明反应器内供给的底物发生转化的分率。对间歇操作：

$$x = \frac{[S]_0 - [S]_t}{[S]_0} \qquad (1-4)$$

式中，$[S]_0$——底物的初始浓度，$kmol/m^3$；

　　　　$[S]_t$——反应 t 时的底物浓度，$kmol/m^3$。

对连续操作：

$$x = \frac{[S]_{in} - [S]_{out}}{[S]_{in}} \tag{1-5}$$

式中，$[S]_{in}$——进口处底物的浓度，$kmol/m^3$；

　　　　$[S]_{out}$——出口处底物浓度，$kmol/m^3$。

（三）反应器生产率（P_r）

反应器生产率也称生产能力，其单位是 $kmol/(m^3 \cdot s)$。P_r 系指单位反应器容积单位时间内所产的产物量。对间歇操作：

$$P_r = \frac{x \cdot [S]_0}{\tau} = \frac{[S]_0 - [S]_t}{\tau} \tag{1-6}$$

对连续操作：

$$P_r = \frac{x \cdot [S]_{in}}{\tau} \tag{1-7}$$

（四）反应能力（C_R）

对酶催化反应来说，其反应能力的单位为 $kmol/s$。可用下式表示：

$$C_R = r_{max} \varepsilon V_R \tag{1-8}$$

式中，r_{max}——最大反应速度，$kmol/(m^3 \cdot s)$；

　　　　ε——反应器的持液率（在固定床中 ε 约为 $0.5 \sim 0.7$，而在釜式反应器中其值近乎为 1.0）。

最大反应速度 $r_{max} = k_2 [E]_0$，k_2 是速度常数，$[E]_0$ 是反应器中酶的浓缩。

（五）选择性（S_p）

当反应过程中有副反应发生时，则除生成目的产物外。还生成其他产物时，通常使用选择性这个概念。选择性 S_p 是指实际转化成目的产物量与全部底物的理论量之比。

$$S_p = \frac{[P]}{\alpha([S]_0 - [S])} \tag{1-9}$$

式中，$[P]$——产物千摩尔浓度，$kmol/m^3$

　　　　α——反应计量式中每千摩尔底物生成目的产物的理论量（千摩尔数）。

二、间歇反应器的计算

物料衡算式是反应器计算的基本方程式。进行物料衡算时，通常是对物料中某一组分进行物料衡算。无论对流动系统或对间歇系统，物料衡算均可用下列普遍式表示：

$$进入量 - 排出量 = 反应量 + 积累量 \tag{1-10}$$

对间歇反应器来说，由于反应过程中无物料加入与排出，故：

进入量 － 排出量 ＝ 反应量 ＋ 积累量

$$0 \qquad\qquad 0 \qquad\qquad rV_R \qquad \frac{d(V_R[S])}{dt}$$

即 $$rV_R = \frac{-\mathrm{d}(V_R[S])}{\mathrm{d}t} \qquad (1-11)$$

式中，r——反应速度，kmol/（m³·s）;

$\quad\quad$ t——反应时间，s。

对液体反应 V_R = 常数。

故 $$r = -\frac{\mathrm{d}[S]}{\mathrm{d}t} \qquad (1-12)$$

式（1-12）可以写成:

$$t = -\int \frac{\mathrm{d}[S]}{r} \qquad (1-13)$$

上式即间歇反应器的设计的基本方程式。对间歇反应器的生产周期还应考虑辅助时间（包括进料、出料、清洗、灭菌等）。

三、平推流反应器的计算

平推流反应器是指其中物料的流动满足平推流假定，即通过反应器的物料以相同的速度向前流动，在流动方向上没有返混，所有物料的停留时间相同，在同一截面上物料组成不随时间变化，但随物料流动方向而改变。由于底物浓度在反应器轴向长度上是变化的，因此必须取反应器中某一微元容积 dV 作物料衡算。见图 1-4。

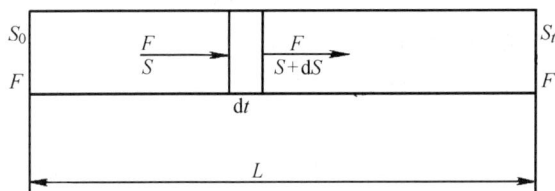

图 1-4 平推流反应器的物料衡算

$\quad\quad$ 进入量 $\quad\quad$ - $\quad\quad$ 排出量 $\quad\quad$ = $\quad\quad$ 反应量 $\quad\quad$ + $\quad\quad$ 积累量

$\quad\quad$ $F[S]$ $\quad\quad\quad\quad$ $F([S]+\mathrm{d}[S])$ $\quad\quad\quad\quad$ $r\mathrm{d}V$ $\quad\quad\quad\quad$ 0

即 $$-F\mathrm{d}[S] = r\mathrm{d}V \qquad (1-14)$$

对整个反应器而言:

$$\int \frac{-\mathrm{d}[S]}{r} = \int_0^V \frac{\mathrm{d}V}{F} = \tau$$

即 $$\tau = \int \frac{-\mathrm{d}[S]}{r} \qquad (1-15)$$

此即平推流反应器的设计方程式。比较式（1-15）与式（1-13）可知: 对恒容过程而言，平推流反应器的设计方程与间歇反应器完全一样。即在对同一反应达到相同的反应程度时，底物在管式反应器内停留时间与间歇反应器的反应时间是相同的。所以，可以用间歇反应器中的试验数据进行管式反应器的设计与放大。

平推流反应器与间歇反应器是两种结构型式的不同反应器，它们的物料流动情况也有根本的区别。然而它们的基础设计方程却具有相同的形式。这是因为物料在这两种反应器中都没有返混，底物经历了相同的变化历程，只是在间歇反应器中，浓度是随时间而变化，在管式反应器中浓度是随空间变化而已。就反应本身而言，间歇反应器与平推流反应器所需要的有效容积相同。但间歇反应器存在辅助时间与装料系数，所以它需要的总容积比管式反应器要大。因此，对反应时间短，辅助时间相对较长的反应来说，选用管式反应器较为合适。在某些化学反应中会有这种情况。而在生化反应中反应时间一般都较长并通常反应存在气 – 液 – 固三相，所以常采用间歇反应器。

四、全混流的反应器计算

在生化工程中称这类反应器为恒化器（保持适当的流速，使微生物、底物、产物浓度都维持在某一水平上）。在发酵工业中，通常有搅拌、上升气流，或二者皆有。使反应物料在反应器中完全混合。对稳态下的全混流反应器作物料衡算如下：

$$进入量 – 排除量 = 反应量 + 积累量$$
$$F[S]_0 \qquad F[S] \qquad rV_R \qquad 0$$

即

$$\tau = \frac{V_R}{F} = \frac{[S]_0 - [S]}{r} \qquad (1-16)$$

上式即为全混流反应器的基础计算式。

以上介绍了三种理想反应器设计的基本计算式。从公式可以看出：要想求出反应时间 τ（或 t），就必须知道有关的反应速率 r 方程。生化反应的 r 大多是很难知道的（对酶催化反应可用米氏方程通过实验测定相应的动力学参数解决 r），因此，目前大多数生化反应的反应时间还需要通过小试、中试来求得。但上述介绍的内容，对分析实际生化反应器内流动情况及设备的选择是非常重要的。

主 要 符 号 表

符　号	意　义	法定单位
D	轴向扩散系数	m^2/s
F	流体体积流量	m^3/s
N_A	物质 A 的扩散速度	$kmol/(m^3 \cdot s)$
$[P]$	产物千摩尔浓度	$kmol/m^3$
r	反应速度	$kmol/(m^3 \cdot s)$
$[S]$	底物浓度	$kmol/m^3$
t	反应时间	s
V_R	反应器有效容积	m^3
τ	平均停留时间	s

第二章

培养基灭菌及设备

生物化学反应过程中，特别是各种培养过程中，往往要求在没有杂菌的情况下进行，称为纯种培养（即用特定的菌种进行培养）。纯种培养便于控制，容易得到需要的产品。但是，纯种培养并不容易实现，因为在我们周围存在数以亿万计的杂菌，若杂菌进入生物反应系统中，就会与生产菌争夺营养产生以下不良后果：

①由于杂菌的污染，使生物反应的基质或产物，因杂菌的消耗而损失，造成生产能力的下降；

②由于杂菌所产生的一些代谢物或有染菌后改变了发酵液的某些理化性质，使产物的提取变得困难，造成收率降低或使产品质量下降；

③杂菌可能分解产物，而使生产失败。

④杂菌大量繁殖会改变反应介质的 pH，而使生物反应发生异常变化。

⑤若发生噬菌体污染，会使生产菌细胞破裂，而使生产失败。

有些培养过程，由于培养基中的基质不易被杂菌利用，或者由于温度、pH 等不适于杂菌的生长，因而可在不很严格的条件下生产。但多数培养过程都要求在严格的条件下进行纯种培养，所以应采取以下必要措施：

①使用的培养基和设备必须经过灭菌；

②好氧培养过程中使用的空气应经除菌处理；

③设备应密封严密。生物反应器中要维持高于外界环境的压力；

④培养过程中加入的物料应经过灭菌；

⑤使用无污染的纯种子等。

第一节　灭菌的基本理论

所谓灭菌，就是指用物理或化学方法杀灭或除去物料或设备中一切有生命物质的过程。

一、常用灭菌方法

（1）化学药剂灭菌　一些化学药剂能与微生物发生反应而起杀菌作用。常用的化学药剂有甲醛、次氯酸钠、高锰酸钾、苯酚、环氧乙烷、新洁尔灭等。由于化学药剂也会与培养基中的一些成分作用，而且加入培养基后不易去除，所以不用于培养基的灭菌，只适合局部空间或某些机械的消毒。另外，在植物细胞培养过程中用于培养外的植物体，例如来自温室或田间开放培养的种子、幼苗、组织，这些材料都带有各种微生物，当与培养基接触时，微生物就会迅速生长而抑制培养物的生长，故在培养前必须用化学药剂法对其进行消毒处理。

（2）射线灭菌　射线灭菌是利用紫外线、高能电磁波或放射性物质产生的高能粒子进行灭菌的方法。波长为 $2.1 \times 10^{-7} \sim 3.1 \times 10^{-7}$m 的紫外线有灭菌的作用，最常用的波长为 2.537×10^{-7}m 的紫外线。但紫外线的穿透力低，所以仅用于表面消毒和空气的消毒。除了紫外线，也可利用 $0.06 \times 10^{-10} \sim 1.4 \times 10^{-10}$m 的 X 线或 ^{60}Co 产生的 γ 射线进行灭菌。

（3）干热灭菌　常用的干热灭菌的条件是在 160℃ 保温 1h。进行干热灭菌可使微生物的细胞破坏、蛋白质变性及各种细胞成分发生氧化。干热灭菌不如湿热灭菌有效，Q_{10}（即温度升高 10℃ 灭菌速度常数增加的倍数）仅为 2～3，而湿热灭菌对耐热的芽孢可达 8～10。一些要求保持干燥的实验器具和材料（如培养皿、接种针、固定化细胞所用的载体材料等）可以进行干热灭菌。

（4）湿热灭菌　即利用饱和蒸汽灭菌。由于蒸汽有较强的穿透力，而且在冷凝时放出大量的冷凝潜热，很容易使蛋白质凝固而杀灭各种微生物。将饱和蒸汽通入培养基中灭菌时，冷凝水会使培养基的浓度下降，所以在配制培养基时应扣除冷凝水的体积，以保证培养基在灭菌后的应有的浓度。蒸汽的价格低廉，来源方便，灭菌效果可靠，是发酵工业最基本的灭菌方法。通常用蒸汽灭菌的条件是在 120℃（100kPa 表压）维持 20～30min。

（5）过滤除菌　即利用过滤方法阻留微生物，达到除菌的目的。此方法只适用澄清流体的除菌。工业上利用过滤方法大量制备无菌空气，供好氧微生物培养过程使用。在产品提取过程中，也可利用无菌过滤方法处理料液，以获得无菌的产品。

以上几种灭菌方法有时可以结合使用。例如动物细胞离体培养的培养基中通常含有血清、多种氨基酸、维生素等，它们是热不稳定物质，在制备培养基时，可将其中不稳定物质的溶液用无菌过滤方法除菌，其他物质的溶液则可进行蒸汽灭菌，再合并使用。

二、微生物的热死及耐热性

从微生物的整体来看，生长温度范围很广（0～80℃）。各种微生物按其生长速度可分为三个温度界限，即最低生长温度、最适生长温度、最高生长温度。超出最低和最高生长温度的范围，生命活动就要中断。

一般说来，微生物对低温的敏感性没有对高温敏感性显著。因为微生物对低温的抵抗力一般较高温强，虽然低温可以使一部分微生物死亡，但大多微生物在低温状态下只是代谢活动减弱或降低，菌体处于休眠状态，其生命活力依然存在。然而，微生物在超过最高生长温度时，就会死亡。温度越高死亡越快，这就是常用加热方法灭菌的道理。然而微生物在受热死亡的难易快慢却不一样。有一些微生物受热后很容易死亡，用较低温度和较短的时间便能使它们致死，但另一些微生物则十分顽强，往往需要较高的温度和较长的时间才能把它们杀死。微生物对热的抵抗能力称为微生物的耐热性，是热灭菌的重要参数。微生物耐热性表示方法有多种，以下是最有代表性的几种：

（1）1/10 衰减时间和热死速度常数 1/10 衰减时间是表示在一定温度下加热使原有活菌数减少至 1/10 所需要的时间，也称 90% 死灭时间。其倒数为热死速度常数。

（2）热死（致死）时间 热死时间是指在一定温度下杀死某种微生物所需要的最短时间。

（3）热死（致死）温度 热死温度是指某种微生物在一定时间（通常加热 10min）内杀死细胞所需要的最低温度。

（4）热阻及相对热阻 微生物热阻用其热死时间表示。相对热阻系指相同条件下，两种微生物热死时间的比值。（表 2-1）为各种微生物在湿热灭菌条件下的相对热阻。

表 2-1 各种微生物对湿热的相对热阻（与大肠杆菌比较）

微生物	相对热阻
营养细胞和酵母	1.0
细菌芽孢	3×10^6
霉菌孢子	2~10
病毒和噬菌体	1~5

从（表 2-1）中可看出营养细胞容易被杀死。而细菌芽孢因有致密的外皮和干燥的内含物而极难致死，和其他类型的微生物比较，对湿热有很大的热阻。所以，在设计灭菌操作时，必须以细菌芽孢为杀灭对象，因为只有杀灭了芽孢，才可认为其他杂菌一定也被同时杀灭。这一点，也是食品灭菌的依据，同时也是发酵培养基灭菌的基础。

三、培养基的灭菌

（一）微生物的死亡速率

微生物受热死亡是生化反应过程，可用死亡速率表示。对培养基进行湿热灭菌时，培养基中的微生物受热死亡的速率与残存的微生物数量成正比，称对数残留定律。对数残留定律表明：微生物受热被杀死，主要原因是高温能使蛋白质变性。这种反应属于单分子反应，死亡速率可视为一级反应，即活微生物数量愈多，微生物死亡愈快，可用下式表示。

$$- \frac{\mathrm{d}N}{\mathrm{d}\tau} = KN \tag{2-1}$$

式中，N——培养基中活微生物个数；

τ——时间，s；

K——速度常数或比死亡速率常数，1/s。

若开始灭菌（$\tau = 0$）时，培养基中活微生物数为 N_0，将式 2-1 积分则可得到：

$$\ln \frac{N}{N_0} = -K\tau \tag{2-2}$$

或

$$\tau = \frac{1}{K} \ln \frac{N_0}{N} = \frac{2.303}{K} \lg \frac{N_0}{N} \tag{2-3}$$

上式 N 为经过时间 τ 后残留的活微生物数。将存活率 N/N_0 对时间在半对数坐标纸上标绘，可以得到一条直线，其斜率的值即为速度常数 K。图 2-1 为大肠杆菌在不同温度下的残留曲线。该图表明温度升高，K 值变大，微生物越容易热死；K 值小，表明微生物越不易热死。所以 K 值表明微生物耐热性的强弱。

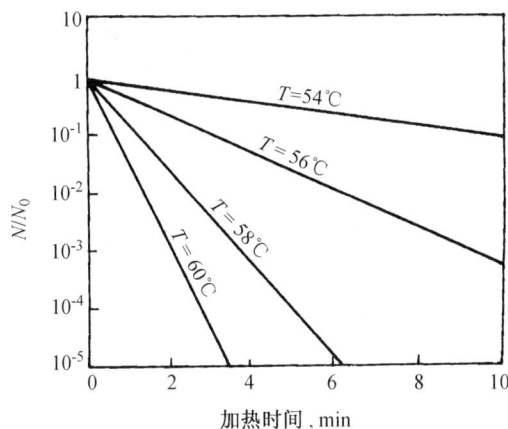

图 2-1 大肠杆菌的典型受热死亡曲线

在一定温度下，速度常数 K 随微生物不同而不同。例如：在 121℃时，枯草芽孢杆菌 $K = 0.043 \sim 0.063$ 1/s。嗜热脂肪芽孢杆菌的 $K = 0.031$ 1/s。产气梭状杆菌的 $K = 0.03$ 1/s。

某些微生物受热死亡的速率不符合式 2-2 所表示的对数残留定律，将其 N/N_0 对灭菌时间 τ 在半对数坐标纸上标绘，会得到的残留曲线不是直线关系，见图 2-2 所示。这种现象常见于细菌芽孢的受热死亡。有关这一类热死动力学的行为，虽然可用多种模型来描绘，但其中以 Prokop 和 Humphrey 所提出的 "菌体相继死亡模型" 最为人们所接受。因为这种模型能用最少的动力学参数表达死亡动力学。此模型认为芽孢的死亡不是突然的，它是经历了下列过程才死亡：

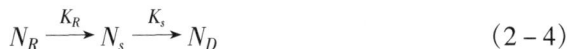

$$N_R \xrightarrow{K_R} N_s \xrightarrow{K_s} N_D \qquad (2-4)$$

这种模型认为：芽孢从耐热的芽孢（R 型）变为死亡的 D（型），中间经历了一个对热敏感的中间芽孢（S 型）。它的动力学微分方程为：

$$\frac{\mathrm{d}N_R}{\mathrm{d}\tau} = -K_R N_R \qquad (2-5)$$

$$\frac{\mathrm{d}N_s}{\mathrm{d}\tau} = K_R N_R - K_s N_s \qquad (2-6)$$

式中，N_R——耐热性活芽孢数；

$\quad\quad N_s$——敏感性活芽孢数；

$\quad\quad N_D$——死亡的芽孢数；

$\quad\quad K_R$——耐热性芽孢的比死亡速率常数，1/s；

$\quad\quad K_s$——热敏性芽孢的比死亡速率常数，1/s。

联立微分方程组式 2-5 和式 2-6 的解为：

$$\frac{N}{N_0} = \frac{K_R}{K_R - K_s}\left[\exp(K_s\tau) - \frac{K_s}{K_R}\exp(-K_R\tau)\right] \qquad (2-7)$$

式中，N 是在任一时刻 τ 具有活力的芽孢数，即耐热性和热敏性活芽孢之和（N_R + N_s）。N_0 是初始活芽孢数。图 2-2 就是按此方程式在一定动力学常数情况下标绘出来的。由于式 2-7 较复杂，且工程上求灭菌时间都要留有余地，不必十分精确，所以实际应用时，任何微生物灭菌的时间都按式 2-3 求取（即符合对数残留定律）。

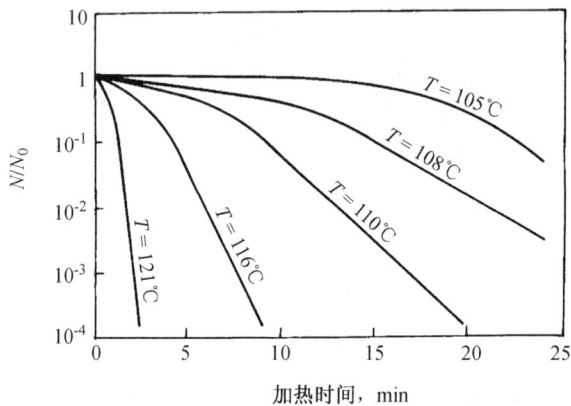

图 2-2 细菌芽孢的典型受热死亡曲线

（二）温度对死亡速率的影响

随着温度的变化，比死亡速率常数（K）的值有很大变化。温度对 K 值的影响遵循阿累尼乌斯定律，即：

$$K = A\exp(-\Delta E/RT) \qquad (2-8)$$

式中，A——频率常数，$1/s$；

ΔE——死亡活化能，J/mol；

R——气体常数，$8.314J/(mol\cdot K)$；

T——热力学温度，K。

为了便于应用，式 2-8 可写成下面形式：

$$\ln K = \ln A - \frac{\Delta E}{RT} \qquad (2-9)$$

或

$$\lg K = \frac{-\Delta E}{2.203RT} + \lg A \qquad (2-10)$$

培养基在灭菌之前，存在各种各样的微生物，它们的 K 各不相同。在计算时，可取耐热性芽孢杆菌的 K 值进行计算，这时 A 可取 $1.34 \times 10^{36}1/s$，ΔE 可取 $2.844 \times 10^5 J/mol$，于是式 2-10 可写作：

$$\lg K = -\frac{14850}{T} + 36.127 \qquad (2-11)$$

由式 2-11 可见，若 K 对 $1/T$ 在半对数坐标纸上标绘，可得到一条直线，见图 2-

3 所示图中直线的斜率 $-\Delta E/R$ 是微生物受热死亡时对温度敏感性的度量，斜率大表明活化能大，则微生物死亡速率随温度变化敏感；反之不敏感，即温度变化对微生物死亡速率影响不大。这就是说，微生物在热死过程中，死亡速率大小除与温度有关外，还决定于微生物自身的死亡活化能。在灭菌操作中，它是一个十分重要的参数。

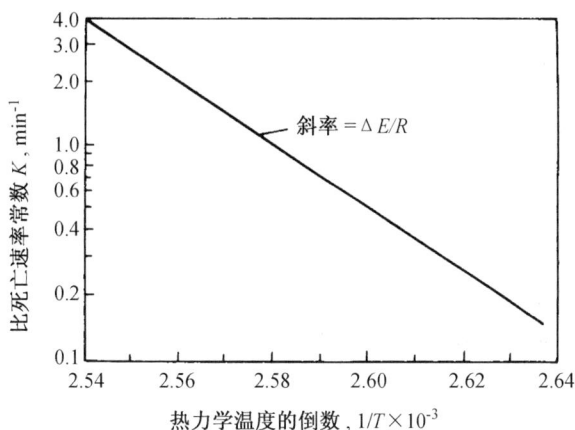

图 2-3 微生物的比死亡速率常数与温度的关系

还应指出，在对培养基进行灭菌时，除了对杂菌杀死之外，培养基中一些不太稳定的成分也会因受热而破坏。例如，糖溶液会焦化变色，蛋白质变性，维生素失活，一些化合物发生水解等。培养物质受热破坏也可看作一级反应。

$$-\frac{\mathrm{d}C}{\mathrm{d}\tau} = K_d C \qquad (2-12)$$

式中，C——对热不稳定物质的浓度，$kmol/m^3$；

$\quad\quad K_d$——分解速度常数，$1/s$。

分解速度常数随物质种类和温度而不同，温度对 K_d 的影响也遵循式 2-8。表 2-2 列出了一些微生物和维生素的 ΔE 值。从表中数据可看出微生物的 ΔE 值比维生素高。一般芽孢的 ΔE 值约为293 100J/mol，营养成分的 ΔE 值约为83 740J/mol。因为有此规律性，可对式 2-9 进行微分，可得：

$$\mathrm{d}\ln K = -\frac{\Delta E}{R}\mathrm{d}(\frac{1}{T}) \qquad (2-13)$$

分析上式表明，ΔE 值越大，同样的 $\mathrm{d}(\frac{1}{T})$ 下，$\mathrm{d}\ln K$ 也越大。也就是说，死亡活化能愈大的物质在同样温度变化情况下，它的死亡速率常数变化也大。这就意味着温度升高时，微生物死亡速率的增加，要比营养成分破坏的增加大得多。基于这一事实，便可实现既达到规定的灭菌程度，同时又尽量减少营养成分损失的两全其美的方法。这就是在灭菌时要尽量采用高温、瞬时灭菌法的道理。

表 2-2 细菌芽孢和热敏性营养物质的活化能

细菌芽孢和营养物	ΔE, J/mol
叶酸	70 340
维生素 B_{12}	96 300
维生素 B_1	92 114
维生素 B_2	8 813
葡萄糖	100 488
嗜热脂肪芽孢杆菌	283 460
枯草芽孢杆菌	318 210
肉毒杆菌	343 330

图 2-4 是以嗜热脂肪芽孢杆菌的死亡和维生素 B_1 的热分解为例，来阐明这一现象。当温度升高时，维生素 B_1 的分解速率虽然增加，但嗜热脂肪芽孢杆菌死亡的速率却增加更快。

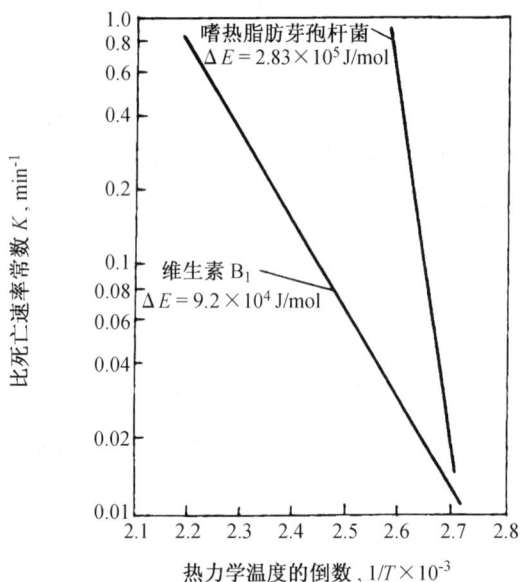

图 2-4 嗜热脂肪芽孢杆菌和维生素 B_1 的阿累尼乌斯标绘

根据某一具体实例计算结果是：当温度从 105℃升高至 130℃时，芽孢的 K 值将从 0.1 min^{-1}增加至 26.82 min^{-1}，增大 268 倍；在同样温度变化下 B_1 分解、破坏的 K_d 值只从 0.019min^{-1}增加到 0.117 min^{-1}，仅为原来的 6.16 倍。可见，温度变化对营养成分破坏的影响，明显的小于对芽孢的热死亡。据此，便是采用高温、瞬时灭菌的理论基础，即达到需要的灭菌程度，又减少营养物的损失。

（表 2-3）中的数据，表明在不降低规定的灭菌前提下（取 $N/N_0 = 10^{-16}$），若要减少营养物（维生素 B_1）的破坏，可升高温度。例如，在 140℃温度下灭菌，灭菌时间为

0.177min（10.6s），维生素 B_1 的损失为 3.95%；若温度生至 150℃，灭菌时间缩至 1.5s，这时维生素 B_1 的损失减少至 1.0%。

表 2-3　不同温度和不同灭菌时间下维生素 B_1 的破坏

灭菌温度,℃	需要的灭菌时间, min	维生素 B_1 的损失,%
100	1232	>99.9
110	114	95.7
120	11.8	49.6
130	1.37	14.8
140	0.177	3.59
150	0.0252	1.0

从上表可以看出，温度愈高灭菌时间愈短，但温度增加，压力必然升高。如 120℃时的饱和蒸汽压为 198.6kPa，而 150℃时的饱和蒸汽压增至 467.1 kPa，压力的升高，会使设备的厚度增加（设备的厚度与压力成正比），所以灭菌温度并非愈高愈好。实际灭菌温度的选择，要根据设备的大小、操作方式（是间歇还是连续）、生产条件（工厂锅炉所能供给的压力）等几方面进行权衡。

四、影响培养基湿热灭菌的因素

影响培养基湿热灭菌的最重要的因素是温度。除了温度外还有以下几个因素值得重视。

（1）pH 的影响　pH 对微生物的耐热性影响很大。pH = 6.0～8.0 时，微生物最不易死亡。当 pH < 6.0 时，氢离子极易渗入微生物的细胞内而改变细胞的生理反应促使其死亡，所以培养基的 pH 愈低，所需要灭菌时间愈短。（表 2-4）为 pH 及温度对灭菌时间的影响。

表 2-4　pH 对灭菌时间的影响

温度℃	孢子数个/ml	灭菌时间, min				
		pH = 6.1	pH = 5.3	pH = 5.0	pH = 4.7	pH = 4.5
120	10 000	8	7	5	3	3
115	10 000	25	25	15	13	13
110	10 000	70	65	35	30	24
100	10 000	740	720	180	150	150

实际情况下，微生物对培养基 pH 都有一定的要求。在不允许调节 pH 的情况下，要适当考虑对 pH 较高的培养基要适当的延长时间或提高灭菌温度以保证灭菌的质量。

（2）培养基成分　油脂、糖类及一定浓度的蛋白质都会增加微生物的耐热性。高浓度的有机物包于细胞周围形成一层薄膜会影响热量的导入，也会增加灭菌时间；高浓度的盐类、色素则会削弱其耐热性而有利于灭菌。

（3）气泡　培养基发泡对热灭菌极为不利，因为泡沫中的空气导热系数最小，形成了隔热层，使热量难以导入，其中潜伏的微生物难以杀死。在工业生产中对易发泡的培养基灭菌时要注意控制，对于极易产生泡沫的培养基若采用连续灭菌的方法更应注意。如在灭菌前加入消沫剂的方法保证质量。

（4）颗粒　对于几微米大小的颗粒来说，使其达到周围灭菌所需要升温时间一般很短，可不考虑。然而对于几毫米大小的固体颗粒，因为其导热系数也很小，就同气体相似，难以杀死颗粒中的微生物。因此，在培养基灭菌时，必须将大于 1mm 的固体颗粒滤出。

第二节　培养基灭菌的工程设计

一、灭菌对象和无菌标准

为了确保各种培养的成功，培养基灭菌必须选准灭菌对象并提出无菌度要求。因为细菌芽孢和其他类型微生物相比，耐热性最大，表现为相对热阻值大。因此，在加热灭菌中应选择耐热杆菌芽孢作为灭菌对象。这样可以认为芽孢被杀死，其他类型微生物亦同时被杀死。在工程设计中常取培养基初始污染度（含杂菌的浓度）为 $10^4 \sim 10^6$ 个/ml。它决定培养基的洁净度，一般不超过 $10^8 \sim 10^9$ 个/ml。

在生物界中，微生物具有最高的繁殖速度。其中以二均分裂方式繁殖的细菌尤为突出。若系统内只要因灭菌不当而残留一个杂菌，经过一段时间后，就会引起染菌事故。因此，培养基经灭菌后，不允许有一个杂菌残留。但是，若把系统内的杂菌全部杀死，要求灭菌绝对无菌，即 $N = 0$，据式 2 – 3 可得出需要无限长的灭菌时间，是没有实际意义的。通常取 $N = N_s = 10^{-3}$ 作为无菌的标准。按理说，菌体不能有分数，这里所说的 10^{-3}，实际上是一个概率数，它是指在 1000 次发酵中，其中有一次因灭菌不当，残留一个杂菌而导致一次发酵失败。称千分之一失败几率，以此作为培养基灭菌的标准。

二、发酵罐的管道与阀门

化工、医药工业管道布置和安装的一般原则是设计、安装合理，操作、检修方便和安全，同时尽可能减少建设费用和操作费用。

生物制药生产的特点是多数在纯种情况下发酵培养。因此培养基、培养设备和有关管道及阀门均需要事先用蒸汽灭菌，在生产过程中也要保证无杂菌污染。为此生物制药生产中管道的安装原则除符合上述化工、医药工业的一般原则外，还应重点考虑管道布置要符合无菌生产的要求，即保证蒸汽、物料等流动畅通，管道布置合理无死角，无堆积和泄露。

（一）管道连接方式

管道连接方式有四种：螺纹连接、焊接、法兰连接和承插连接。生物制药生产中应根据不同管道材质、不同的输送介质、不同的操作场合，合理选用连接方式。例如，上下水管一般用镀锌焊接管（又称水煤气管），可采用螺纹连接；物料、蒸汽管道常采用无缝钢管；输送腐蚀性较强的介质（如氨水、酸、碱等）时最好用不锈钢管，一般都以焊接为宜。需要常检修的管道或易燃易爆的车间，因不宜动焊（现场焊接产生明火）可采用法兰连接。大口径管道一般采用焊接，铸铁水管可采用承插连接。用法兰连接时，要注意两法兰要对齐，中间的垫片孔径要与管径相同，过大或过小，易积存物料造成堆积，形成死角，导致灭菌不彻底而造成污染。

（二）用于发酵罐的阀门

用于发酵罐的阀门有人工启闭的截止阀（球心阀）、闸门阀、针形阀、橡皮隔膜阀等；自动启闭的止逆阀、安全阀等；还有用于自动控制的电磁阀等。

截止阀是生物制药生产中，使用最广的阀门之一。它是通过手轮旋转阀杆带动阀盘的升降来开启、关闭或调节流量。截止阀适用于蒸汽、压缩空气和物料管道中，不宜用于黏度大、易沉淀或含有杂质的介质。截止阀在使用中应注意尽可能的阀座一侧（低位）与发酵罐相连，而阀杆（高位）不与发酵罐相连。见图2-5，采用高进低出的流动方向，目的是防止阀杆处渗漏而引起发酵罐的污染。这种安装方向与阀体正面标有的箭头方向是相反的（一般化工生产应低进高出，即按箭头方向安装）。

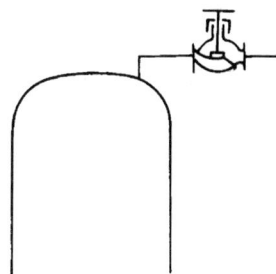

图2-5 与罐体装接时的阀门方向

闸门阀在结构上相当于管道中插入一块闸板，闸板的升降就可启闭阀门。在使用时流体是直流无方向性改变，有阻力很小的优点。但在闸板不全开时，流动介质对密封面冲击比较严重，而且略带锥度的闸板修复比较困难，所以它不宜用来调节流量。在空气除菌系统的空气总管道安装时，由于发酵罐过程中需不断供给无菌空气，不需要经常关闭、开启阀门和调节流量，所以很适宜选用闸门阀。大口径蒸汽总管道也是如此，选用闸门阀只作为开和关的控制阀。

针形阀一般由不锈钢制成，适用于小流量的调节，严密可靠，坚固耐用，缺点是价格较高。一般用于取样、接种和补料口的管道上。

橡皮隔膜阀的启闭是依靠一块橡皮隔膜管，它的四周夹置于阀体和阀盖之间，膜的中央突出部分固定于阀杆下端，旋转阀杆上的手轮即可调节隔膜与阀座的间距，从而调节流量和启闭。它的结构简单、流动阻力小、阀杆不与介质接触，所以阀杆与阀盖之间无泄露点，阀杆也不会被输送介质腐蚀。隔膜阀也是应用范围比较广的一种阀门，用于发酵罐的冷却水进、回管，冷冻水的进、回管以及接种、补料系统。在接种站采用三通隔膜阀串联可简化安装，节约材料。隔膜阀还可广泛用于提炼工段中，特别是离子交换工段。

止逆阀（单向阀）主要安装在空气分过滤器和发酵罐之间，以免在压缩空气系统突然停电后停止供压缩空气或发酵罐压力高于分过滤器压力时发酵液倒压至过滤器，引起生产事故。

总之，在生物制药生产车间的设计中，管材选择及连接，阀门的选用以及管道的布置等对减少经费、便于操作、防止杂菌污染等都占有重要的地位。

三、分批灭菌

培养基的分批灭菌（也称实罐灭菌）是将配制好的培养基放在发酵罐中或其它装置中，通入蒸汽将培养基和所用设备一起进行灭菌它不需要专门的灭菌设备。优点是投资少、设备简单、灭菌效果可靠。但是，这种操作是在一个设备内完成加热升温，保温灭菌和冷却过程。因此，需要时间长，从而使发酵罐利用率低，培养基营养成分破坏较多。分批灭菌是中小型发酵罐和种子罐常采用的方法。

（一）分批灭菌的操作

分批灭菌是将培养基在配制罐中配好后，通过专用管道输入清洗的发酵罐中，然后开始灭菌。

发酵罐上一般装有空气进口管、排气管、接种管、补料管、调节 pH 的酸碱管、取样管及控制培养基温度的降温水管道，降温水管道与罐内不通。发酵罐的配管示意图见 2 - 6 所示。

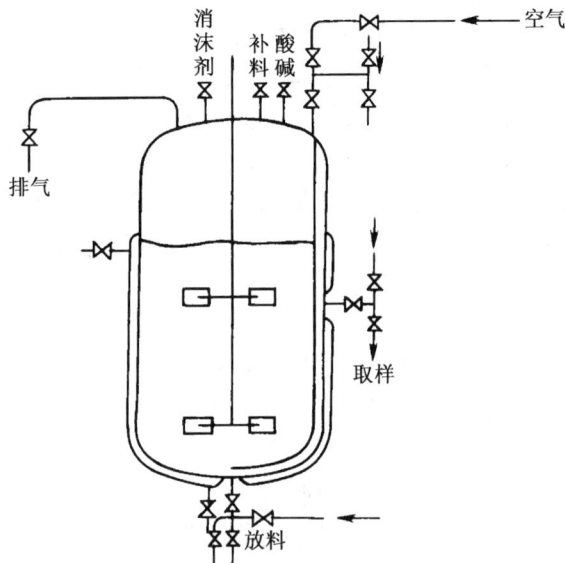

图 2 - 6 发酵罐的管道布置

在培养基灭菌之前，通常先应把发酵罐的空气用过滤器灭菌并用空气吹干。开始灭菌时，应放出夹套或蛇管中冷却水，开启排气阀门，通过空气管向罐内通入蒸汽进行加热，同时在夹套或蛇管内通入蒸汽进行间接加热。当培养基温度升到 90℃左右时，从取样管和放料管向罐内通入蒸汽，培养基温度升到 120℃，罐压达到 100kPa（表压）时，安装在发酵罐上封头的接种、补料、消沫剂、酸或碱管道应排气，称为"三进四出"。调节好各进蒸汽和排蒸汽阀门，使罐压和温度保持在这一水平进行保温。在保温阶段，凡进口在培养基液面下的各管道以及冲视镜管都应不断通入蒸汽，在液面上的其余各管则应排放蒸汽，这样才能保证灭菌彻底，不留死角。保温结束后，依次关闭各排气、进气阀门，维持罐内压力低于供无菌空气压力后，向罐内通入无菌空气，保持一定罐压，在夹套或蛇管中通入冷却水，使培养基温度降到所需温度。

（二）分批灭菌保温时间的计算

在分批灭菌的过程中包括升温、保温和冷却降温三个阶段，见图 2-7 中以实线标出的，灭菌主要是在保温过程中实现。同时培养基在升温和降温段都有灭菌作用，特别是在升温段尤为明显，因为此阶段活菌数最多，根据对数残留定律可知其死亡速率也最大。在工程上为了确保灭菌安全，冷却降温阶段的灭菌作用不予考虑。

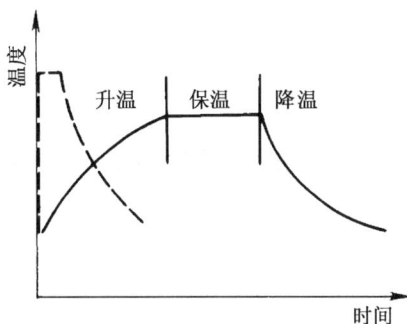

图 2-7 培养基灭菌过程中温度的变化
__ 分批灭菌 ····连续灭菌

由于升温阶段速率常数 K 不是定值，取 K_m 为温度 T_1 上升到 T_2 的平均速率常数，其值可用下式求得：

$$K_m = \frac{\int_{T_1}^{T_2} K \mathrm{d}T}{T_2 - T_1} \qquad (2-14)$$

式 2-14 中积分值可利用图解积分方法求得，具体方法通过例题 2-1 说明。

若灭菌前培养基中含活微生物为 N_0，培养基升温时间（一般指从 100℃ 至灭菌温度的升温时间，因 100℃ 以下速度常数 K 值很小，其死亡速率也很小，可忽略）τ_p 已知，K_m 也已求得，则升温阶段结束时，培养基中的菌数（或芽孢数）N_p 为：

$$N_p = \frac{N_0}{e^{K_m \tau_p}} \qquad (2-15)$$

当 N_p 求得后，即可由下式求出保温阶段所需要时间：

$$\tau = \frac{2.303}{K} \lg \frac{N_p}{N_s} \qquad (2-16)$$

若粗略计算时，又可以不计升温阶段杀杂菌的数，而把培养基中所有的杂菌均看作在保温段（灭菌温度下）杀死，这样保温时间可利用对数残留定律式 2-3 直接求得（$N = N_s = 10^{-3}$）即：

$$\tau = \frac{2.303}{K} \lg \frac{N_0}{N_s} \qquad (2-17)$$

上式是实际应用时，计算灭菌保温时间的常用方法，并将此计算出的时间，称为理论灭菌时间。

例题 2-1 有一发酵罐，内装培养基 40m³，在 121℃ 进行实罐灭菌。设每毫升培养基中含有耐热菌芽孢为 2×10^7 个，121℃ 时的灭菌速度常数为 0.0287 1/s。试求：（1）不计升温阶段灭菌作用时，所需要的保温时间。（2）若灭菌过程的升温阶段培养基从 100℃ 升至 121℃ 共需 15min，求保温时间。

解：（1）不计升温阶段灭菌作用时保温时间的计算
$$N_0 = 40 \times 10^6 \times 2 \times 10^7 = 8 \times 10^{14} \text{个}$$

$$N_s = 10^{-3} \text{个}$$

$$K = 0.0287 \; 1/s$$

$$\tau = \frac{2.303}{K} \lg \frac{N_0}{N_s} = \frac{2.303}{0.0278} \lg \frac{8 \times 10^{14}}{10^{-3}} 1437 \text{ s} = 23.9\text{min}$$

（2）计升温阶段灭菌作用时的保温时间

$$T_1 = 100 + 373 = 373\text{K}, \quad T_2 = 121 + 373 = 394\text{K}$$

根据式 2 - 11 求得 373K 至 394K 之间若干个 $K \sim T$ 的关系如下：

T, K	373	376	379	382	385	388	391	394
K，1/s	2.35×10^{-4}	4.57×10^{-4}	1.03×10^{-3}	2.09×10^{-3}	4.08×10^{-3}	8.14×10^{-3}	1.62×10^{-2}	2.78×10^{-2}

以 K 对 T 作曲线标绘并作图得例题 2 - 1 附图。

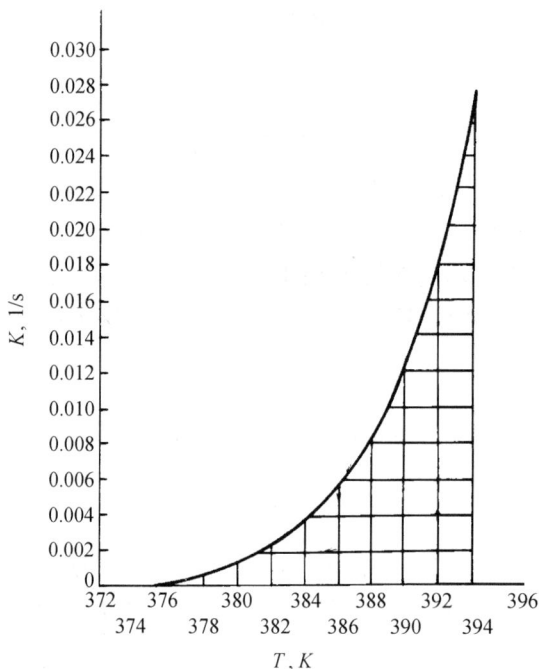

例题 2 - 1 附图

在 $K \sim T$ 曲线中，若以横坐标 2K 及纵坐标 0.002 1/s 组成一个小方格。则每个小方格的值为 $2 \times 0.002 = 0.004\text{K/s}$。现用计数法求得 $K \sim T$ 曲线以下及 373K 至 394K 之间范围内共有 32 个方格，则总面积也即 $\int_{T_1}^{T_2} K \mathrm{d}T$ 之值为 $32 \times 0.004 = 0.128\text{K/s}$，于是：

$$K_m = \frac{\int_{T_1}^{T_2} K \mathrm{d}T}{T_2 - T_1} = \frac{0.128}{394 - 373} = 0.0061 \; 1/s$$

根据式 2 - 15，求得升温阶段结束时的芽孢数：

$$N_p = \frac{N_0}{e^{K_m \tau_p}} = \frac{8 \times 10^{14}}{e^{0.0061 \times 15 \times 60}} = \frac{8 \times 10^{14}}{e^{5.48}} = 3.30 \times 10^{12}$$

根据式 2-16，可求出保温阶段的灭菌时间为：

$$\tau = \frac{2.303}{K} \lg \frac{N_p}{N_s} = \frac{2.303}{0.0287} \lg \frac{3.3 \times 10^{12}}{10^{-3}} = 80.2 \times 15.33 = 1246s = 20.8min$$

从上面计算结果可以看出：考虑升温阶段的灭菌作用计算出的保温时间，比较不考虑升温时灭菌作用的保温时间仅少 10% 左右。因此，实际生产中，不必用麻烦的图解积分的方法去求升温段的 K_m，而用理论灭菌时间即可。同时也可看出：升温段活菌数由 8×10^{14} 个降至 3.30×10^{12} 个，也就是说有 99.6% 被杀死，但时间却相差不大，这就是对数残留定律的特点。据此可推断：不能说发酵罐体积增加一倍，灭菌时间增加一倍；也不能说一个摇瓶内培养基不多，灭菌时间就很短。在生产中的实罐灭菌和实验室中的灭菌锅培养基灭菌，通常取灭菌温度为 121℃，灭菌时间一般取 30min 左右。而发酵罐的空罐灭菌的时间会更长些（考虑到罐内清洗不可能十分彻底），都说明已经有了一定的安全系数。

（三）分批灭菌的传热计算

通过传热计算可以解决升、降温时间，能耗（指水、蒸汽耗量），传热面积等。分批灭菌分三个阶段进行，即加热升温、保温灭菌和冷却降温三个阶段。下面分别讨论各阶段的传热问题。

1. 升温段

培养基的升温，可以在夹套中通入蒸汽或在培养基中直接通入蒸汽加热，也可以两种方法同时进行。直接用活蒸汽通入培养基内加热，这种加热方式传热效率高，可以缩短加热的时间，但稀释了培养基，一般能使培养基体积增加 15% ~ 20% 的水分，这一点在配料时应予考虑。

（1）间接加热 培养基间接加热属于不稳定过程。加热时，虽然蒸汽的温度不随时间变化，但被加热的培养基的温度却随时间不断提高。见图 2-8 所示，对生产有实际意义的是计算加热所需要的时间。

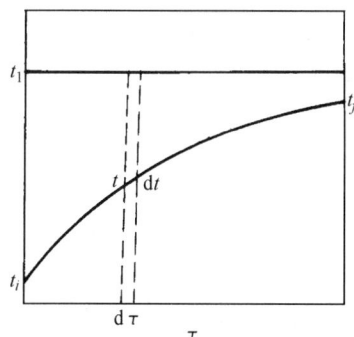

图 2-8 间接加热时传热推动力随加热时间的变化

这种传热过程中，取某瞬间速率方程为：

$$\frac{dQ}{d\tau} = KF(t_1 - t) \qquad (2-18)$$

式中，Q——传热量，J；

τ——传热时间，s；

t_1——加热蒸汽温度，K；

t——培养基温度，K；

K——总传热系数，J/（$m^2 \cdot s \cdot K$）；

F——传热面积，m^2。

若不计热损失，在同瞬间培养基升温吸收热量 dQ 为：

$$dQ = GCdt \qquad (2-19)$$

式中，G——培养基的质量，kg；

C——培养基的热容，J／（kg·K）。

将式 2 - 19 代入式 2 - 18 得：

$$\frac{GCdt}{d\tau} = KF(t_1 - t) \qquad (2-20)$$

假定传热系数 K 随时间变化可以忽略不计，将式 2 - 20 分离变量并在培养基升温范围内积分得：

$$-\frac{GC}{KF}\int_{t_i}^{t_f}\frac{d(t_1 - t)}{t_1 - t} = \int_0^{\tau}d\tau$$

$$\tau = \frac{GC}{FK}\ln\frac{t_1 - t_i}{t_1 - t_f} \qquad (2-21)$$

式中，t_i——开始升温培养基的温度，K；

t_f——升温结束时培养基的温度，K。

在不稳定传热时，传热系数 K 也是变化的，计算时只能取平均值。通常在搅拌下，传热面为夹套时 $K=230$J／（m^2·s·K）～350J／（m^2·s·K），蛇管时 $K=350$J／（m^2·s·K）～520J／（m^2·s·K），可作为设计时参考。

（2）直接蒸汽加热　直接蒸汽加热时，主要考虑的是加热所需要的蒸汽量。至于加热时间，主要与通的蒸汽流量有关（蒸汽管道大小及流速有关）。加热蒸汽耗量可用下式计算：

$$S = \frac{GC(t_f - t_i) + Q'}{\lambda - C_w t_f} \qquad (2-22)$$

式中，S——蒸汽耗量，kg；

Q'——加热过程中的散失热，kJ；

λ——加热蒸汽的热焓，kJ/kg；

C_w——水的热容，kJ／（kg·K）。

加热过程中的散失热量 Q'，可取培养基加热所需热量的 10%～20%，此值的大小取决于保温效果。

2．保温灭菌阶段

保温灭菌阶段中，蒸汽不断通入发酵罐，并由发酵罐顶的若干接口排出。此时蒸汽的耗量可用下式估算：

$$S = 1.19F\tau\sqrt{P/v} \qquad (2-23)$$

式中，S——蒸汽耗量，kg；

F——蒸汽排气出口总面积，cm^2；

τ——蒸汽排出时间，min；

P——罐内绝对压力，大气压；

v——蒸汽的比容，m^3/kg。

上式在应用时，很难确定的是排气口总面积 F，因为排气口的大小由阀门来控制，而阀门开启时的通道面积难以估计。所以，一般以经验来估计保温时蒸汽耗量。例如，可估计直接加热时的 30%～50%。这样，一个 $10m^3$ 罐（内装 $7m^3$ 液体）根据式 2－22 计算，升温时大约需要耗蒸汽 1.6 吨，则保温时估计约用蒸汽 0.5～0.8 吨，共需要 2.1～2.4 吨蒸汽。空罐灭菌时消耗于排气的蒸汽体积可估计为罐体积的 4～6 倍。

3．冷却阶段

培养基经灭菌后，应尽快冷却至接种温度。此时应先在罐内通入无菌空气，然后经夹套或蛇管用冷水将培养基冷却。冷却过程也是不稳定传热过程，因为培养基温度是随时间变化的，同时冷却水的出口温度也随时间变化，假定培养基在搅拌作用下是均匀的，则任一时刻培养基各处温度相等，则系统的温度分布应是图 2－9 所示。

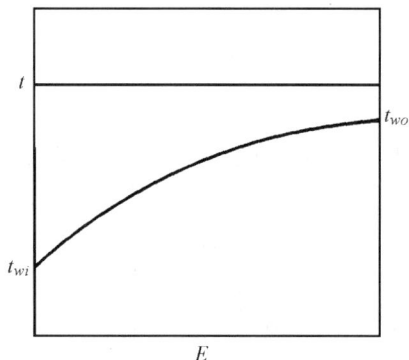

图 2－9 冷却过程中某一时刻培养基及降温水的温度分布

取冷却过程中某一时刻做热量衡算，可以得到下式：

$$- GC \frac{dt}{d\tau} = WC_w(t_{wo} - t_{wi}) = KF\Delta t_m \qquad (2-24)$$

式中，t——培养基瞬间温度，K；

$\quad W$——降温水的质量流量，kg/s；

$\quad C_w$——降温水的热容，$J/(kg\cdot K)$；

$\quad t_{wo}$，t_{wi}——降温水的出口和进口水温，K。

在任一时刻，培养基与冷却水之间的平均温度差（即传热的平均推动力）可由下式求得：

$$\Delta t_m = \frac{(t - t_{wi}) - (t - t_{wo})}{\ln \dfrac{t - t_{wi}}{t - t_{wo}}} = \frac{t_{wo} - t_{wi}}{\ln \dfrac{t - t_{wi}}{t - t_{wo}}} \qquad (2-25)$$

将上式代入式 2－24 得：

$$WC_w(t_{wo} - t_{wi}) = KF \frac{t_{wo} - t_{wi}}{\ln \dfrac{t - t_{wi}}{t - t_{wo}}}$$

经整理得：

$$\frac{t - t_{wi}}{t - t_{wo}} = \exp\left(\frac{KF}{WC_w}\right) = B \qquad (2-26)$$

上式中，K、F、W、C_w 均不变，所以 B 为常数。则：

$$t_{wo} = t - \frac{t - t_{wi}}{B} \qquad (2-27)$$

将上式代入式 2－24 经整理得：

$$d\tau = \frac{-GC}{WC_w} \cdot \frac{dt}{(1 - \frac{1}{B})(t - t_{wi})}$$

当 $\tau = 0$，$t = t_i$；$\tau = \tau$，$t = t_f$ 的条件下对上式积分得：

$$\int_0^\tau d\tau = \frac{-GC}{WC_w}\left(\frac{1}{1 - \frac{1}{B}}\right)\int_{t_i}^{t_f}\frac{d(t - t_{wi})}{(t - t_{wi})}$$

$$\tau = \frac{GC}{WC_w}\left(\frac{B}{B - 1}\right)\ln\frac{t_i - t_{wi}}{t_f - t_{wi}} \qquad (2-28)$$

其中 t_i 和 t_f 分别为降温开始和降温结束的培养基温度。

分批灭菌的传热计算对工程设计极为重要。三阶段的时间计算，为发酵周期提供依据，蒸汽和冷却水的消耗量也是工艺计算中的重要内容。

例题 2-2 有一装料为 28m³ 的发酵罐，蛇管传热面积为 30m²，现进行实罐灭菌，培养基原始温度为 25℃，用 0.2MPa（表压）的蒸汽间接加热至 90℃，求加热时间及蒸汽用量各为多少？若用 10℃ 冷却水冷却培养基，将其从 120℃ 降至 30℃，求冷却水用量及冷却时间各为多少？

解：$G = 2800$kg；$F = 30$m²

（1）加热时间及加热蒸汽用量

以饱和水蒸气为加热剂时，可视加热剂温度不变。查得 0.2MPa（表压）饱和水蒸汽的温度 $t_1 = 132.9$℃，汽化热为 2 169.3kJ/kg。

取传热系数 $K = 465$J/（m²·s·K），培养基的热容视为水的热容，即取 $C = C_w = 4.187$kJ/（kg·K）。则间接加热时间为：

$$\tau = \frac{GC}{KF}\ln\frac{t_1 - t_i}{t_1 - t_f} = \frac{28000 \times 4.187 \times 10^3}{465 \times 30}\ln\frac{132.9 - 25}{132.9 - 90} = 7751.3\text{s} = 2.51\text{h}$$

蒸汽用量可借用式 2-22 计算，取热损失 Q' 为培养基加热量的 5%（一般间接加热热损失比直接加热小），分母 $\lambda - C_w t_f$ 可简化用蒸汽的汽化热 r 代替，于是加热蒸汽用量为：

$$S = \frac{1.05GC(t_f - t_i)}{r} = \frac{1.05 \times 2800 \times 4.187(90 - 25)}{2169.3} = 3688.5\text{kg} = 3.69\text{t}$$

（2）冷却水用量和冷却时间

培养基初温 $t_i = 120$℃，终温 $t_f = 30$℃，冷却水初温 $t_{wi} = 10$℃；取冷却水热容 $C_w = C = 4.187$kJ/（kg·K）；并测得当培养基温度 $t = 80$℃时，冷却水出口温度 $t_{wo} = 30$℃。由式 2-26 得：

$$B = \exp\left(\frac{KF}{WC_w}\right) = \frac{t - t_{wi}}{t - t_{wo}} = \frac{80 - 10}{80 - 30} = 1.4$$

$$W = \left(\frac{KF}{C_w \ln B}\right) = \frac{465 \times 30}{4.187 \times 10^3 \ln 1.4} = 9.9\text{kg/s} = 35.6\text{t/h}$$

冷却时间为：

$$\tau = \frac{GC}{WC_w}\left(\frac{B}{B - 1}\right)\ln\frac{t_i - t_{wi}}{t_f - t_{wi}} = \frac{2800}{9.9}\left(\frac{1.4}{1.4 - 1}\right)\ln\frac{120 - 10}{30 - 10} = 16875.3\text{s} = 4.96\text{h}$$

通过上述例题计算结果表明：由于发酵罐体积一般较大，所以升、降温时间很长，消耗的冷却水、蒸汽也比一般化工生产要大。此外还应注意：不能通过式 2－28 简单得出冷却时间与冷却水用量成反比，因为 *B* 项中还有冷却水用量 *W*。例如，把上述例题计算的结果的冷却水用量由 35.6t/h，提高到 80t/h，计算结果是冷却时间仅降至 4.31h。因此，从经济效益和能源利用角度看来，没有必要浪费大量的冷却水来缩短仅 0.38h 的冷却时间。

四、连续灭菌

连续灭菌也是灭菌过程中的一种重要操作方法。与分批灭菌一样，连续灭菌也需要加热、保温（维持）与冷却这三个阶段。两者的不同是：分批灭菌操作的加热、保温与冷却这三个阶段，在同一设备（即发酵罐）内进行，只是在时间上错开；而连续灭菌是三个过程在同一时间，但在不同的设备内进行（即空间错开）。因此，在连续灭菌系统中，需要分别设置加热设备、保温（维持）设备和冷却设备，以完成这三个过程。由于连续灭菌是在培养基流动过程中完成传热三个阶段，设备体积可比发酵罐小得多，所以，培养基可在较高的温度、短时间内加热到保温温度并能很快被冷却。由于连续灭菌温度高，因此，保温时间很短，其灭菌过程中的温度变化见图 2－7 虚线所示。由于连续灭菌所用时间比分批灭菌少很多，这样有利于减少营养物质的破坏。在培养基连续灭菌过程中，要求蒸汽供应平稳，蒸汽压力一般要求高于 0.4MPa（表压）。连续灭菌设备比较复杂，投资较大。

培养基采用连续灭菌时，发酵罐应在连续灭菌开始前进行空罐灭菌，以容纳经过灭菌的培养基。同时加热器、维持设备和冷却设备也应先进行灭菌，然后才能进行培养基的连续灭菌。组成培养基的耐热性物料和不耐热性物料可在不同温度下分开灭菌，以减少物料受热破坏的程度。

（一）连续灭菌的流程

根据化学工程的知识：流体的加热和冷却可通过多种方式实现，（图 2－10）为我国 20 世纪 80 年代前广泛采用的培养基连续灭菌流程。

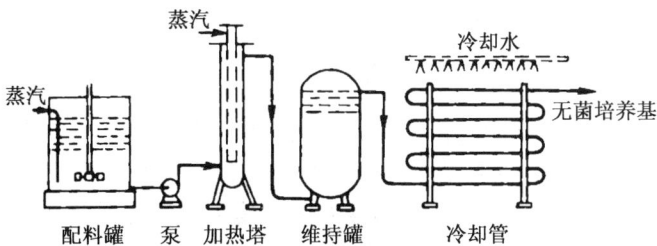

图 2－10 连续灭菌过程的流程

该流程中，待灭菌的培养基配制后，在配料罐中先用蒸汽预热至 60～70℃然后用泵打至加热塔内，在加热塔内经 20～30s 或更短的时间内将培养基加热升温至灭菌的温度，通常是 130～140℃，送入维持罐保温一段时间（即灭菌），灭菌后的培养基经冷却器冷却至发酵温度或接近发酵温度进入无菌发酵罐内备用。

这个流程因为设备体积较大，维持罐直径大，不能保证物料先进先出（存在返混现象），从而使培养基受热不均匀而产生局部过热或灭菌不足的现象，影响了培养基灭菌的质量；同时，还因喷淋冷却管道长，存在对黏度较大、固体颗粒较多的培养基易堵塞及热能利用不够经济等缺点。但是，由于该流程设备简单，操作方便，故目前仍被有些厂家采用。

（图2-11）为蒸汽喷射连续灭菌流程。该流程中待灭菌的培养基用泵打入喷射加热器，加热蒸汽以较高的速度从喷嘴喷出，借高速流体的抽吸作用与培养基直接混合加热升温至预定灭菌温度后进入管式维持器保温一段时间进行灭菌。灭菌后的培养基经膨胀阀进入真空闪急蒸发器，因水分急速蒸发，使培养基可瞬间冷却至70～80℃，在进入无菌的发酵罐内继续冷却到培养温度备用。该流程的特点是加热、冷却过程极为短暂，故营养成分破坏最小。因维持设备是管道，如果设计合理，则返混程度小，可保证物料先进先出，避免了灭菌过程中培养基局部过热或灭菌不充分的现象发生。但需要设置自动控制装置，保证蒸汽压力和流量及培养基进料流量的稳定。缺点是由于真空的影响，在蒸发室下面需要装一台出料泵或者将蒸发室置于发酵罐液面上10m的高度，否则灭菌后的培养基不能自动进入发酵罐，将可能导致培养基再次受到污染，同时给设备安装、使用、布置等带来一系列问题，使这种流程的工业化受到限制。

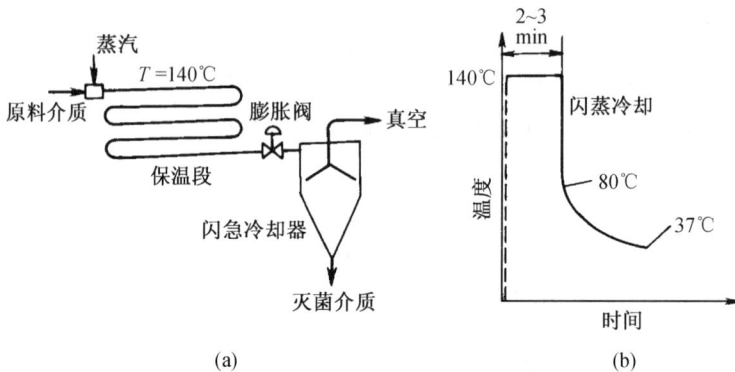

(a)   (b)

图2-11 蒸汽喷射连续灭菌流程

（图2-12）为板式换热器流程。该流程是用板式换热器对介质进行间接加热和冷却。其特点是单位体积的热交换器具有很高的传热面积，而且可根据生产需要，改变换热面积的大小，拆卸清洗和设备维护都很方便。其主要优点是板式换热器的传热系数大，流程利用合理，可节省大量的蒸汽和冷却水，因此，近些年来得到推广使用。但板式换热器内流体通道较狭窄，对稠厚的培养基流动阻力较大。同时必需保证板与板的叠合要严密，否则将引起培养基的污染，在选用时需要注意。

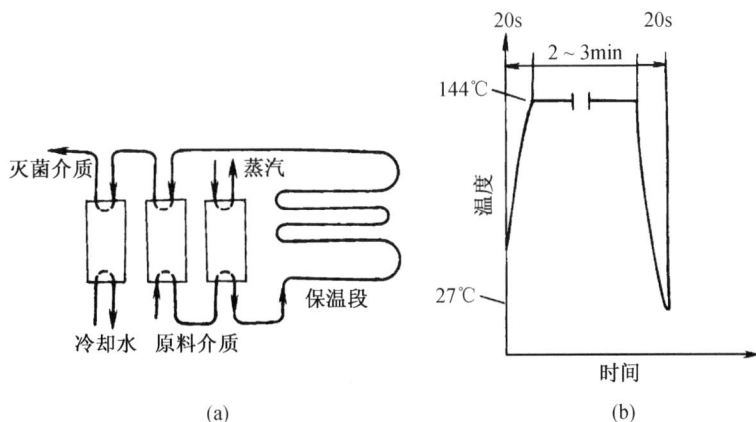

图 2 – 12　板式换热器连续灭菌装置

（二）连续灭菌设备及计算

1．加热设备

培养基在加热设备中被加热的目的是为了使其温度升高至灭菌温度。加热设备有套管式、喷射式等多种形式。加热设备也称连消塔，从结构上看，它就是一个混合式换热器。

（1）套管式加热器　也称塔式加热器见图 2 – 13 所示。它是由一多孔的蒸汽导入管和外套管组成。多孔管的孔径一般为 5 ~ 8mm，孔数决定于导管的直径，通常取小孔的总截面积等于或小于导入管的截面积。小孔与管壁成 45° 夹角开设。小孔在导管上的分布是上稀下密以便蒸汽能均匀地从小孔喷出。操作时，料液从塔的下部由泵（泵的操作压力要大于蒸汽压力）打入，并使其在内外管间的环隙内流速为 0.1m/s 左右。蒸汽从塔上部通入蒸汽导入管，经小孔喷出后与物料激烈混合进行加热。塔的有效高度为 2 ~ 3m，料液在加热器中停留 20 ~ 30s。

套管式连消塔的导入管和外套管的直径、塔高和导入管壁上的小孔数目可由下列诸式分别计算求得：

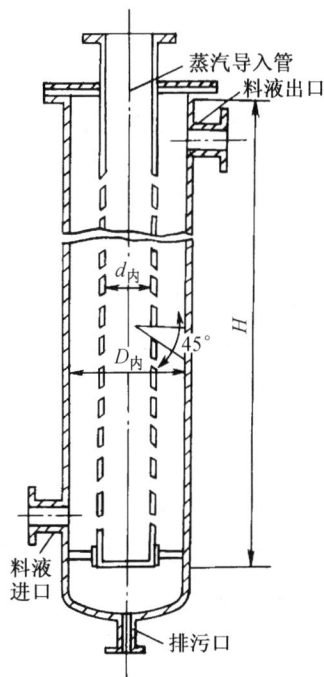

图 2 – 13　塔式加热器

$$d_i = \sqrt{\frac{Sv}{0.785 w_s}} \qquad (2-29)$$

$$D_i = \sqrt{\frac{V_m + V_s}{0.785 w_m} + d_o^{\,2}} \qquad (2-30)$$

$$H = w_m \cdot \tau \qquad (2-31)$$

$$n = a(\frac{d_i}{d_h})^2 \qquad\qquad (2-32)$$

式中，d_i——蒸汽导入管内径，m；

$\quad\quad d_o$——蒸汽导入管外径，m；

$\quad\quad H$——加热塔有效高度，m；

$\quad\quad n$——导入管小孔总数，个；

$\quad\quad d_h$——小孔直径，m；

$\quad\quad S$——加热蒸汽量，kg/s；

$\quad\quad v$——加热蒸汽比容，m³/kg；

$\quad\quad w_s$——导入管蒸汽流速，m/s；一般取 20m/s～25m/s；

$\quad\quad V_m$——培养基进入流量，m³/s；

$\quad\quad V_s$——蒸汽冷凝后的体积量，m³/s；

$\quad\quad w_m$——培养基在管环隙中的流速，m/s；

$\quad\quad \tau$——加热时间，s；

$\quad\quad a$——小孔总截面积与导入管截面积之比，一般取 0.8～1.0。

由于塔式加热器的蒸汽导入管小孔加工较困难，设备又比较高，操作时有较大噪音，已很少使用。但上述的计算方法可由于其他方面的工程设计。例如蒸汽直接加热大罐中的液体或气液反应等。总之，管上开孔，气体以小气泡鼓出与液体接触，增加了传热、传质面积。可强化传热、传质过程。

（2）喷射式加热器 喷射式加热器见图 2－14 所示，是目前加热培养基常用的装置。其工作原理是预热后的培养基由泵打入加热器的下端中心物料导入管，流速约为 1.2m/s，饱和蒸汽从物料管外的环隙引入，其流速为 20～25m/s，蒸汽通过文丘里喷嘴以很高速度喷出，与培养基瞬间均匀混合并加热到灭菌温度，经折流帽（挡板）进入扩大管，然后从顶部压出进入维持设备。扩大管的直径约等于喷嘴的 2 倍，高度约为 1m。喷射器内设有折流帽的原因是：蒸汽以高速（150m/s）冲出文丘里喷嘴与培养基均匀混合后，向上的速度仍很大，而加热器的扩大管高仅有 1m 左右，料液很容易直接冲出加热器，影响混合效果。设有挡板后，蒸汽、培养基可碰撞挡板折流在扩大管内进一步均匀混合。

喷射式加热器体积小，物料管与文丘里喷嘴的内径相差不大，一般常用处理培养基量为每小时 12m³，这时物料管常采用 φ57×3.5mm 的无缝钢管，喷嘴内径为 65mm，两管的间隙仅为 4mm 左右，蒸汽在此间

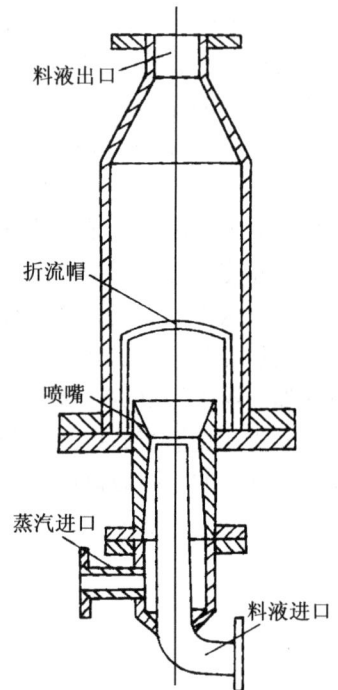

料液出口

折流帽

喷嘴

蒸汽进口

料液进口

图 2－14 喷射式加热器

隙喷出速度又很快，所以组装时要注意物料管与喷嘴口一定要同心，否则蒸汽喷出的速度会产生很大差异而造成喷出的蒸汽流偏心旋转，影响培养基加热的均匀性和灭菌质量。

喷射式加热器具有结构简单、占地面积小、操作时噪音小、运行稳定等优点，现在已逐渐取代了塔式加热器。

2．维持设备

维持设备又称保温设备，在连续灭菌系统中起保温灭菌作用。加热到灭菌温度的培养基在维持设备内保持一段时间，以达到灭菌的目的。在维持设备内停留的时间也就是灭菌保温时间。如果在维持设备内停留时间不足，即灭菌时间不足，培养基灭菌就不可能彻底。培养基在维持设备内一般不需要补充加热，因为补充加热会使培养基在维持设备的壁上产生炭化、结焦等现象。但是，为了避免散失热量而引起培养基温度降低，必须在维持设备外壁面进行良好的保温。

（1）理论灭菌时间　培养基在连续灭菌中，由于加热升温时间比分批灭菌时间要短很多，因此在工程计算中不必考虑该段的杀菌作用，认为全部杂菌都是在保温段杀死，即灭菌时间就是保温时间（或称理论灭菌时间），其值可由对数残留定律求得：

$$\tau = \frac{2.303}{K}\lg \frac{N_0}{N_s}$$

或
$$\tau = \frac{2.303}{K}\lg \frac{C_0}{C_s} \tag{2-33}$$

式中，C_0 及 C_s 分别单位体积培养基灭菌前及灭菌后所含菌数，个/ml。

例题 2-3　若将例题 2-1 中培养基采用连续灭菌法灭菌。灭菌温度为 131℃，此温度下灭菌速度常数为 0.251/s，求灭菌时间。

解：$C_0 = 2 \times 10^7$ 个/ml

$$C_s = \frac{1}{40 \times 10^6 \times 10^3} = 2.5 \times 10^{-11}\ 个/ml（指 40m^3 培养基中允许含有 10^{-3}个菌）$$

$$\tau = \frac{2.303}{0.25}\lg \frac{2 \times 10^7}{2.5 \times 10^{-11}} = 164s = 2.7min$$

从例题 2-1 与例题 2-3 的计算结果可看出：同样的培养基，灭菌温度升高 10℃后，灭菌时间仅为 121℃时的 1/9。

（2）维持罐　维持罐为圆筒形立式密闭容器。径高比（即圆筒部分与罐径之比）为 1.2～1.5，见图 2-15 所示。操作时，将罐底阀门 2 关闭，开启阀门 1 让培养基在罐内由下而上地通过，当来自加热设备的培养基进料完毕后，在维持罐中剩下的一罐料应继续保温一段时间后即可关闭阀门 1，开启阀门 2，利用蒸汽将培养基由罐底压出。

维持罐的有效容积可由培养基的流量与平均停留时间求得：

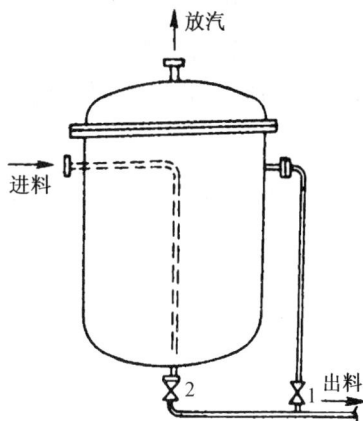

图 2-15　维持罐

$$V = V_m \bar{\tau} / \varphi \qquad\qquad (2-34)$$

式中，V——维持罐体积，m^3；

$\quad V_m$——培养基流量，m^3/s；

$\quad \varphi$——充满系数，通常取 $0.8 \sim 0.9$；

$\quad \bar{\tau}$——培养基平均停留时间，s。

由于培养基在罐内有返混现象，各质点在维持罐内的停留时间不一致，其中停留时间长者和短者相差几倍，因此，不能采用理论灭菌时间作为实际维持时间（即平均停留时间）。在具体设计维持罐时，通常取停留时间为理论灭菌时间的 $3 \sim 5$ 倍。例如，实际生产中灭菌温度为 130℃时，实际停留时间为 $10 \sim 12min$，140℃ 为 $3 \sim 5min$。

目前维持罐的设计已改变以往的进料管从维持罐上部进罐，而从维持罐外底封头焊接缝附近进罐，并对进料管末端有意识封闭，把开口处对准罐中心向下，这种结构有利于进料管的定期清洗。

（3）维持管　维持管也称管道维持器。维持管道一般由 U 形管和水平管组合而成，外面用绝热保温材料保温。加热后的培养基在管道内处于湍流状态（$R_e > 10^4$），使管内流体各质点的流速几乎相等。培养基在管内的流速一般控制在 $0.3 \sim 0.6m/s$，管长等于维持时间和流速的乘积。该设备简单、阀门少、维持时间远小于维持罐的时间，所以营养成分相对破坏少。但存在管道弯头多，流体在管内流动阻力大，不易清洗等缺点。

在具体设计维持管中，同样不能以理论灭菌时间作为培养基在管内的停留时间。因为实际流体在管内流动时，不论作滞流流动或者是湍流流动，流体的流速均是管内径位置的函数，中心处流速最大，靠近管壁处流速减小。因此，各层流体在保温阶段管内的停留时间也各不相同，在半径方向形成停留时间分布。这时不能以平均的停留时间来计算灭菌操作中的保温时间。因为，这时中心部位的流速大，它在保温阶段内的停留时间短于平均停留时间而达不到规定的灭菌要求，就有可能造成染菌的危险。如果按中心的最大的流速计算，那么又有很大部分培养基将因停留时间过长而遭到破坏。

为了定量的阐明停留时间分布对连续灭菌所造成的不利影响，可由表 2-5 结果予以说明。表中数据是假定连续灭菌设备的保温阶段被维持在恒定的温度下获得，并且在该温度下杂菌的比死亡速率常数 K 为 $10min^{-1}$；介质的平均停留时间 $\bar{\tau}$ 以保温段管长度除以平均流速而得，如 $5min$。

表 2-5　停留时间分布对连续灭菌的影响

比死亡速率常数 K，min^{-1}	平均停留时间 $\bar{\tau}$，min	彼克列准数 P_e	杂菌的减少，N/N_0	
			平推流	实际流型
10	5	200	1.8×10^{-22}	10^{-18}
10	5	100	1.8×10^{-22}	1.5×10^{-16}
10	5	70	1.8×10^{-22}	3×10^{-15}
10	5	50	1.8×10^{-22}	2×10^{-14}

前面已介绍，平推流是一种理想的流型，在管内各层流体具有相同的流速，因此，

各层流体在管内的停留时间也相同，在表 2 - 5 中是以平推流型作为与实际流型比较的标准，即以 $N/N_0 = 1.8 \times 10^{-22}$ 作为计算的基准。由表中的数据可以看出：在实际流动情况下，因各层流体流速不同，停留时间有分布，灭菌效果就远不如平推流，甚至相差好几个数量级。

表中的 P_e 准数，可以反映实际流动情况与平推流型之间的偏离程度。对理想的平推流型而言，其 P_e 准数为无限大；而对全混流流型，则 P_e 准数等于零，所以 P_e 准数愈大，流动流型愈接近平推流；P_e 准数愈小，与平推流偏离愈大，其灭菌效果也愈差。所以，在设计连续灭菌用维持管时，如果不考虑这个问题，而按理想流动状况来考虑，肯定是要失败的。

为了估算维持管内介质的真实的流动形态，有多种模型来描绘系统。但其中较为常用的是扩散模型。该模型是在平推流模型的基础上，再叠加轴向扩散而成。根据这一模型，再结合微生物的受热死亡，来分析维持管中微分管长 Δl 内的情况，见图 2 - 16。

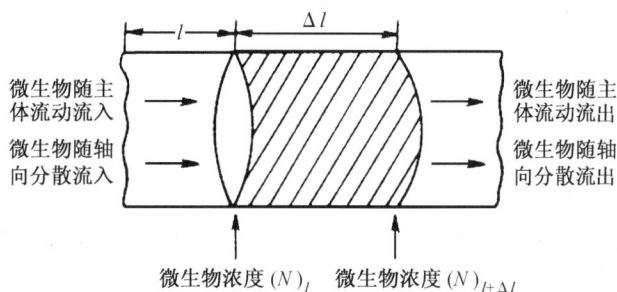

图 2 - 16 维持管的扩散模型

在管长为 L 的维持管内，微生物随主体流动和轴向扩散两种方式进入该微分段，并在该微分段受热死亡；同时，未曾死亡的微生物将随主体流动和轴向扩散离开微分段。在稳定情况下，对上述微分段做活微生物的物料衡算：

（主体流动进）+（轴向扩散进）-（主体流动出）-（轴向扩散出）=（受热死亡）

其中：主体流动进入 $= \overline{w}SN_l$

主体流动离去 $= \overline{w}SN_{l+\Delta l}$

轴向扩散进入 $= -D_Z S \left(\dfrac{\mathrm{d}N}{\mathrm{d}l}\right)_l$

轴向扩散离去 $= -D_Z S \left(\dfrac{\mathrm{d}N}{\mathrm{d}l}\right)_{l+\Delta l}$

受热死亡 $= KNS\Delta l$

故
$$\overline{w}SN_l - D_Z S\left(\frac{\mathrm{d}N}{\mathrm{d}l}\right)_l - \overline{w}SN_{l+\Delta l} + D_Z S\left(\frac{\mathrm{d}N}{\mathrm{d}l}\right)_{l+\Delta l} = KNS\Delta l \quad (2-35)$$

对式 2 - 35 除以 $S\Delta l$，可得：

$$\overline{w}\left(\frac{N_{l+\Delta l} - N_l}{\Delta l}\right) - D_Z \frac{\left[\left(\frac{\mathrm{d}N}{\mathrm{d}l}\right)_{l+\Delta l} - \left(\frac{\mathrm{d}N}{\mathrm{d}l}\right)_l\right]}{\Delta l} + KN = 0$$

取微分得：

$$\overline{w}\frac{\mathrm{d}N}{\mathrm{d}l} - D_Z\frac{\mathrm{d}^2N}{\mathrm{d}l^2} + KN = 0 \tag{2-36}$$

式中，$\overline{w}$——平均流速，m/s；

S——管道截面积，m^2；

D_Z——轴向扩散系数，m^2/s；

Δl——微分管长，m。

为了便于解此微分方程，常把式中的变量按下列形式转换成相应的无因次变量：

取：$\overline{N} = N/N_0$——无因次微生物浓度；

$Z = l/L$——无因次轴向距离；

$D_a = KL/\overline{w}$——反应准数；

$P_e = \overline{w}L/D_Z$——彼克列准数，反映流体返混程度。

式中，L 是维持管长度，m；N_0 为进口微生物的浓度。

Wehner 和 Wilhelm 对式 2-35 解得如下：

$$(\overline{N})_{l=L} = (\frac{N}{N_0})_{l=L} = \frac{4a\ \exp(P_e/2)}{(1+a)^2\exp(\frac{a}{2}P_e) - (1-a)^2\exp(-\frac{a}{2}P_e)} \tag{2-37}$$

其中，$a = \sqrt{1+4D_a/P_e}$

实际上真实流体的流动，P_e 准数是处于 0 和 ∞ 之间。因此，在设计维持管中若采用式 2-37 是极为麻烦。通过式 2-37 可以求出不同的 P_e 准数下的 N/N_0 与（$KL/\overline{w}$）之间的关系。因此，为了便于计算起见，可将式 2-37 用图解的表示出来。一般是将灭菌度（N/N_0）对反应准数（$D_a = KL/\overline{w}$）进行标绘，以彼克列准数（$P_e = \overline{w}L/D_z$）为参数，可标绘见图 2-17 所示。

利用图 2-17，可方便地进行维持管的设计。当 $P_e = ∞$ 时，即为平推流的情况，平推流无返混，应符合分批灭菌的关系式，P_e 准数不断减小时，同样的 N/N_0 值下，$\overline{\tau} = L/\overline{w}$不断增加。在设计管式维持器时可取 $P_e \geqslant 1000$，这时流体流动与平推流比较接近（又基本符合实际流动情况）。图 2-18 给出了包括扩散系数 D_z 与 R_e 准数之间的关系，由此可以计算不同 R_e 时的 P_e 值。

$$P_e = \frac{L\overline{w}}{D_z} = \frac{1}{\left(\dfrac{D_z}{\overline{w}d}\right)} \cdot \frac{L}{d} \tag{2-38}$$

式中，d——维持管内径，m。

由于图 2-18 查取数值时误差较大，当 $R_e = 10^4 \sim 10^6$，有如下关系式可以方便的算出。

$$\frac{D_z}{\overline{w}d} = \frac{0.678}{R_e^{0.0815}} \tag{2-39}$$

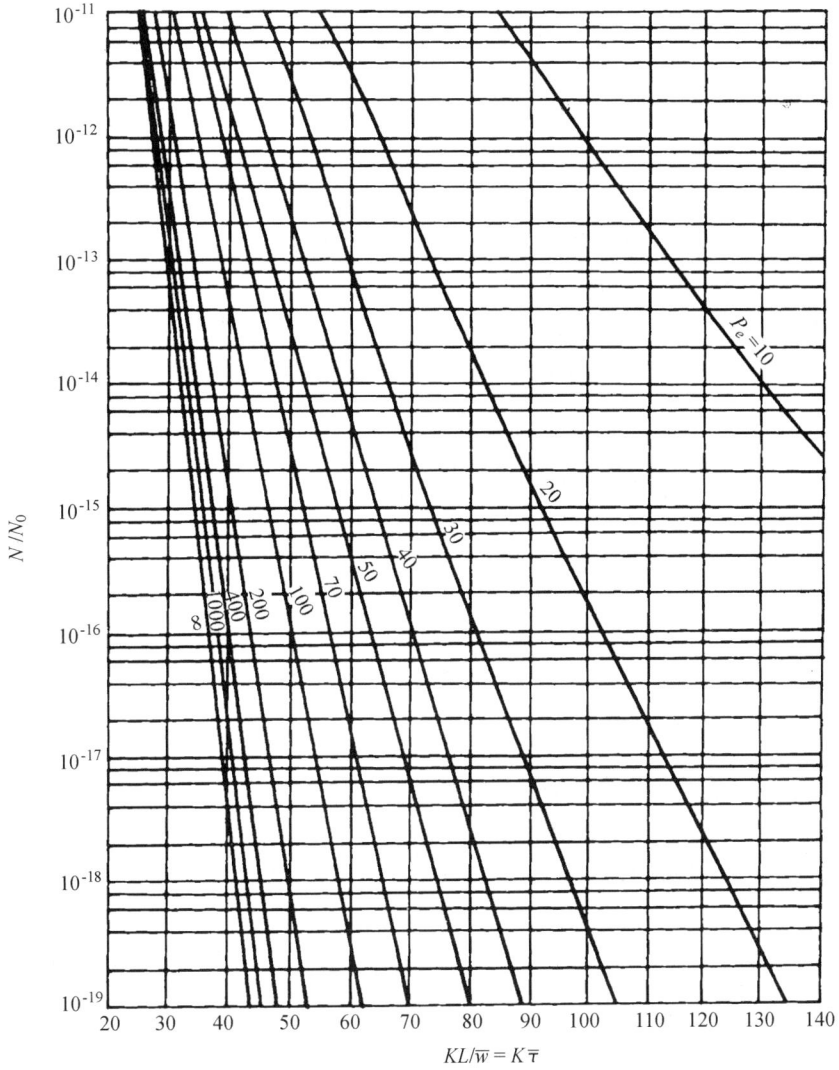

图 2-17　维持管中 N/N_0 与 $K\bar{\tau}$ 的关系

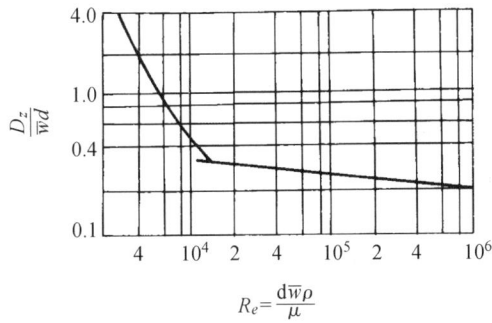

图 2-18　R_e 与 $D_z/\overline{w}d$ 的关系

设计管式维持器时，可按以下顺序进行。首先确定灭菌后培养基中的活菌数（取 0.001）。同时确定 N/N_0 和 $P_e = 1000$，由图 2-17 确定 $K\bar{\tau}$，再根据灭菌温度下的 K 值确定平均停留时间 $\bar{\tau}$。然后取管式维持器的内径，再根据培养基的流量确定 $\bar{w}$，即可求出管长 L。最后进行校核，由 $\bar{w}$、d 以及物料的黏度 μ、密度 ρ 求出 R_e 之后，再由图 2-18 或式 2-39 求出 P_e，若 $P_e \geqslant 1000$，则所得 d、L 可行，否则需要改变管径，重新计算。

例题 2-4 现有 $25m^3$ 的培养基以 $10m^3/h$ 的流量进行连续灭菌，若保温温度为 131℃，求管式维持器的主要尺寸。

解：取培养基初始污染度为 10^7 个/ml，$N_s = 10^{-3}$ 个，则

$$N_0 = 25 \times 10^6 \times 10^7 = 2.5 \times 10^{14} 个$$

$$\frac{N}{N_0} = \frac{10^{-3}}{2.5 \times 10^{14}} = 4 \times 10^{-18}$$

131℃时灭菌速度常数 $K = 0.25$ 1/s，从图 2-17 查得当 $P_e = \infty$ 时 $D_a = 40$ 则理论灭菌时间为：

$$\bar{\tau} = \frac{D_a}{K} = 160s = 2.67min$$

当取 $P_e = 1000$ 时，由图 2-17 查得 $D_a = 41.8$，则平均停留时间 $\bar{\tau} = \frac{41.8}{0.25} = 167.2s$。若采用 $\phi121 \times 6mm$ 无缝钢管，其平均流速为

$$\bar{w} = \frac{10}{3600 \times 0.785 \times 0.109^2} = 0.3m/s$$

管长 $L = \bar{w}\bar{\tau} = 0.3 \times 167.2 = 50.16m$

要校核所选的管径和计算的管长是否合理，即是否能使 $P_e \geqslant 1000$，应进行如下验算：

取培养基在灭菌温度下的密度 $\rho = 1000kg/m^3$，黏度 $\mu = 3 \times 10^{-3}Pa \cdot s$，则

$$R_e = \frac{d\bar{w}\rho}{\mu} = \frac{0.109 \times 0.3 \times 10^3}{3 \times 10^{-3}} = 1.09 \times 10^4$$

查图 2-18，得 $\dfrac{D_z}{wd} = 0.3$

或

$$\frac{D_z}{wd} = \frac{0.678}{R_e} = \frac{0.678}{10900^{0.0815}} = 0.317$$

则 $P_e = \dfrac{1}{D_z/wd} \cdot \dfrac{L}{d} = \dfrac{1}{0.317} \times \dfrac{50.16}{0.109} = 1452 > 1000$

故上述计算结果正确，即维持管尺寸为：$\phi121 \times 6mm$ 的无缝钢管，长 $L = 50m$。

3. 冷却器

冷却器是培养基灭菌后迅速降温的场所。冷却器的形式很多，应选择冷却效率高、无死角、易清洗、易灭菌、结构简单的形式。常用的有喷淋式冷却器、板式和螺旋板式冷却器等。

板式和螺旋板式冷却器是高效换热器，产品已系列化，无需自行设计制造。在用板式冷却器的灭菌流程中，可利用冷的培养基替代冷却水，通过热交换后将冷的培养基进

行了预热，可减少了连续灭菌过程中的蒸汽和冷却水用量。据有关报导可减少蒸汽和冷却水用量达 60% 左右，大大提高了能源利用。设计计算时，板式换热器的传热系数可取 2300J/（m²·s·K），螺旋板式换热器的传热系数可取 580J/（m²·s·K）。若用两台螺旋板式冷却器（每台 43m²）串联在一起，可使 10 ~ 14m³/h 培养基从 110℃ 冷却至 38 ~ 40℃。

　　喷淋式冷却器见图 2 - 19，它具有结构简单，检修方便，管外除污容易，料液在管内流动不存在死角，易清洗和杀菌，泄露容易被发现等优点，被广泛用作连续灭菌的冷却设备。安装时要注意：水平换热管应处于同一个垂直面；冷却水溢水槽两侧壁上应开有锯齿形的齿，目的是增加溢水周边，使溢水量均匀，溢水槽安装也应保持水平。操作时冷却水从上方均匀地喷淋在水平排管上并呈膜状沿管子外壁流下。培养基从下部进入冷却器，从上部排出，一般管内流速约 0.3 ~ 0.6m/s。这种换热器的热量传递不仅在于液膜的冷却作用，而且一部分冷却水会发生汽化，带走大量的潜热，故传热效率较高，传热系数约为 350J/（m²·s·K）。由于冷却装置会产生大量的蒸汽，因此，一般应安置在室外通风处。经换热的冷却水温可升高 10 ~ 15℃。这种设备冷却水耗量很大，特别是夏季。在生物制药厂中常用的是管直径小于 80mm 无缝钢管制成卧式喷淋冷却器。

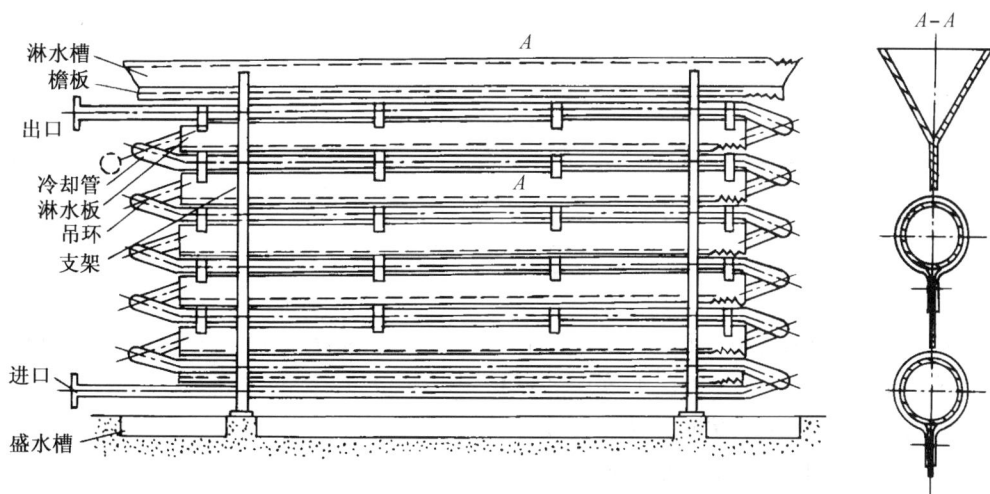

图 2 - 19　喷淋冷却器

　　总之，连续灭菌操作无论在理论上还是实践上，均比间歇灭菌过程有明显的优点，因此，当用较大的发酵罐时，除介质中含有大量的固体物质外，都应采用这种方法。尽管连续灭菌装置需要多增加一些投资，但从中却可获得更多的收益。

主 要 符 号 表

符　号	意　义	法定单位
C	对热不稳定物质浓度	mol/m³
C	培养基的热容	J/（kg·K）

续表

符　号	意　义	法定单位
C_w	水的热容	J/（kg·K）
ΔE	死亡活化能	J/mol
F	传热面积	m^2
G	培养基质量	kg
H	加热塔高度	m
K	速度常数	1/s
K	传热系数	w/（m^2·K）
L	维持管长	m
N	培养基中活微生物个数	
Q	传热量	J
R	气体常数	J/（mol·K）
S	蒸汽消耗量	kg
T	温度	K 或℃
V	维持罐有效容积	m^3
V_m	培养基流量	m^3/s
v	蒸汽比容	m^3/kg
w	流速	m/s

习　　题

1. 一发酵罐内装培养基 18.5m^3，121℃条件下进行实罐灭菌，若每毫升培养基中含耐热菌芽孢为 2×10^7 个，灭菌失败几率为 10^{-3}。

试求：（1）121℃灭菌时，速度常数 K 为多少；

　　　（2）理论灭菌时间（min）；

　　　（3）其他条件不变，培养基体积增大一倍时，灭菌时间有何变化；

　　　（4）其他条件不变，灭菌温度升高10℃，灭菌时间有何变化。

　　　（答：0.0273；24.7min；25.1min；3.55min）

2. 培养基中糖的初浓度为2%，经104℃灭菌后，糖的浓度降低为1%，若达到同样灭菌效果，改为121℃灭菌，求此时糖的浓度变为多少。

已知：$K_{104} = 5.7 \times 10^{-4}$ 1/s　$K_{121} = 2.7 \times 10^{-2}$ 1/s

　　　糖破坏活化能 $\Delta E' = 8.374 \times 10^4$ J/mol

　　　气体常数 $R = 8.314$ J/（mol·K）

　　　（答：糖浓度为1.9%）

第三章

空气除菌及设备

需氧微生物在发酵过程中，需要耗用氧气，氧气通常是由空气提供。但是空气中夹带有大量各种各样的杂菌，这些杂菌如果随空气一起进入系统后，在适宜的条件下，就会大量繁殖，并与发酵生产的生产菌竞争，消耗营养物，生产各种无用的代谢物，以致干扰、破坏预定发酵的正常进行，甚至造成发酵生产的彻底失败。由于一般发酵周期都比较长（几十小时甚至上百小时），这期间需要不断提供无菌的空气。以一个 $50m^3$ 发酵罐为例，若装料系数为 0.7，如果要求每立方米发酵液每分钟通气 $0.8m^3$，培养周期为 170h（7 天），那么每个周期需要通入无菌空气达 $2.86 \times 10^5 m^3$，这就给空气净化系统带来难度。据报导，在抗生素发酵过程中，因进罐空气带菌而引起的发酵染菌占总染菌的 20%左右，而因培养基灭菌不透只占不到 1%，总之，空气系统带菌造成染菌占第二位（第一位是设备穿孔和渗漏）。因此，空气的除菌是需氧发酵生产中的重要环节。多年来国内外发酵工作者一直在探索如何有效地改善空气净化系统，使其确保无菌、简化流程、节约能源等，并已取得很大成绩。

第一节　无菌空气的标准

一、空气中微生物的分布

微生物通常是在固体表面或液体中繁殖，由于它很细小，很容易随水分的蒸发、物体的移动而被气流带走或附在灰尘上漂浮于气流中，故凡是尘埃越多的空气，则其中所含微生物也越多。空气中的含菌量随环境的不同而有很大差别。一般干燥的北方空气含菌量较少，而潮湿的南方含菌量较多，人口稠密的城市比人口稀少的农村含菌量多，地平面的空气又比高空的含菌量多。因此，研究空气的含菌量情况，去选择良好的取风位置（如高空取风）和提高空气除菌系统的除菌效率等都是保证发酵正常生产的重要措施。

东京和伦敦都分别曾对该市附近地区进行了空气活菌的调查，其结果分别为 1.2×10^4 个/m^3 和 0.3×10^4 个/m^3 ~ 0.9×10^4 个/m^3。工程设计中常取 10^3 个/m^3 ~ 10^4 个/m^3 作为设计指标。

由于空气中含有的微生物是依附于尘埃、微粒及微细的水滴上，所以净化空气就是要除掉悬浮于空气之中的尘埃和细微水滴使之达到无菌。空气净化也广泛应用于半导体、电子、航天、化妆品等车间。

二、发酵对空气无菌程度的要求

空气的微生物大多数是一些细菌的孢子，也有酵母、霉菌和病毒。这些微生物很小，从几微米到零点零几微米不等。小的微生物附着在空气中的灰尘上，大气中 $< 1\mu m$ 粒子数占 99%，而质量只占 3%，$10\mu m$ 以上的粒子很少，质量却占 30%，质量占 67% 的是 $1 \sim 10\mu m$。灰尘的平均直径是 $0.6\mu m$ 左右，雾滴的平均直径是 $1 \sim 10\mu m$ 左右，而人肉眼只能见到 $10\mu m$ 以上的纤维削、粉尘等粗大的颗粒。经粗过滤器后的空气是含粉尘微粒大小在 $0.5 \sim 2\mu m$ 以下的气溶胶。空气中常见的菌株，其大小见表 3–1。

表 3–1 空气中菌株种类和大小

菌　　株	直径，μm	长度，μm
产气杆菌	1.0 ~ 1.5	1.0 ~ 2.5
蜡状芽孢杆菌	1.3 ~ 2.0	8.1 ~ 25.8
地衣形芽孢杆菌	0.5 ~ 0.7	1.8 ~ 3.3
巨大芽孢杆菌	0.9 ~ 2.1	2.1 ~ 10.0
蕈状芽孢杆菌	0.6 ~ 1.6	1.6 ~ 13.5
枯草芽孢杆菌	0.5 ~ 1.1	1.6 ~ 4.8
金黄色微球菌	0.5 ~ 1.0	0.5 ~ 1.0
变形杆菌	0.5 ~ 1.0	1.0 ~ 3.0
铜绿假单孢菌	0.3 ~ 0.5	0.5 ~ 0.8
流感杆菌	0.3 ~ 0.5	0.5 ~ 1.0
细菌噬菌体	0.02	0.04

从表 3–1 中的数据可以看出，只要将空气中含有 $0.3\mu m$ 以上的微粒全部除掉（经研究，对深层空气过滤器而言，只要能完全滤除 $0.3\mu m$ 的粒子，就能滤除 $0.01\mu m$ 的粒子），就可认为是无菌空气，也就是无菌空气的标准。

各种不同的发酵过程，由于所用菌种的生长能力的强弱、生长速度的快慢、发酵周期的长短以及培养基中 pH 的差异，而对空气除菌的要求一般也不一样。例如，酵母培养过程中，因培养基的较低 pH（pH 为 3 ~ 4），且酵母的繁殖速度又快，在繁殖过程中能抵抗杂菌的侵袭，因而对空气的除菌的要求也就可以低一些。但是对氨基酸、抗生素的发酵及细胞培养而言，因其周期长（多达 10 天左右），且菌体和细胞自身的抗感染能力又弱，故对除菌的要求就较高。

虽然一般悬浮在空气中的微生物，繁殖需要较长的调整期，但是在阴雨天气或环境污染比较严重时，空气中也会悬浮大量活力较强的微生物。它一旦进入培养基的良好条件中，只需要很短的调整时间后，即可进入对数生长期而大量繁殖。如果营养物足够，按倍增时间为 20min 计算，经过一昼夜的繁殖，一个杂菌便可繁殖成 2^{72} 个杂菌，假如一个细菌的质量为 10^{-12} 克，那么总质量将是 2×10^{54} 吨，这是一个相当庞大的数字。当然，随着菌体的增加，营养物质会迅速消耗，代谢产物会积累，溶氧浓度会改变，适宜环境很难维持，所以，永远达不到总是几何级数速度繁殖。但是，通过这个计算可告知，微生物，繁殖快，培养过程中大量的杂菌必然会使正常的发酵和细胞培养受到严重的干扰或失败。所以在设计空气过滤器时应给予足够的重视。在设计空气过滤器时，仍按 10^{-3} 的失败几率，即表示设计的过滤器在使用 1000 个周期内，有一次因为透过一个杂菌造成染菌而失败。

三、空气含菌量的测定

要准确测定空气中含菌量的多少是比较困难的。一般可采用培养法（活计数）或光学法（死计数）测定近似值，此外还有重量法、比色法等。下面只介绍粒子计数器（仪）测量法和固定膜采样培养法。

（一）粒子计数测定法

我国目前生产的尘埃粒子计数器是利用微粒对光线有散射作用的原理来测定粒子的大小和含量。测量时以一定流量将试样通过仪器检测区，同时用聚光透镜将光源来的光线聚成强烈光束射入检测区，在检测区内，空气试样受到光线强烈照射，空气中的微粒会把光线散射出去，再由聚光镜将散射光聚集投入光电倍增管，将光讯号转变为电讯号。粒子的大小与讯号峰值有关，粒子的数量与讯号脉冲频率有关，讯号经自动计数器计算出粒子的大小和数量并显示读数。当测量微粒浓度太大时，会因粒子重迭而产生误差，这时空气浓度需要稀释。

这种仪器可测量空气中含有直径为 $0.3\mu m \sim 10\mu m$ 微粒的各种浓度，新产品仪器可测量小到 $0.1\mu m$，测量比较准确。但它测量的只是微粒数，不能测量空气中活菌的数目。

（二）固定膜采样法

这种方法是将含有微生物的空气通过固定不变的微孔绝对滤膜，微生物即被完全截在滤膜上，称为取样。取样后再将微生物培养液引入滤膜下部紧贴滤膜，使其润湿吸养分培养微生物。这种方法采样时间不限，每小时空气取样可达 $2m^3$，一昼夜达 $50m^3$，所以，可用于压缩空气的微生物含量的监测。

第二节　空气除菌方法

培养基灭菌的方法，主要是热灭菌法，因此，从理论上讲空气灭菌也可用加热的方法进行。但是，由于空气的量很大，且空气的传热效果远不如液体（具体表现为空气的导热系数很小），若采用一般培养基的灭菌温度，会使加热设备和维持设备的体积很大。因此，用蒸汽来加热空气再保温维持来达到灭菌的目的，这显然是不合理的。但是进入发酵罐的空气都需要经过压缩，以提高压力来克服除菌系统的阻力和保持发酵罐具有一定的压力。因此，如果利用空气被压缩时产生的高温来灭菌，则是可以研究考虑的。用这种方法除去空气中的杂菌，称为热杀菌或干热灭菌。国外在丙酮、丁醇及谷氨酸的生产中，常用这种方法，效果良好。除此之外，目前发酵工业中应用最广泛的就是过滤法。其他如射线法、化学法、静电除菌法等，虽然也可使用，但一般只限于小规模或实验室使用。

一、热杀菌法

这里所指的空气热杀菌与培养基加热灭菌,虽然都是用加热把杂菌杀死,但两者在本质上有区别。空气热杀菌,是基于加热后微生物体内的蛋白质(酶)氧化变性而导致死亡;培养基灭菌则是湿热杀菌,它是利用蛋白质的凝固破坏而致菌体死亡。

鉴于空气在进入发酵系统之前,一般均需用压缩机压缩提高压力,所以空气热杀菌时所需要的温度提高,就不必用蒸汽或其它载热体加热,而直接利用空气压缩时的温度升高来实现。一般来说,欲杀死空气中的杂菌,在不同温度下所需要的时间如下:

200℃	15.1s
250℃	5.1s
300℃	2.1s
350℃	1.05s

所以,若空气经压缩后,温度能升高到200℃以上,尽管空气量大,但因时间很短,维持设备也不会庞大,就可利用干热杀菌。这一要求实际上并不苛刻,而且很容易做到。根据多变压缩公式:

$$T_2 = T_1 \left(\frac{P_2}{P_1} \right)^{\frac{m-1}{m}} \qquad (3-1)$$

式中, T_1 、 T_2 ——空气在压缩前、后的温度,K;

P_1 、 P_2 ——空气在压缩前、后的压力,Pa;

m ——多变指数,一般取 1.2 ~ 1.3。

利用式 3-1 取多变指数 $m = 1.25$,如果压缩比 $P_2/P_1 = 6$,进气温度为 60℃ ~ 70℃,就可将压缩机出口温度升至 200℃ 以上,然后便可进行干热杀菌。因此,干热杀菌的流程通常是要将空气先经预热,例如把空气先预热到 60℃ ~ 70℃(一般利用低温热源加热,以利用废热),然后进入压缩机,并在 200℃ 以上温度下维持一段时间,以便杀死杂菌,再经冷却进入发酵罐,见图 3-1。为了改善维持段的保温效果和使空气在维持段内有足够的停留时间,维持装置常可采用容器或多程列管换热器的形式代替很长的管道,采用多程列管换热器效果最佳(可减少返混)。

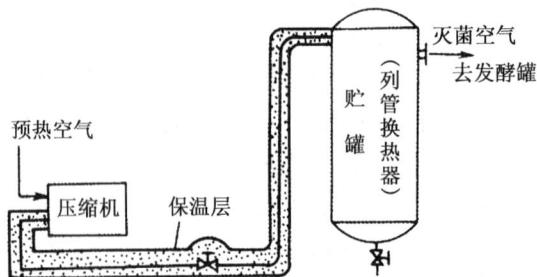

图 3-1 热杀菌流程

实际应用时，由于发酵罐所需无菌空气压力一般为 0.05MPa，再考虑输送阻力，一般压缩机出口压力只要求 0.3 MPa（表压）左右即可满足生产要求。而为了干热灭菌采用过高的压力会造成设备加厚，阀门密封要求过高；过高的温度也会增加后面冷却器的热负荷，从经济权衡角度衡量，目前国内外生产厂实际上很少使用这种方法。

二、静电除尘法

静电除尘法是化工、冶金等工业净化空气方法之一。因为空气中的微生物都黏附在尘埃上，所以在空气中除尘即能达到除菌的目的。国内有的抗生素工厂利用电除尘器去除空气中的尘埃、水雾、油雾，获得较好的效果，可以起总过滤器的作用。

静电除尘具有很高的效率（1μm 的微粒去除效率可达 99％以上）；能量消耗少（处理 1000m³ 空气只耗电 0.4 ~ 0.8kWh）；空气阻力很小（一般仅为 10 ~ 30mmH$_2$O）。缺点是设备一次投资费用较高，需要采用高压电技术，制造、安装较为复杂，维修要求严格。

静电除尘还可应用在洁净工作台和洁净工作室所需无菌空气的制备中第一次除尘，配合高效过滤器使用。

（一）静电除尘原理

含尘气体在静电除尘中的净化过程，大致可分为气体的电离，灰尘的荷电与沉积两个阶段。图 3－2 为静电除尘的示意图，升压变压器 1 将 220V 的交流电升压至 20 kV ~ 50kV 并经整流器 2 整流为直流电后，将"＋"端接在一钢管外壳 3 上，"－"端接在管内导线 4 上。接通电源后，管内壁和导线之间就形成一个电场，电场强度与正负两极的电位差成正比，与中心的距离成反比。当正极（钢管）附近的电场强度大于 1kV/cm² 时，负极导线附近具有更大的电场强度（因导线附近距中心距离小），这时，负极周围可出现一圈微光和

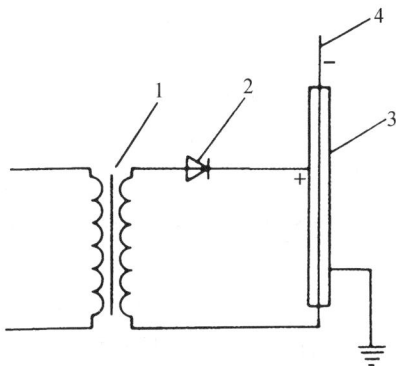

图 3－2 静电除尘器结构示意图
1. 升压变压器；2. 整流器
3. 钢管（沉淀极）；4. 钢丝（电晕电极）

轻微的爆裂声，此现象称为电晕现象。电晕现象的结果使附近的中性空气分子电离为带正电荷和负电荷的空气离子并分别向两极运动。离子运动的速度和具有的动量随电场强度的增大而增大。但正极的电场强度又不能过高，否则会发生击穿现象。当带有一定动量的空气离子在向正负极运动过程中，遇到空气中的固体微粒（尘埃、微生物）及液体微粒（水雾、油雾等）就会使它们也带上电荷而分别向两极移动。由于电离主要在负极周围产生见图 3－3，因此负离子移动的距离要比正离子长，且因负离子的运动速度要比正离子大 1.37 倍左右，因此使大多数微粒带有负电荷而向正极沉淀，为此正极也称沉淀极，负极称电晕极。

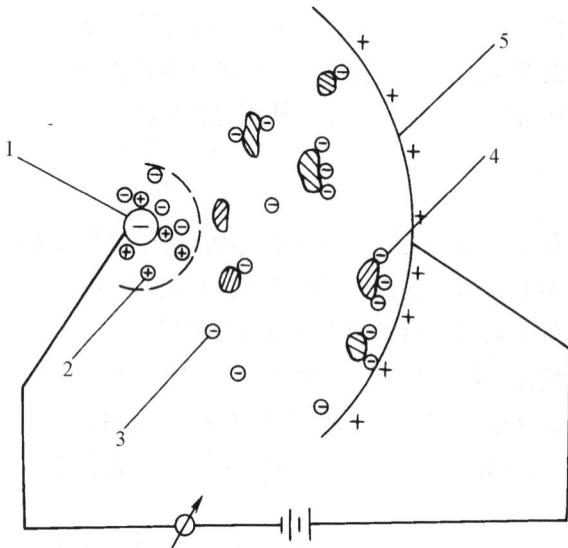

图 3-3　静电除尘器工作原理
1. 导线（电晕极）；2. 正电荷；3. 负电荷；
4. 荷负电荷尘埃；5. 沉淀极

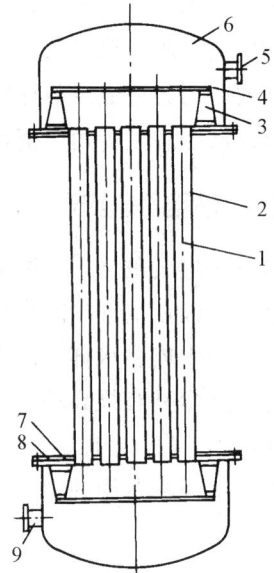

图 3-4　静电除尘器
1. 钢丝（电晕极）；2. 钢管（沉淀极）；
3. 高压绝缘瓷瓶；4. 钢板；5. 空气出口；
6. 封头；7. 钢板；8. 法兰；9. 空气出口

（二）静电除尘器

（图 3-4）为抗生素工业使用的静电除尘器的示意图。空气从进口管进入。7 是上下两块固定钢管的花板，其厚度一般 ≥20mm，以保证具有一定的刚度。花板间的钢管一般采用 φ89×4mm、φ105×5mm 及 φ133×6mm 等规格。因为钢管的直径过大直流电压也需要相应加大，这会给绝缘带来一定困难。钢管的直径和根数决定于空气处理量和流速，通常管内空气流速取 0.8~1.4m/s，流速过大，空气在器内停留时间太短，除尘效率低，钢管的安装要保证垂直（上下端偏差小于 0.5mm）。电晕电极可用 1.5~2mm 的不锈钢丝制成，用钻孔的螺栓固定在钢板间，电晕电极要严格与钢管同心，其偏差也应 ≤0.5mm。为了调整同心度，可将纲板的孔钻得大一些，用钻孔螺栓来调整位置。当沉淀极微粒积聚到一定厚度时，电压会下降，微粒的吸附将减弱甚至随气流飞散，除尘效率很快下降，应定期清洗微粒。

三、过滤除菌法

过滤除菌法是目前发酵工业普遍应用的一种制备无菌空气的方法。它是采用能定期灭菌的过滤介质来阻截流过的空气中所含有的微生物，而取得无菌空气。它在制备过程中，空气首先经过粗过滤器，然后进入空气压缩机升高压力和温度，再进入冷却器降温，经除油、除水后，加热至 30~40℃ 进入总过滤器和每个罐的分过滤器除菌，便获得纯净、压力和温度均符合要求的无菌空气。常用的过滤介质有棉花、活性炭、玻璃纤维、有机合成纤维及各种有机和无机的烧结材料等。为了提高过滤除菌效率、降低过滤压降、减少过滤设备体积、简化设备结构和流程，近些年来不断采用新技术，研究制做新的过滤介质，并以取得很多成果。

第三节 过滤除菌原理、设计及计算

空气过滤器使用的过滤介质，按其空隙大小可分为两类：第一类是空隙小于细菌和孢子，当空气通过时，微生物被阻留在介质的一侧，这种介质称为绝对过滤介质。例如，将聚乙醇（PVA）与甲醛缩合，制成多孔的聚乙烯醇缩甲醛树脂（PVF），经过耐热处理制成孔径小于 $0.3\mu m$ 的滤膜。这种材质有很好的除菌效果，同时具有通气性好，可以用蒸汽灭菌等优点。用三层不锈钢网将两层过滤材料迭起来制成圆盘或圆筒形的滤芯，可供空气过滤器使用。

另一种过滤介质的孔隙大于微生物，为了达到所需的除菌效果，介质必须有一定的厚度，因此称为深层过滤介质。深层过滤介质又可分为两类，第一类如棉花、玻璃纤维、合成纤维和活性炭等。这类介质必须在空气过滤器中填充一定的厚度，它们的空隙可达 $50\mu m$ 左右，远大于要除掉的微粒直径。第二类是将过滤介质制成纸、板或管状，无须填充很厚，就可达到除菌作用。但也有人认为，任何材料制成的微孔膜孔径都不可能像用激光或高能聚焦电子加工出来的筛孔一样，其孔径必然离散在某一个区间，说某种滤材具有固定的非常均匀一致的孔径是不科学的，各种微孔滤膜均有一定的厚度，都应属于深层过滤，这种观点不无道理。因此可说，发酵工业中所有的空气过滤，均是深层过滤。深层过滤除菌的机理较为复杂。下面以纤维介质为例，讨论深层过滤原理、设备及计算。

一、纤维介质深层过滤除菌的原理

前已述及，深层过滤所用介质的间隙一般大于固体颗粒或微生物。例如，在充填系数为8%的棉花纤维中，纤维所形成的网格的间隙为 $20\sim50\mu m$，而悬浮于空气中的菌体大小，一般为 $0.3\sim5\mu m$ 左右。相差如此之大，空气中的菌体能够被除去的原因是依靠气流通过过滤层时基于滤层纤维层层阻碍，迫使气体在流动中出现无数次改变气速大小和方向的绕流运动，而导致菌体微粒与滤层纤维间产生撞击、拦截和布朗扩散等作用，把微粒截留、捕集在纤维表面上，达到过滤的目的。除此之外，微粒的重力及静电引力也对捕集微粒起到一定的作用。一般情况下，前三者是起主要的作用。因此，本节仅就惯性撞击、拦截及布朗扩散等作用，进行简要分析叙述。过滤除菌时各种除菌机理的示意图见图 3－5，图中 w_g 表示空气的流速。

（一）惯性撞击截留作用

过滤器中的滤层交织着无数的纤维，并形成层层网格，随着纤维直径的减小和充填密度的增加，所形成的网格也就愈紧。当含有微生物的空气通过过滤层时，气流仅能从纤维的间隙通过，由于纤维纵横交错，层层叠叠，迫使空气流不断的改变它的运动方向和速度大小。由于微粒（菌体）的惯性大于空气，因此，当气流遇阻而绕道前进时未能及时改变它的运动方向随气流前进，结果由于惯性使之撞击纤维并被截留于纤维的表面。这种捕集微粒的作用，称之为惯性撞击截留作用。依靠这种作用而捕集微粒的效率用 η_I 表示。由实验证实，η_I 是斯托克斯准数 Ψ 的函数，即：

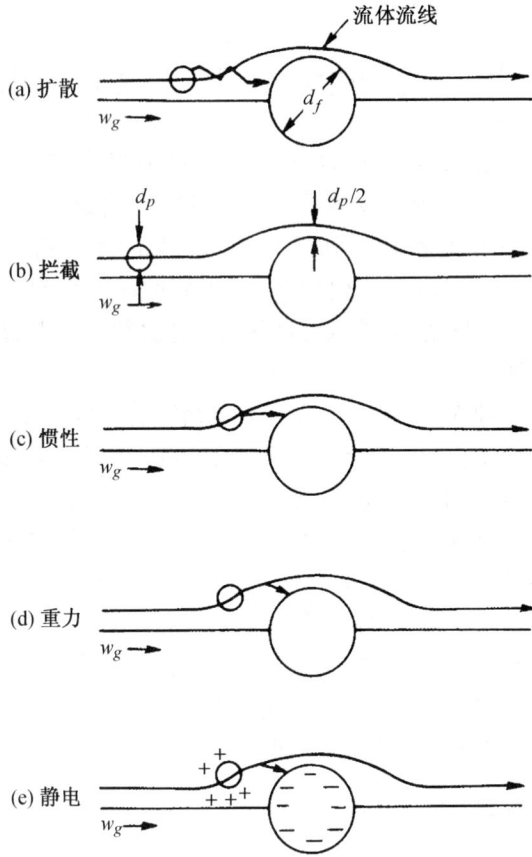

图 3-5 纤维介质截获微粒的机理

$$\Psi = \frac{C\rho_p d_p^2 w_g}{18\mu d_f} \qquad (3-2)$$

式中，C——宁克汉修正系数，当 $d_p = 1\mu m$ 时，$C = 1.166$；

      w_g——空气在纤维间的真实流速，m/s；

      ρ_p——颗粒的密度，kg/m^3；

      d_p——微粒直径，m；

      d_f——纤维直径，m；

      μ——空气黏度，Pa·s。

Ψ 值愈大，捕集效率 η_I 也愈大。

由斯托克斯准数表达式 3-2 可见，除微粒本身的特性 ρ_p 和 d_p 之外，气速 w_g 和纤维直径 d_f 均能影响捕集效率 η_I，其中就空气流速 w_g 而言，在其他条件一定时，增加气速，微粒的惯性力也随之增大，撞击纤维被捕捉的机会也就增加；反之，如果气速降低，微粒运动速度也随之下降，惯性力减弱，微粒脱离气流的可能就减少，当气速下降到某一值时，微粒将会随气流一起绕道前进，而不被截留。因此，$\eta_I = 0$。此时的气速称为惯性撞击的临界气速 w_c，也就是利用惯性撞击作用捕集微粒的最低气速。根据实验可知，$\Psi = \frac{1}{16}$时 $\eta_I = 0$，所以，可令 $\Psi = \frac{1}{16}$，求出临界气速，即

$$w_c = 1.125 \frac{\mu d_f}{C \rho_p d_p^2} \qquad (3-3)$$

取 $d_p = 1\mu m$ 时，$C = 1.166$，如果 $\mu = 1.86 \times 10^{-5} Pa \cdot s$（30℃空气的黏度），$\rho_p = 1000kg/m^3$（微生物细胞的密度与水接近），则：

$$w_c = 1.8 \times 10^4 d_f \qquad (3-4)$$

由式 3-4 可见，w_c 与纤维直径 d_f 有关，纤维直径愈细，对捕集微粒愈有利。为了能借助惯性撞击作用捕集微粒，操作气速 w_g 必须大于 w_c。以过滤器空截面为基准的流速 w 与 w_g 的关系受填充系数 α 影响。即：

$$w_g = \frac{w}{(1-\alpha)}$$

填充系数 α，系指填充纤维介质的虚密度（或填充密度）与真实密度之比。$(1-\alpha)$ 为空隙率。

（二）拦截截留作用

当气速降到临界速度以下后，惯性撞击已失去其捕集微粒的作用。但实践中发现，在临界气速以下，捕集效率非但不继续下降，反又回升起来。这一现象说明尚有其他的因素在起作用。拦截截留作用，便是其中之一。

因为菌体微粒的质量极小，故当气流作缓慢运动时，其中的微粒便随气流绕道前进。即便如此，气流中仍有部分微粒能与纤维表面接触，而被纤维表面黏附住被除去。这种捕集微粒的作用，称之为拦截截留作用。由图 3-5 可见，离纤维表面 $d_p/2$ 的空间，是气流中所夹带微粒能被拦截的极限条件。即凡在离纤维表面 $d_p/2$ 范围内的气流，其夹带的微粒均会被纤维拦截而捕集。所以微粒直径愈大，由拦截捕集的机会也就愈多。拦截截留作用对微粒的捕集效率用 η_R 表示，它与气流的雷诺数以及微粒和纤维直径之比有关，并可用下面经验公式算出。

$$\eta_R = \frac{1}{2(2-\ln R_e)}\left[2(1+R)\ln(1+R) - (1+R) + \frac{1}{R+1}\right] \quad (3-5)$$

式中，$R = d_p/d_f$，$R_e = \dfrac{d_f w_g \rho}{\mu}$，其中 ρ 及 μ 分别为气体的密度和黏度。该公式是一个经验公式，但对气流速度等于或小于临界气速时，所计算的结果还是比较接近实际的。

（三）布朗扩散截留作用

对于 $0.01 \sim 0.3 \mu m$ 之间的微粒，因其质量太轻，在缓慢流动中被其他气体分子撞击时呈现不规则的运动，这种运动就是布朗运动。布朗运动的范围一般很小，故在较大气速和较大空间是不起作用的，但在缓慢流动的气流和极小纤维中间，布朗扩散作用就会大为增加，并促使微粒与纤维接触而被捕捉。实践证明小的微粒因易呈布朗运动，反倒不是特别难捕捉。如果微粒的布朗运动最大距离是 x_0，那么，在距离纤维 x_0 以内气流中的小微粒，均可能会因布朗扩散而与纤维接触被捕捉。这种布朗扩散截留效率 η_D，可用相似于上述拦截作用的公式计算，只需把公式中的微粒直径 d_p 代之为 2 倍的布朗扩散距离 x_0，故有：

$$\eta_D = \frac{1}{2}\frac{1}{(2-\ln R_e)}\left[2\ (1+2x_0/d_f)\ \ln\ (1+2x_0/d_f)\ -\ (1+2x_0/d_f) + \frac{1}{1+2x_0/d_f}\right]$$

$$(3-6)$$

式中，$2x_0/d_f$ 可按下式计算

$$2x_0/d_f = \left[1.12 \times \frac{2\ (2-\ln R_e)\ D_B}{w_g d_f}\right]^{1/3} \qquad (3-7)$$

式中，$D_B = CKT/3\pi\mu d_p$，D_B 为微粒的布朗运动扩散系数，m^2/s；C 为克宁汗修正系数；K 为波尔兹曼常数；T 为温度，K。但 D_B 和 C 均与微粒直径 d_p 有关，计算麻烦，所以应用时可用图 3-6 直接查得 D_B。

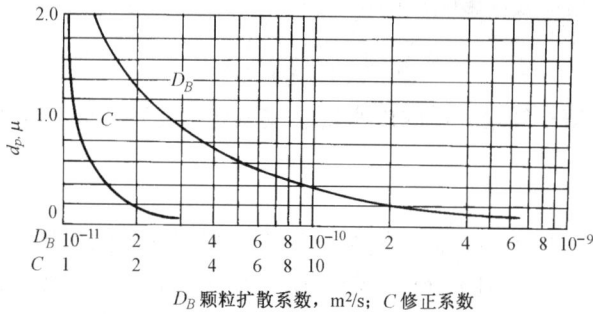

D_B 颗粒扩散系数，m^2/s；C 修正系数

图 3-6 微粒在 20℃空气中的扩散系数和修正系数

综上所述，所有微粒不管以何种方式一旦撞上纤维表面就会因范德华力、静电引力和真空吸力而黏附在纤维上。单纤维截留微生物的总效率（或称单纤维除菌总效率）η_0，如果不考虑重力、静电引力等因素作用，η_0 将是上述三效率之和，即

$$\eta_0 = \eta_I + \eta_R + \eta_D \qquad (3-8)$$

如果气速等于或低于临界气速，$\eta_I = 0$，则有

$$\eta_0 = \eta_R + \eta_D \qquad (3-9)$$

总之，单纤维除菌效率是各种机制的综合体现。通过上述各式说明其值与捕集微粒的直径 d_p、纤维介质的种类、直径 d_f、填充率 α 和空气流经介质间的速度 w_g 有关。结论是欲使纤维介质过滤效率提高，应尽可能地增加 w_g、α、和 d_p 值，减少 d_f 值。在制备无菌空气时 d_p 不能随意增大，而增大 w_g、α 必然导致过滤器阻力增加，使能耗增加。因此，在设计过滤器时应全面考虑。

图 3-7 反映了单纤维除菌总效率和气流速度之间的关系，它是通过实验揭示了惯性撞击、拦截及布朗扩散三因素的综合结果。由图可见 η_0 随气速的变化有一最低点。分析其原因就是由于惯性撞击与气速之间的关系，恰与拦截和布朗扩散等与气速之间关系相反所致。在高气速时，惯性撞击起主导作用，并随气流的降低，η_I 降低；这时拦截及布朗扩散尚未显示其捕捉微粒的作用，故呈现出总效率 η_0 下降的趋势。在气速很低时，虽然这时惯性撞击已不能捕捉微粒，但拦截及布朗扩散等机理则有了较大除菌的能力，于是，η_0 又开始上升且上升很大。在 η_0 最低点时，反映出上述三因素的除菌作用均很微弱。所以，在设计过滤除菌设备时，为了获得满意的除菌效果，必须考虑到操作气速的影响。在实际生产中，通常只有薄层介质过滤器（阻力小）才选用较高的空气

流速，一般以采用 0.15m/s 以下为宜。

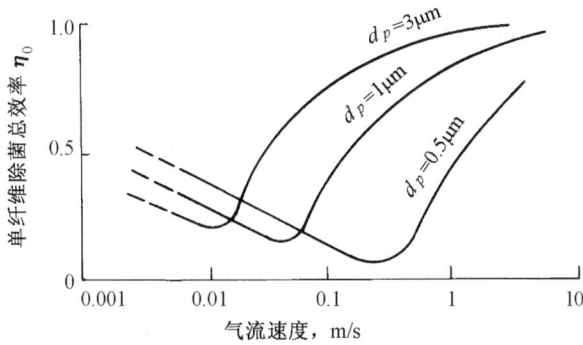

图 3-7 单纤维除菌总效率和气流速度的关系

二、空气过滤时的对数穿透定律

过滤除菌效率或称空气过滤器的过滤效率 η，是指过滤器中过滤介质层捕集空气中的微粒与空气中原有微粒数目之比，即

$$\eta = \frac{N_0 - N}{N} \tag{3-10}$$

式中，N_0——通过过滤器前空气含有微生物数目；

N——通过过滤器后空气含有微生物数目。

η 是单纤维各种机理除菌效率的综合体现。因此，过滤除菌效率 η 决定于单纤维除菌总效率 η_0 的大小。由于惯性撞击、拦截及布朗扩散等截留作用的结果，将使微粒不断地被捕集，它的含量也就不断减少。根据实验结果证明，微粒在滤层内减少的速率，正比于微粒的浓度，即

$$-\frac{\mathrm{d}N}{\mathrm{d}L} = KN \tag{3-11}$$

式中，$-\dfrac{\mathrm{d}N}{\mathrm{d}L}$——通过单位滤层时，菌体数的减少；

K——除菌常数，1/m，决定于过滤介质的性质和操作条件。

对式 3-11 积分

$$-\int_{N_0}^{N} \frac{\mathrm{d}N}{N} = K\int_0^L \mathrm{d}L$$

$$\ln \frac{N}{N_0} = -KL \tag{3-12}$$

式中，L——滤层厚度，m。

或

$$\lg \frac{N}{N_0} = -K'L \tag{3-13}$$

$$K' = \frac{K}{2.303} \tag{3-14}$$

式 3-12 称为空气过滤器的对数穿透定律，它表示微生物的穿透能力与滤层厚度 L 呈对数关系，滤层愈厚，微生物愈不易穿透。K 和 K' 的值与很多因素有关，诸如纤维

的种类、纤维直径 d_f、空气流速 w、填充系数 α 和空气中微粒的直径 d_p 等。该值一般需要由实验测得，也可根据合叶修一等建议的经验公式求取，该式与单纤维总效率 η_0 相关联如下：

$$K = \frac{4\alpha\,(1+4.5\alpha)}{\pi d_f\,(1-\alpha)}\eta_0 \qquad (3-15)$$

经验公式 3–15 揭示了各项因素对 K 值的影响及 η_0 与 K 值的联系。但该式有一定的局限性，只能用于介质滤层不能太厚的计算。通过式 3–15 可知：只要计算出单纤维除菌总效率 η_0，就可用计算的方法求出除菌常数 K 值；若已知除菌要求数值后就可求出所需介质层厚度 L。

上述对数穿透定律，也常用除菌效率为 90％时的介质层厚度 L_{90} 来表示。根据定义可知：

$$\eta_{90} = \frac{N_0 - N}{N_0} = 1 - \frac{N}{N_0} = 0.9$$

$$\frac{N}{N_0} = 0.1$$

故 $$\lg\!\left(\frac{N}{N_0}\right)_{90} = -K'L_{90} = \lg 0.1 = -1$$

或 $$K'L_{90} = 1$$

$$L_{90} = \frac{1}{K'} = \frac{2.303}{K} \qquad (3-16)$$

除菌常数 K 或 K'，可理解为介质阻止微生物穿透的性能，K 或 K' 值愈大，表明该介质愈能阻止微生物粒子的穿透；其倒数 L_{90} 则反映了介质过滤性能的优劣。如 L_{90} 很小，表明该介质只需很薄的一层滤层，便能除去 90％的微生物粒子。因此，常用 L_{90} 值的大小，来比较各种过滤介质的性能。

K 和 L_{90} 随纤维性质及气速不同而异，图 3–8 通过实验揭示了 K 和 L_{90} 随空气流速 w_g 变化的规律。由图可见，K 随气速的增加，先显示一个最低点，随后又升高，L_{90} 下降；但如果气速再进一步增加，这时不仅不能使 K 值继续增大，反而下降。这是由于气速过高，有可能引起过滤层破坏，导致已经除下的微粒被再次带走。

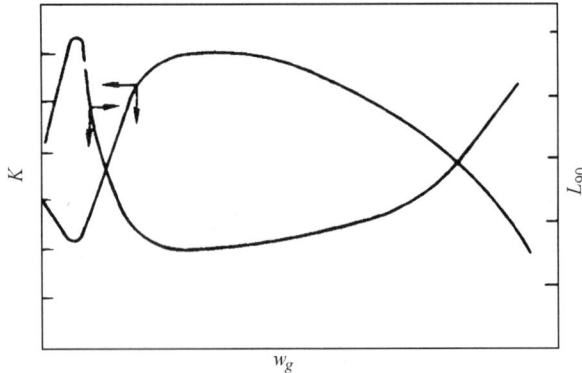

图 3–8 空气流速与 K，L_{90} 的关系

当棉花纤维直径 $d_f = 16\mu m$，填充系数 $\alpha = 8\%$ 时测得 K' 值见表 3–2 所示。

表 3 - 2 $d_f = 16\mu m$ 棉花纤维的 K' 值

空气速度 w_g，m/s	0.05	0.10	0.50	1.0	2.0	3.0
除菌常数 K'，1/cm	0.093	0.135	0.10	0.195	1.32	2.55

当采用 $d_f = 14\mu m$，经糠醛树脂处理过的玻璃纤维以枯草杆菌进行实验时，测得 K' 值见表 3 - 3 所示。

表 3 - 3 $d_f = 14\mu m$ 玻璃纤维的 K' 值

空气速度 w_g，m/s	0.03	0.15	0.30	0.92	1.52	3.15
除菌常数 K'，1/cm	0.567	0.252	0.193	0.394	1.50	6.05

三、空气过滤器的设计

纤维介质空气过滤器计算内容包括三个方面：介质层填充厚度计算；过滤器的直径计算；过滤层压力降计算。

（一）介质层填充厚度（高度）计算

在空气污染度一定的情况下，空气净化程度取决介质填充的高度，即介质层填充高度是制备无菌空气质量的重要因数之一。它可由对数穿透定律进行计算。由式 3 - 12 得：

$$L = \frac{1}{K} \ln \frac{N_0}{N_s} = \frac{1}{K} \ln \frac{C_0}{C_s} \qquad (3-17)$$

或

$$L = \frac{1}{K'} \lg \frac{N_0}{N_s} = \frac{1}{K'} \lg \frac{C_0}{C_s} \qquad (3-18)$$

式中，N_0，N_s——分别为空气进入和离开滤层时含微生物的总数；

C_0，C_s——分别为空气进入和离开滤层时空气的污染度，个/m³。

式中的 N_0 可根据进口空气的污染度（空气含菌浓度 C_0）、空气流量及持续使用时间计算出。例如，取空气的初始污染度 $C_0 = 10\ 000$ 个/m³，空气流量为 200m³/min（取实际生产中发酵罐大小及多少的平均数值），连续使用 2000h（约 83 天），则 $N_0 = 10\ 000 \times 200 \times 2000 \times 60 = 2.4 \times 10^{11}$ 个，N_s 一般取 10^{-3} 个，即表示在规定使用时间内透过一个杂菌的几率为千分之一。于是 $N_0/N_s = 2.4 \times 10^{14}$ 个。在设计空气总过滤器时，通常取 $N_0/N_s = 10^{15}$ 作为设计指标。K 值可通过查取实验数据或计算的方法求得。

（二）过滤器直径的计算

过滤器直径可以根据空气流量和流速的关系计算出。

$$D = \sqrt{\frac{V_s}{0.785w}} \qquad (3-19)$$

式中，D——过滤器直径，m；

V_s——空气经过过滤器的体积流量，m³/s；

w——以容器截面积为基准的流速，m/s。

上式中 V_s 可根据生产任务等条件求得。w 确定方法是：当 K 值查取实验数据时，空气流速常取 $0.1 \sim 0.3 \text{m/s}$；在计算 K 值时，一般取临界气速，此时，$\eta_I = 0$，则 $\eta_0 = \eta_R + \eta_D$，这样可以保证过滤器在较高或较低流量（即负荷波动）时都能具有足够的过滤效率，保证生产对无菌空气的要求。

（三）过滤器压力降的计算

空气通过过滤器介质层时要克服与介质的摩擦而引起的压力损失，即压力降，它是确定压缩机出口压力的主要依据。其大小取决于过滤介质的厚度 L、空气通过的速度 w_g、介质的性质、填充情况等因素，计算的经验公式不少，下面经验式可作为估算压力损失的参考。

$$\Delta p = LC \frac{2\rho w_g^2 \alpha^m}{\pi d_f} \tag{3-20}$$

式中，Δp——过滤器阻力，Pa；

$\quad L$——介质层厚度，m；

$\quad \rho$——空气密度，kg/m^3；

$\quad w_g$——空气通过介质层的流速，m/s；

$\quad d_f$——纤维直径，m；

$\quad \alpha$——填充系数；

$\quad m$——实验指数：

$\qquad$ 棉花介质 $\qquad m = 1.45$

$\qquad$ $19\mu\text{m}$ 玻璃纤维 $\qquad m = 1.35$

$\qquad$ $8\mu\text{m}$ 玻璃纤维 $\qquad m = 1.55$

$\quad C$——阻力系数，是雷诺数的函数，由实验得出；

对于棉花 $C = \dfrac{100}{R_e}$；

对于玻璃纤维 $C = \dfrac{52}{R_e} \left(R_e = \dfrac{d_f w_g \rho}{\mu} \right)$。

例题 3-1 设计一台总过滤器，处理量为 $200\text{m}^3/\text{min}$（标准状态）。已知压缩空气的压强为 0.3MPa（表压），温度为 30℃，若采用直径 $16\mu\text{m}$ 的棉花为过滤介质，其填充系数为 8%，求过滤器装填介质层高度、过滤器直径及阻力损失。若相同条件下改用直径为 $10\mu\text{m}$ 的玻璃纤维为过滤介质时，则介质层高度为多少。

解：$d_f = 16\mu\text{m}$，$\alpha = 0.08$，取空气流速 $w_g = 0.1\text{m/s}$，$N_0/N_s = 10^{15}$

（1）棉花为过滤介质的高度 L 计算

查表 3-2 得 $K' = 0.135 \ 1/\text{cm}$

根据式 3-18 得

$$L = \frac{1}{K'} \lg \frac{N_0}{N_s} = \frac{1}{0.135} \lg 10^{15} = 111.1\text{cm} = 1.1\text{m}$$

（2）过滤器直径 D 的计算

$P = 401.3\text{kPa}$（绝压），$T = 303\text{K}$

进过滤器实际流量

$$V_s = \frac{200}{60}\left(\frac{101.3}{401.3}\right)\left(\frac{303}{273}\right) = 0.93 \text{m/s}$$

$w = (1 - \alpha) w_g = (1 - 0.8) \times 0.1 = 0.092 \text{m/s}$

过滤器直径，据式 3 – 19

$$D = \sqrt{\frac{V_s}{0.785w}} = \sqrt{\frac{0.93}{0.785 \times 0.092}} = 3.6 \text{m}$$

若考虑过滤器直径过大，也可将过滤器直径减小制成多个并联使用。

（3）过滤器压力损失

据式 3 – 20

$$\Delta p = LC \frac{2\rho w_g^2 \alpha^m}{\pi d_f}$$

空气密度 $\rho = 1.293\left(\frac{401.3}{101.3}\right)\left(\frac{273}{303}\right) = 4.62 \text{kg/m}^3$

查得 30℃空气的黏度 $\mu = 1.86 \times 10^{-5} \text{Pa·s}$

$$R_e = \frac{d_f w_g \rho}{\mu} = \frac{16 \times 10^{-6} \times 0.1 \times 4.62}{1.86 \times 10^{-5}} = 0.397$$

$$C = \frac{100}{R_e} = \frac{100}{0.397} = 251.9 \quad m = 1.45$$

故 $$\Delta p = 1.1 \times 251.9 \frac{2 \times 4.62 \times 0.1^2 \times 0.08^{1.45}}{3.14 \times 16 \times 10^{-6}} = 1.3 \times 10^4 \text{Pa}$$

（4）改用 10μm 玻璃纤维是滤层高度

因无数据可查，故需用计算的方法先计算出除菌常数 K，空气流速取临界气速 w_c 进行计算。

微粒直径 $d_p = 10^{-6}$m（计算时通常取微粒直径为 1μm）；

微粒密度 $\rho_p = 1\ 000 \text{kg/m}^3$（计算时通常取水的密度）；

纤维直径 $d_f = 10^{-5}$m；

扩散系数 $D_B = 2.8 \times 10^{-11}$（由图 3 – 6 查得）；

修正系数 $C = 1.166$

空气密度 $\rho = 4.62 \text{ kg/m}^3$

空气黏度 $\mu = 1.86 \times 10^{-5} \text{Pa·s}$

①求空气临界气速 w_c

根据式 3 – 3

$$w_c = 1.125 \frac{\mu d_f}{C\rho d_p^2}$$

$$= 1.125 \frac{1.85 \times 10^{-5} \times 1 \times 10^{-5}}{1.166 \times 1000 \times (1 \times 10^{-6})^2}$$

$$= 0.18 \text{m/s}$$

或用式 3 – 4

$$w_c = 1.8 \times 10^4 d_f = 1.8 \times 10^4 \times 1 \times 10^{-5} = 0.18\text{m/s}$$

②求拦截捕集效率 η_R

$$R_e = \frac{d_f w_c \rho}{\mu} = \frac{10^{-5} \times 0.18 \times 4.62}{1.86 \times 10^{-5}} = 0.447$$

$$R = \frac{d_p}{d_f} = \frac{1}{10} = 0.1$$

$$\eta_R = \frac{1}{2\ (2 - \ln R_e)}\Big[2\ (1 + R)\ \ln\ (1 + R)\ -\ (1 + R)\ +\ \frac{1}{1 + R}\Big]$$
$$= \frac{1}{2\ (2 - \ln 0.447)}\Big[2\ (1 + 0.1)\ \ln\ (1 + 0.1)\ -\ (1 + 0.1)\ +\ \frac{1}{1 + 0.1}\Big]$$
$$= 0.00335$$

③求拦截捕集效率 η_D

$$2x_0/d_f = \Big[1.12\ \frac{2\ (2 - \ln R_e)\ D_B}{w_g d_f}\Big]^{1/3}$$
$$= \Big[1.12\ \frac{2\ (2 - \ln 0.447)\ \times 2.8 \times 10^{-11}}{0.18 \times 10^{-5}}\Big]^{1/3}$$
$$= 0.046$$

$$\eta_D = \frac{1}{2\ (2 - \ln R_e)}\Big[2\ (1 + 2x_0/d_f)\ \ln\ (1 + 2x_0/d_f)\ -\ (1 + 2x_0/d_f)\ +\ \frac{1}{1 + 2x_0/d_f}\Big]$$
$$= \frac{1}{2\ (2 - \ln 0.447)}\Big[2\ (1 + 0.046)\ \ln\ (1 + 0.046)\ -\ (1 + 0.046)\ +\ \frac{1}{1 + 0.046}\Big]$$
$$= 0.00073$$

④求单纤维捕集总效率 η_0

$$\eta_0 = \eta_R + \eta_D = 0.00335 + 0.00073 = 0.0041$$

⑤求 K 值

$$K = \frac{4\alpha\ (1 + 4.5\alpha)}{\pi d_f\ (1 - \alpha)}\eta_0$$
$$= \frac{4 \times 0.08\ (1 + 4.5 \times 0.08)}{3.14 \times 10^{-5}\ (1 - 0.08)} \times 0.0041$$
$$= 61.77\text{m}^{-1}$$

⑥求滤层高度 L

$$L = \frac{2.303}{K}\log\frac{N_0}{N_s} = \frac{2.303}{61.77} \times \lg 10^{15} = 0.56\text{m}$$

通过上面的例题可以看出：用 $16\mu m$ 棉花为过滤介质改为 $10\mu m$ 的玻璃纤维后，滤层厚度由 1.1m 降为 0.56m（尽管计算中有一定的误差），几乎下降一半，空气流速也由 0.1m/s 上升为 0.18m/s，几乎也增加一倍，计算直径为 2.6m（棉花为 3.6m）。说明用棉花作为过滤介质时，过滤器会很庞大，其主要原因是棉花纤维直径大于 $16\mu m$。近年来研究出多种新型过滤器，其主要是考虑用人工的方法降低纤维直径来增加捕集效果。例如，玻璃纤维可加工成直径为 $0.5\mu m$（比棉花纤维直径细 32 倍以上），制成的滤材厚度仅有 3mm（1mm 厚的滤材卷绕了 3 圈半）就可达到相同的除菌效果。由于很微细的纤维只占滤材体积的6%左右，有近94%为自由空间，所以可提高空气的操作流量，压力损失也比较小。

四、过滤介质和过滤器的结构

过滤介质是过滤除菌过程中的关键。它的好坏，不仅直接影响除菌的效果，而且还影响到动力的消耗，设备尺寸及运行的可靠性。在大型生产中，棉花是第一个被考虑作为空气过滤介质的。如用上下二层金属网中间夹放棉花的棉花罐在欧洲首先被采用。我国早期空气除菌一直采用二层棉花纤维中间夹放活性炭制成的空气过滤器。但这种过滤器效率不高，缺点很多。例如，用蒸汽对棉花介质进行灭菌后，再用压缩空气吹干潮湿的棉花时，就有可能被气流冲击破坏其结构而减弱除菌能力。近些年来，很多研究者正致力于新过滤介质的研究和开发，并取得了很大成绩。例如，超细玻璃纤维、各种合成纤维、微孔烧结材料和微孔超滤膜等各种新型过滤介质正在逐渐取代原有的棉花过滤介质。

（一）常用过滤介质

（1）棉花　棉花是最早使用的过滤介质，棉花随品种的不同，过滤性能有较大差别。棉花储藏过久，纤维会变脆、易断裂、易堵塞、阻力增大。棉花纤维脱脂后易吸水会使体积变小，一般宜选用长纤维并疏松的新鲜棉花作为过滤介质。选择标准一般为压紧后仍有弹性，纤维长度适中（2~3cm），直径为 $16~21\mu m$，其实密度为 $1520kg/m^3$，填充密度为 $130~150kg/m^3$，填充率（填充密度与实密度之比）8.5%~10%。装填时，必须均匀压紧，否则会因空气经短路传播以及介质翻动而丧失过滤效率。为了使棉花填放均匀，可预先将棉花弹成略比过滤器筒身直径稍大的棉垫，每个质量约为 5~10kg，再放入器内。

（2）玻璃纤维　作为散装填充过滤器的玻璃纤维，一般选用直径为 $8~19\mu m$ 无碱的玻璃纤维（普通玻璃纤维遇水或蒸汽灭菌后易粉碎），其实密度为 $2600kg/m^3$，填充密度为 $130~280kg/m^3$，填充率5.0%~10%，由式3-2等可知纤维直径 d_f 越小越好。从直径范围可看出：玻璃纤维直径小于棉花，所以，用玻璃纤维为过滤介质效率优于棉花（例题3-1也说明此结论）。此外，玻璃纤维介质还具有不易吸水、压降小、耐高温、不会爆炸、纤维光滑以及不易长菌等优点。特别是玻璃纤维容易摩擦而带电，会使气流中的杂质和微生物因静电引力或真空吸力（微生物凹凸不平的表面打在光滑的玻璃纤维上）而被牢牢地吸住。因此，曾一度被认为是一种较理想的空气过滤介质。

玻璃纤维的缺点体积大，不易填充均匀，特别是，换装玻璃纤维时碎末飞扬大，影响操作人员的身体健康，使其使用受到一定的限制。

（3）活性炭　活性炭有比较大的比表面积，可以通过吸附作用有一定的捕集微生物的能力。通常用直径3mm、长5~10mm的圆柱状活性炭，其实密度为 $1140kg/m^3$，填充密度为 $500kg/m^3$ 左右，填充率40%左右。用于过滤器的活性炭要求质地坚硬，不易被压碎，颗粒均匀，吸附能力则不是主要指标。因为活性炭吸附微生物的能力比棉花等介质要低得多。活性炭主要是与棉花联合使用，即在二层棉花之间夹一层活性炭，主要目的是使气流均匀再分布。因为装填活性炭不是起除菌作用，因此，当前提出了在过滤器中革除活性炭。在原有设备中，因下面有拱形筛板，原装活性炭的空间仍保留，但高度可变小，用于再分布气流。在新设计只用纤维为过滤介质的过滤器中，只要增设开孔率为20%的两块整流筛板，就可不填充活性炭，这样不仅减少投资，还降低了设备的高度。

（4）超细玻璃纤维纸　这种纤维是用较好的无碱玻璃，采用喷吹法制成直径仅为1~2μm，做成0.25~1mm厚的纤维纸。在制造过程中加入适量疏水剂，起到抗油、水、蒸汽等作用。这种滤纸具有很高的过滤效率（一层0.25mm的超细玻璃纤维纸对0.3μm油雾测定，效率达99.999%）和较低的过滤阻力以及坚韧不怕折叠、抗湿强度高等特点。

（5）烧结材料过滤介质　烧结材料过滤介质的种类繁多，有烧结金属（锰耐尔合金、青铜等）、烧结陶瓷、烧结塑料等。制造时，用这些材料的粉末加压成型，然后让其处于熔点温度下黏结固定，因这时只是表面粉末熔融黏结，内部粒子间间隙仍得以保持，故形成的介质具有微孔通道，起到微孔过滤的作用。

目前我国生产的金属粉末烧结板或烧结管，是由钛锰合金粉末烧结而成，它的过滤性能与孔径大小有关。而孔径又是随粉末的粒度及烧结条件而异，一般为5~15μm（泵压法测定）。由于是金属材料，故具有强度高、寿命长、耐高温，可以逆洗再生，使用方便等优点。但是，这种材料70%以上的空间被金属粉末占据，使空气通过的自由空间比其他纤维小得多，因此流量很小，压力降较大而且很容易堵塞。特别是在需大气量的发酵罐系统中，往往要装数百根滤棒，需要数目越多，接点就越多，任何一个接点出现问题，就会造成除菌的失败。用蒸汽灭菌时也会因烧结金属粉末之间的结构紧密，热蒸汽不易充分渗透每个小孔，而造成灭菌不完全。总之，金属粉末过滤器不是一种十分理想的过滤器。

（6）微孔聚合物　聚乙烯醇过滤板。它是将聚乙烯醇乙酰化，并涂敷耐热树脂（硅氧树脂）后制成。这种过滤介质在国外，特别是在日本已广泛用于发酵工业的空气除菌。它的优点是能经受高温灭菌，安装方便，微孔多，过滤效率高，是种高效过滤介质。常用的过滤板厚度为5mm，孔径60~80μm。在气速为1m/s时，过滤效率可高达99.999%，且压力降也很小。

（7）石棉滤板　石棉滤板是采用纤维短而直的蓝石棉20%和8%的纸浆纤维混合打浆而成。虽然板较厚（3~5mm），但由于纤维直径比较粗，造成过滤效率比较低。其优点是受潮时强度仍较大，不易穿孔或折断，能耐受蒸汽反复灭菌，使用时间长。

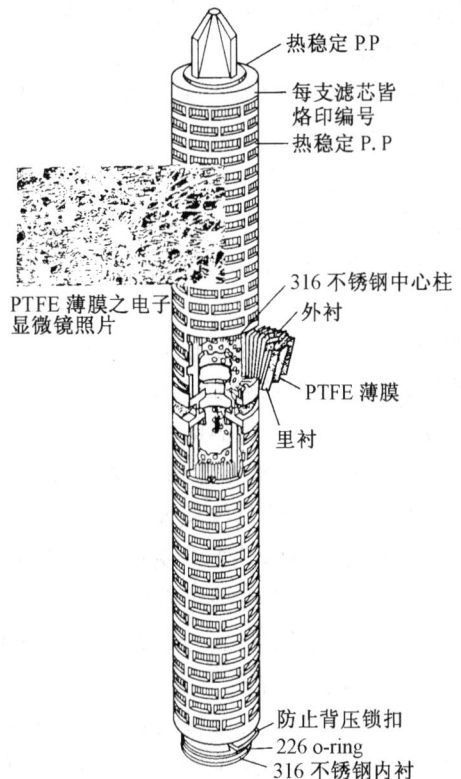

热稳定 P.P
每支滤芯皆烙印编号
热稳定 P.P

316 不锈钢中心柱
外衬

PTFE 薄膜之电子显微镜照片

PTFE 薄膜
里衬

防止背压锁扣
226 o-ring
316 不锈钢内衬

图3-9　膜过滤的滤芯

（8）新型过滤介质　随着科学技术的发展，生物反应器对无菌空气要求愈来愈严格。根据过滤介质的不同，一般把棉花称为第一代过滤介质；玻璃纤维称为第二代过滤介质。而用聚四氟乙烯为原料经膨化程序制成的过滤介质称为第三代。这种过滤介质具有过滤面积大、流量快、阻力小、体积小等优点，较好的满足了生物工程对过滤介质的需求。目前生产过滤器的著名公司有英国的 Domnick Hunter 公司（简称 D.H 公司）和美国的 Milipore 公司等。表 3 – 4 为金属粉末烧结材料过滤器与英国 D.H 公司的 HFT 膜过滤器性能比较。图 3 – 9 为膜过滤器的滤芯外形图。

表 3 – 4　金属过滤器与 HFT 滤芯过滤器比较

项目/类别	金属过滤器	HFT 滤芯过滤器
滤芯材质	镍粉烧结，管棒状	膨化聚四氟乙烯，折叠管棒状
滤芯材质空间	30%自由空间	94%自由空间
耐蒸汽杀菌温度	≤130℃	≤130℃
耐受压力冲击	正向压力差 0.08MPa	单支 0.7MPa，多支 0.6MPa
更换滤芯	压降 $\Delta p = 0.03 \sim 0.05$ MPa 时更换	压降 $\Delta p = 0.07$MPa 时更换
除菌精度	$\geq 0.3 \mu m$，99.9999%	$\geq 0.01 \mu m$，100%
对空气要求	无油空气	无油空气
使用寿命	1~2 年	1.5 年

以 50m³ 发酵罐，通入无菌空气为 40m³/min 为例，若配备金属粉末滤芯过滤器外形尺寸为 φ708mm × 1530mm，重 233kg，内装滤芯 300 支（300 个接点）；若采用 HFT 滤芯，外形尺寸为 φ300mm × 1035mm，内装仅有 5 支滤芯（5 个接点）。

空气过滤介质种类虽然很多，但很少有能尽善尽美。例如，HFT 滤芯虽然有很多优点，但它需配备空气和蒸汽预过滤系统，整套设备的价格是金属粉末烧结材料过滤设备（也需预过滤系统）的近 6 倍，要是与棉花过滤器相比则高出更多，因此，目前仍有一些厂家保留原有棉花过滤器继续使用。

（二）过滤器的结构

棒状滤芯过滤器结构简单，一般都是由单根或多根滤芯安装在直立式圆形不锈钢过滤器壳体内，为了防止空气管道中的铁锈和微粒以及蒸汽管道中的铁锈对滤芯的污染，应在空气进过滤器之前加一套与其匹配的空气过滤器和蒸汽过滤器。

1. 深层棉花过滤器

深层棉花过滤器结构见图 3 – 10 所示。它是由一立式圆筒形的筒身和碟形封头用法兰连接构成的壳体，筒身最大直径为 2.5 ~ 3m，直

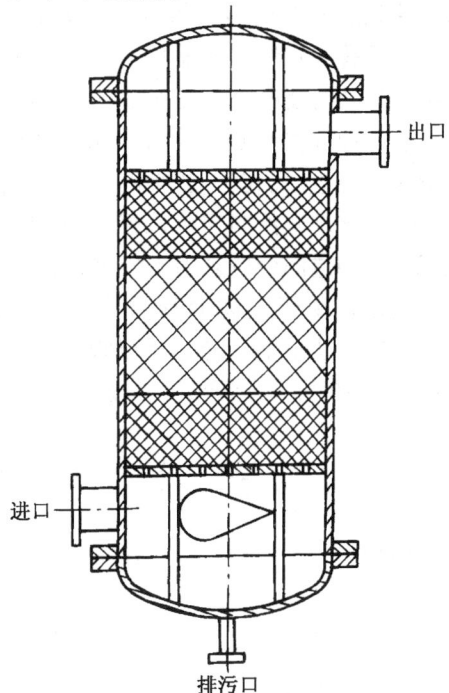

图 3 – 10　棉花介质过滤器

径过大介质层不易均匀，易导致短路。壳体的内部装有上下孔板二块，各由支撑杆或架与上下封头焊在一起，孔板的孔径为 10 ~ 15mm。大直径过滤器的下孔板应制成凸曲面（曲面向上），这样可使底部介质有一向壁面的分力，有效防止空气沿器壁走短路。大型过滤器的上孔板可由几块多孔板拼合而成，以利检修和拆装。过滤器筒身下方有空气切向进口（在革除活性炭的设计中，进气口应改为轴向接管利于空气的均匀的分布），上方有空气出口。大型深层介质过滤器是作为总过滤器。

介质置于两孔板之间按下面顺序安装为宜，孔板→铁丝网→麻布→棉花→麻布→活性炭→麻布→棉花→麻布→铁丝网→孔板。介质放置要注意均匀，并有一定的填充密度，以防止短路甚至被空气吹翻。实践证明，当装好过滤器后，用空气、蒸汽吹一段时间后再打开，若发现有松动可补加过滤介质棉花后再压紧会收到较好的效果。

过滤器根据设计要求使用一段时间后必须进行灭菌。灭菌时一般是先由上向下通入 0.2 ~ 0.4MPa（表压）的干燥蒸汽，约 45min，然后再用压缩空气吹干备用。总过滤器是定期进行灭菌，分过滤器随罐每批都要灭菌。为使总过滤器能不间断地工作，一般应有一个备用，以便灭菌时替换使用。当然，总过滤器也可使用其它滤芯，但要注意接口要严密。

2．分过滤器

图 3 - 11 为一种采用滤纸的过滤器，此种过滤器的结构类似旋风分离器，故也称旋风式过滤器，这种过滤器常放置在发酵罐旁，作为分过滤器。过滤器在其筒身和顶盖的法兰间夹有两块相互契合的多孔板（板上开有 φ8mm 的小孔，开孔面积约占板面积的 40% 左右）夹住滤纸。安装时还必须在滤纸上下分别铺上铜丝网、麻布和橡皮垫圈。若采用超细玻璃纤维纸为介质时，空气在过滤器内的流速为 0.2 ~ 1.5m/s。分过滤器同样可以使用各种滤芯，目前我国新型过滤介质多用于分过滤器。

总之，由于过滤介质种类较多，性能不同，固定方法也不一样，所以设备形式也多种多样。应用时，要结合具体情况合理选择。

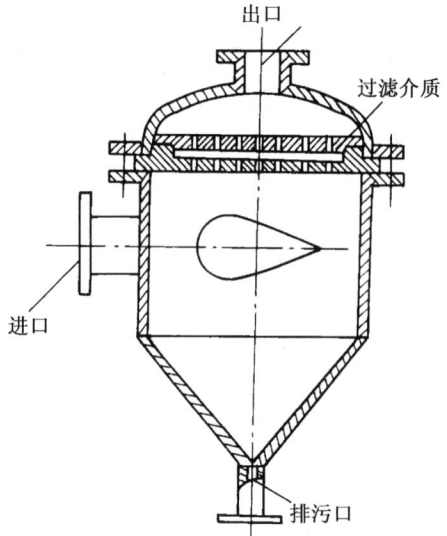

图 3 - 11   超细玻璃纤维纸过滤器

第四节   压缩空气的预处理及设备

经过压缩机压缩的空气具有较高的温度，在压力不变的情况下，冷却后相对湿度会增加。当原始空气中湿度含量较大时就会析出水滴，此外，经非无油润滑的往复式空气压缩机排除的压缩空气还带有一定量的油雾，这些都会给空气除菌带来许多的问题。因为用过滤法进行空气除菌时，潮湿的空气会使过滤介质受潮而引起节团变形而失效，使空气除菌失败。为了避免这种情况的发生，必须对压缩空气进行适当的处理，使之除油、降低湿度后再进入空气过滤器。目前常用的降低空气湿度的方法是冷却再加热法，即首先使压缩空气在冷却器内冷却析出水雾滴，然后经分离器进行气－液分离，此时的压缩空气是饱和状态，再用加热升温方法降低其相对湿度。一般要求进入过滤器的空气相对湿度为 50% ~ 60%，温度为 30℃ ~ 40℃（接近发酵温度）。这一过程称为压缩空气预处理过程。预处理过程做到经济合理很重要，在发酵工业产品成本中动力费约占 45%，其中压缩空气系统占三分之一，冷却水占三分之一，搅拌占三分之一。

一、压缩空气的预处理原理

（一）压缩空气的冷却

大气中的空气经压缩后，因接受了机械功，温度会显著上升。据 3 – 1 式可知，压缩后压力愈高，温度也愈高。例如，20℃ 的空气由 1×10^5 Pa 被压缩到 4×10^5 Pa（皆为绝压），取 $m = 1.25$ 时，压缩后空气的温度可达：

$$T_2 = （273 + 20）\left(\frac{4 \times 10^5}{1 \times 10^5}\right)^{\frac{1.25 - 1}{1.25}} = 386.6K$$

$$t_2 = 386.6 – 273 = 113.6℃$$

若将高温压缩空气直接通入空气过滤器，常会损坏过滤介质，对用棉花作为过滤介质时，甚至会引起炭化或燃烧。温度过高也会增大发酵罐的降温负荷，给培养基温度的控制带来困难。高温空气也会增加发酵罐液体的水分蒸发，还会影响微生物的生长。因此，压缩空气必须进行适当地冷却。

（二）压缩空气的除水原理

大气中含有一定量的水蒸气，空气中的水蒸气分压与同温度下水的饱和蒸气压之比，称为相对湿度：

$$\varphi = \frac{p_w}{p_s} \tag{3 – 21}$$

式中，φ——相对湿度；

　　p_w——水蒸气分压，Pa；

　　p_s——同温度下水的饱和蒸气压，Pa。

每 kg 干空气中所含有的水蒸气的 kg 数，称为空气的湿含量（湿度）。若取单位体积中含有 n_w 水蒸气分子，n_g 空气分子，总压为 P，则湿含量表示为：

$$x = \frac{n_w M_w}{n_g M_g} = \frac{M_w n_w}{M_g（P - p_w）} = 0.622 \frac{p_w}{P - p_w} \tag{3 – 22}$$

式中，x——空气的湿含量，kg/kg 干空气；

　　M_w——水蒸气的分子量，kg/kmol；

　　M_g——干空气的分子量，kg/kmol；

　　P——湿空气总压，Pa。

如果 $\varphi < 1$ 的湿空气冷却，开始一段时间 x 和 p_w 都不变，但由于水的饱和蒸汽压 p_s 随气温下降而下降，因此，相对湿度 φ 逐渐增大。$\varphi = 1$ 时，空气中的水蒸气已饱

和，这时的温度称为露点温度。如果温度继续下降，空气中的水蒸气开始冷凝成水，空气的相对湿度仍保持为1，湿含量开始下降。合并式3 – 21和式3 – 22得：

$$x = 0.622 \frac{\varphi p_s}{P - \varphi p_s} \qquad (3 - 23)$$

若湿空气的温度和总压发生变化，而湿度 x 不变（高于露点温度）时，据式3 – 23取 $x_1 = x_2$，可导出如下公式：

$$\varphi_2 = \varphi_1 \left(\frac{P_2}{P_1} \right) \left(\frac{p_{s1}}{p_{s2}} \right) \qquad (3 - 24)$$

式中，φ_1，φ_2——分别为原始空气和压缩后空气的相对湿度；

$\quad\quad\ p_{s1}$，p_{s2}——分别为原始空气和压缩后空气温度下的饱和蒸汽压，Pa；

$\quad\quad\ P_1$，P_2——分别为原始空气和压缩后空气的绝压，Pa。

从式3 – 24可以看出：压缩空气的相对湿度 φ_2 除了和原始空气中的 φ_1，温度 t_1（决定 p_{s1} 数值）及压缩比 P_2/P_1 有关外，还和压缩后温 t_2（决定 p_{s2} 数值）有关。若压缩空气冷却到原始空气的温度，即 $t_1 = t_2$，则 $p_{s1} = p_{s2}$，压缩空气的相对湿度 φ_2 仅和压缩后的压力 P_2 有关，或者说只和压缩比 P_2/P_1 有关，则式3 – 24可简化为：

$$\varphi_2 = \varphi_1 \left(\frac{P_2}{P_1} \right) \qquad (3 - 25)$$

从式3 – 25可以看出：压缩比 P_2/P_1 增大多少倍，相对湿度 φ_2/φ_1 也增加多少倍，故空气通过加压就有可能达到过饱和而析出水来。

原始空气的相对湿度值可以用干湿球温度计来测量。空气的相对湿度愈小，干球温度与湿球温度差就愈大，当空气的相对湿度为100%时，干球与湿球温度计的读数相等。但只知干球温度和湿球温度求相对湿度需要经过一系列的计算，为了减少计算，在已知干球温度 $t_干$ 和干湿球温度差 $\Delta t = t_干 - t_湿$ 可从图3 – 12方便地查得空气的相对湿度。

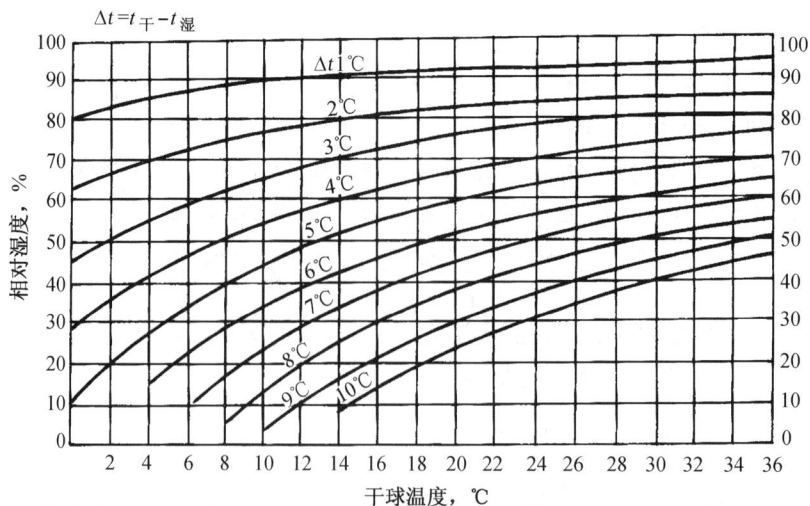

图3 – 12　从干湿球温度差查相对湿度曲线

如查得空气的相对湿度，就可根据式 3-23 求出空气的湿含量 x 值，计算时 p_s 值可以用干球温度值在水蒸气表中查出。

空气的相对湿度随地理位置、季节及当时的气候条件而变。例如，深入内陆地区，空气的湿含量较稳定，因此，冬季的相对湿度比夏季高，但沿海及近海地区，夏季因受海水大量蒸发的影响，空气中的湿含量会很高，所以夏季的相对湿度反而高于冬季。同一天中，晚间（温度低）的相对湿度也必然大于白天。表 3-5 及表 3-6 分别给出上海地区的月平均温度及相对湿度和我国部分城市的年平均相对湿度。

表 3-5　上海地区的月平均温度及相对湿度

月　　　份	1	2	3	4	5	6	7	8	9	10	11	12	平均
温度,℃	3.4	4.3	8.2	13.7	18.9	23.1	27.1	27.2	23.0	17.7	11.6	5.9	15.3
相对湿度, φ	78	79	79	79	80	84	84	84	83	79	78	77	80

表 3-6　我国部分城市的年平均温度及相对湿度

城　　　市	北京	天津	石家庄	郑州	南京	上海	福州	武汉	昆明
T,℃	11.8	12.2	13.3	14.2	15.6	15.3	19.3	16.5	14.9
φ,%	59	65	58	67	73	80	76	76	71
城　　　市	吉林	济南	南昌	广州	成都	重庆	西安	旅大	哈尔滨
T,℃	8.7	14.6	17.8	21.8	16.6	17.8	13.7	10.8	4.4
φ,%	73	55	79	75	79	83	66	75	66

例题 3-2　大气温度 20℃，相对湿度 80%，当压缩比为 3 时，温度为 120℃，求压缩后空气的相对湿度。

解：查得 20℃ 及 120℃ 时水饱和蒸汽压分别为 2.331kPa，196.63 kPa，利用式 3-24 得：

$$\varphi_2 = \varphi_1 \frac{p_{s1}}{p_{s2}} \cdot \frac{P_2}{P_1}$$
$$= 0.8 \frac{2.331}{198.63} \cdot 3$$
$$= 0.028 = 2.8\%$$

若将上述压缩空气冷却至 40℃（认为总压不变），则相对湿度变为多少？

解：查得 40℃ 时水饱和蒸汽压分别为 7.337kPa，$P_2 = P_1$，根据式 3-24 得：

$$\varphi_2 = \varphi_1 \frac{p_{s1}}{p_{s2}} \left(\frac{P_2}{P_1} \right)$$
$$= 0.028 \frac{196.63}{7.337}$$
$$= 0.75 = 75\%$$

若将上述空气在保持总压不变的情况下继续冷却，使之开始析出水滴，问应冷却到的温度为多少（求露点温度）？

解：因露点温度时 $\varphi = 1$ 将已知数据代入式 3-24 得：

$$p_{s2} = p_{s1} \frac{\varphi_1}{\varphi_2} \frac{P_2}{P_1}$$

$$= 7.377 \frac{0.75}{1}$$

$$= 5.533 \text{kPa}$$

查饱和水蒸气压表得知，饱和水蒸气压为 5.533kPa 时，对应的温度为 34.5℃。此温度为上述压缩空气的露点温度。若温度低于 34.5℃时，则会有水滴析出，空气维持饱和，湿度要下降。

例题 3-3 若将上例题的空气继续冷却至 25℃（保持压力不变），求湿含量为多少。每公斤干空气将析出多少水分。

解：查 25℃饱和水蒸气压为 3.5kPa，$P_2 = 304$kPa（3 个大气压），又因空气温度为露点温度以下，所以相对湿度 $\varphi = 1$，将已知数据代入式 3-23 得：

$$x = 0.622 \frac{\varphi p_s}{P - \varphi p_s}$$

$$= 0.622 \frac{1.00 \times 3.5}{304 - 1.00 \times 3.5}$$

$$= 0.00724 \text{kg/kg 干空气}$$

原始空气湿含量用 x_0 表示，将已知数据代入公式 3-23 得：

$$x_0 = 0.622 \frac{0.8 \times 2.331}{101.3 - 0.8 \times 2.331}$$

$$= 0.0117 \text{kg/kg 干空气}$$

每公斤干空气中可以析出的水分质量为：

$$x_0 - x = 0.0117 - 0.00724 = 0.0045 \text{kg/kg 干空气}$$

从上面几道例题可看出：压缩空气冷却至露点后，便有水析出，压缩空气的露点温度也要升高很多（原空气露点低于 20℃，压缩后升至为 34.5℃），压缩比愈大，露点也愈高，压缩空气愈容易冷却析水。

计算结果每公斤干空气析水值似乎不多，但发酵罐消耗的空气量很大，若按发酵车间供气量为 300m³/min 计算，每 m³ 空气近似取有 1kg 干空气，那么每日析水量为 300 × 0.0045 × 60 × 24 = 1944kg，这个数字结果还是较大的。

当空气中的部分水气凝结析出水后进入析水设备（气-液分离）时，水气在空中仍呈饱和状态，由于气-液分离设备的效率达不到百分之百，如果将这样的空气通入总过滤器，则很容易将水滴带入过滤器或因继续降温而在过滤器中析出水来。因此，应将饱和的空气加热降低其相对湿度，然后再进入总过滤器。

例题 3-4 若将例题 3-3 中已经析出水分的饱和空气加热至 35℃（接近发酵温度，并保持压力不变），问其相对湿度是否符合进总过滤器的要求？

解：查 35℃饱和水蒸气压为 5.813kPa，根据式 3-24 得：

$$\varphi_2 = \varphi_1 \frac{p_{s1}}{p_{s2}} \frac{P_2}{P_1}$$

$$= 1.00 \frac{3.5}{5.813}$$

$$= 0.6 = 60\% \quad 符合要求$$

也可用式 3 – 23 得

$$\varphi = \frac{Px}{p_s \, (0.622 + x)}$$

$$= \frac{304 \times 0.00724}{5.813 \, (0.622 + 0.00724)}$$

$$= 0.6 = 60\% \quad 计算结果一样$$

总之，将空气冷却、析水、分离、加热诸过程的目的并不是为了除菌本身，而是为保护滤层所进行的准备工作。

二、空气预处理的流程

（一）空气冷却至露点以上的流程

将空气适当冷却，使其相对湿度能保持在 60% 以下，温度 30℃ ~ 40℃后，就可进入总过滤器，见图 3 – 13。

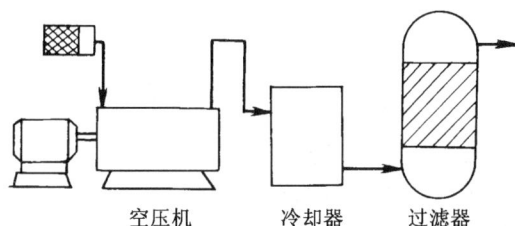

图 3 – 13　空气冷却至露点以上的流程

此种流程适用北方及内陆较干燥的地区，因在该地区中空气的水分含量较低，将空气压缩后冷却至 30℃ ~ 40℃，其相对湿度仍保持 60% 左右。

例题 3 – 5　某地区常年湿含量不大于 0.006kg/kg 干空气，若要求表压为 0.18MPa 的压缩空气，相对湿度保持为 60%，应冷却至多少度？

解：压缩空气的绝压

$$P = 101.3 \; + \; 180 \; = \; 281.3 \text{kPa}$$

据式 3 – 23 可得：

$$p_s = \frac{Px}{\varphi \, (0.622 + x)}$$

$$= \frac{281.3 \times 0.006}{0.6 \, (0.622 + 0.006)}$$

$$= 4.48 \text{kPa}$$

查饱和水蒸气压表得 $p_s = 4.48$kPa 时对应的温度为 37.1℃，可满足进过滤器的要求。

上述流程也可用于沿海的冬季，例如，上海的冬季 12 月、1 月、2 月，由表 3 – 5 可查得平均气温为 4.53℃，平均相对湿度为 78%。若取平均气温为 5℃（饱和蒸汽压为 0.872kPa），取相对湿度为 80%，可计算出空气的湿含量仅为 0.0043kg/kg 干空气，远低于干燥地区定为 0.007 ~ 0.008kg/kg 干空气的指标。若取压缩比为 3，将空气冷却到 40℃（饱和蒸汽压为 7.377 kPa），计算出相对湿度仅为 28%，远低于空气预处理所要求低于60%的指标。在这三个月内没有必要进行冷却析水再加热处理，可以节省大量的冷却水和加热蒸汽，有效降低生产成本。

应值得注意的是：进入发酵罐的空气温度不一定要控制非常接近发酵温度。因为空气的热容很小，而发酵热很大，空气增加的热量一般不到发酵热的5%，通过下面的例题可以说明。

例题3-6　一装料量为40m³的发酵罐，空气流量为30m³/min（标准状态），若发酵温度为28℃，空气的温度为40℃，问每小时由于空气温度高于发酵液温度而释放出的热量为多少？约占发酵热的百分率为多少？

解：已知标准状态下空气的密度为1.293kg/m³，热容为1.01kJ/（kg·K）

每小时由于空气温度高于发酵液温度而放出的热量 Q 为：

$$Q = V\rho C\Delta t = 30 \times 60 \times 1.293 \times 1.01 \times （40-28）$$
$$= 2.82 \times 10^4 \text{kJ/h}$$

若发酵热以 1.67×10^4 kJ/（m³·h）计，则每小时释放出的发酵热为：

$$1.67 \times 10^4 \times 40 = 6.68 \times 10^5 \text{kJ/h}$$

空气释放出的热量占发酵热的百分比为：

$$\frac{2.82 \times 10^4}{6.68 \times 10^5} = 0.042 = 4.2\%$$

（二）将压缩空气冷却至露点以下的流程

将空气冷却至露点以下，析出部分水分，然后再升温，使其相对湿度下降到60%以下后进入空气总过滤器，见图3-14所示。

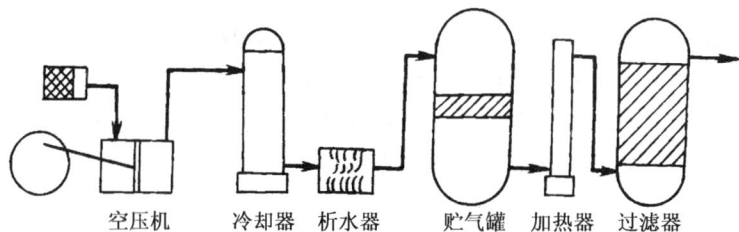

空压机　　　冷却器　析水器　　贮气罐　加热器　过滤器

图3-14　空气冷却至露点以下再加热的流程

这种流程适用于空气中水分含量较大，特别是在沿海地区的夏季。

例题3-7　若大气温度为35℃，相对湿度为90%，经压缩后冷却至22℃，压强为180kPa（表压）。问每公斤干空气理论上应析出多少水分？除去水分的空气再升温至35℃，相对湿度应为多少？

解：查得35℃和22℃的饱和蒸汽压分别为5.831 kPa和2.72kPa

大气的湿含量取为 x_1，则

$$x_1 = 0.622 \frac{\varphi_1 p_{s1}}{P - \varphi_1 p_{s2}}$$

$$= 0.622 \frac{0.9 \times 5.813}{101.3 - 0.9 \times 5.813}$$

$$= 0.0339 \text{kg/kg 干空气}$$

据式 3 - 24 可以计算出露点温度大于 22℃，现冷却到 22℃，是露点以下，则空气是饱和状态，取其湿含量为 x_2，则

$$x_2 = 0.622 \frac{\varphi_2 p_{s2}}{P_2 - \varphi_2 p_{s2}}$$

$$= 0.622 \frac{1 \times 2.72}{(180 + 101.3) - 1 \times 2.72}$$

$$= 0.0061 \text{kg/kg} \text{ 干空气}$$

每公斤干空气能析出的水分量为

$$x_1 - x_2 = 0.0339 - 0.0061 = 0.0278 \text{kg/kg} \text{ 干空气}$$

除去水分后的压缩空气再升温至 35℃，取此时相对湿度为 φ_3，计算时总压不变 $P_3 = P_2$，湿度不变 $x_3 = x_2$，故其值为

$$\varphi_3 = \frac{P_2 x_2}{p_{s1}(0.622 + x_2)}$$

$$= \frac{(101.3 + 180) \times 0.0061}{5.813 \times (0.622 + 0.0061)}$$

$$= 0.47 = 47\%$$

应该指出：任何分离器的效率不可能是 100%，因此，除水后的压缩空气在加热升温时未除掉的水分会重新气化，实际的相对湿度要比计算的值大，这也是为什么进总过滤器前相对湿度一定要控制在 60% 以下的道理。

从节省能源和提高除雾效果考虑，对潮湿地区有时也可考虑采用两级冷却、两级分离再升温的流程。例如，上海夏季平均温度 26℃，相对湿度 84%，若压缩比为 3，露点温度接近 43℃，这样一级冷却可采用廉价的常温循环水，将水和油结成的雾滴使用旋风分离器先除去一部分；二级冷却采用低温水（工厂一般把水通过制冷机制成）使空气冷却进一步冷却再析出雾滴、分离；最后采用高效丝网分离器进行气液分离，经加热后进入总过滤器。

（三）将冷热空气直接混合的流程

在中等湿含量地区可采用把压缩机出口的热空气一部分冷却析水，另一部分与冷却析水后的空气直接混合，但要保证空气进总过滤器对温度和湿度的要求。此流程见图 3 - 15 所示。这种流程的优点是可减少冷却水的用量，没有加热设备，对热能利用合理，

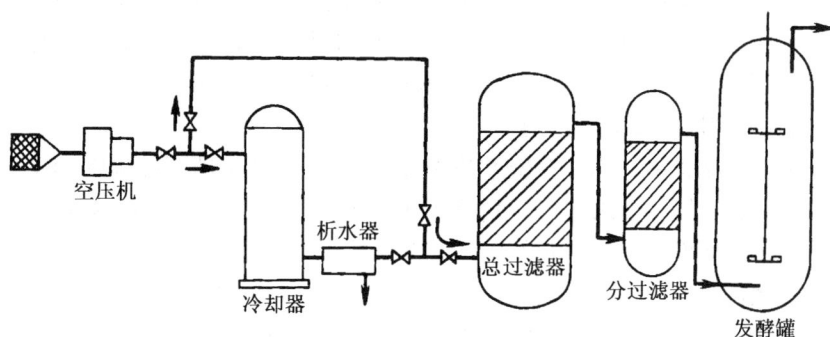

图 3 - 15　冷热空气直接混合流程

但操作要求较高，必须经常根据不同的气候条件调节两部分气体的混合比，满足进入总过滤器时对空气的要求。

（四）具有热交换器的预处理流程

此流程见图 3 – 16 所示，特点是用冷却后的压缩空气与压缩机出口温度较高的压缩空气进行热交换以节省热能和冷却水，使能量合理利用。此时热交换器可兼作贮气罐作用。在此流程中因气体总传热系数很小，设计时要注意加热管应有足够的传热面积。

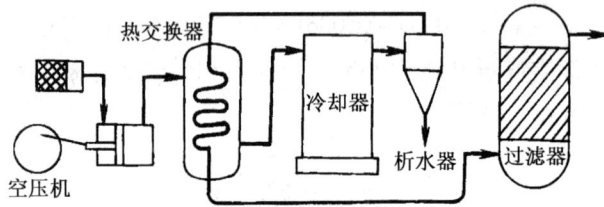

图 3 – 16　具有热交换器的空气预处理流程

三、压缩空气预处理的设备

（一）空气取气口的高度与位置

由于地面的尘埃粒子多于高空，一般认为每升高 10m，大气中微生物量可下降一个数量级，因此压缩空气的取气口应放置在较高的位置，有些工厂采用 10m、20m 或更高的高空吸气。但实际上因环境污染程度不同，有时只靠升高高度来减少尘埃不一定有良好的效果。例如，未经治理的发酵罐尾气放空（通常放空管也是 10m 以上）会扩散污染环境，若上风口有冒烟的工厂都会影响空气的含尘粒量。污染地区和清洁地区含尘浓度会相差十几倍至数十倍。所以吸风口位置应尽量远离发酵罐尾气的放风口、循环水的冷却塔、锅炉烟道气排出口等。

（二）粗过滤器

安装在压缩机吸入口前的过滤器称为前过滤器或称粗过滤器。粗过滤器的主要作用是捕集空气中的较大直径的灰尘以减少对空压机的磨损，延长其使用寿命。另外，粗过滤器也起到一定的除菌作用，从而减轻了总过滤器的负荷。粗过滤器应具有阻力小，容尘量大的特点，否则会增加压缩机吸入阻力而降低排气量。目前，工厂采用较多的是用泡沫塑料（平板式）或无纺布（折叠式）作为粗过滤器的过滤介质，空气流速一般取 0.1 ~ 0.5m/s。此外，还有用布袋过滤，油浴洗涤和水雾除尘等形式。

（三）空气压缩机的类型及选用

在空气预处理流程中，为了克服系统中各种设备和管道的阻力，同时还要克服发酵液柱产生的压力和罐压，要求空气压缩机能连续运转，提供表压在 0.2 ~ 0.4MPa 的压缩空气。目前，微生物发酵工厂通常使用的空气压缩机有往复式空气压缩机，少油或无油的单螺杆或双螺杆空气压缩机和涡轮式（又称离心式或透平式）压缩机。往复空气式压缩机是由活塞在汽缸里往复运动，完成吸气、压缩、排气的过程，因此气流不是稳定连续排出，脉冲很大，空气含油量高。但往复式压缩机生产年代较早，所以很多工厂仍保留一定数量的往复式压缩机。为了解决往复式压缩机出口空气中夹带大量的油雾给空气的除菌带来困难，国内很多工厂采用了含二硫化钼的氟塑料制成的活塞环代替原来的金属环，做无油润滑，收到较好的效果，不仅有利于空气除菌又节约了一定量的润滑油。但氟塑料的弹性不如金属环，故汽缸中的气体泄露量增加，改装后的空压机排气量一般要减少 10%左右。

涡轮式压缩机是电动机经增速后带动涡轮旋转，气体获得离心力甩向叶轮外圆周的蜗壳通道，部分动能转变为静压能压向下一级，这样一级又一级使气体获得较高的压强排出。它与往复式空压机相比具有排气量大，体积小（指压出相同体积）、重量轻、占地小、运行平稳、出口压力稳定、输出的压缩空气质量好、不含油雾、单位体积功率消耗小等优点。它的供气能力一般大于 100m³/min，适应抗生素生产规模日益扩大的需要，在生产中已开始使用。但它最大的缺点是噪音特别大，影响了它普遍推广使用。

螺杆式空压机，它的优点是占地小、供气量较大、油雾小或无油雾、噪音小，是目前较理想的空压机。

用于抗生素生产的国产往复式压缩机多用 L 系列，L 表示两个汽缸呈 L 排列；国产螺杆式空压机系列代号为 LG11，LG 表示螺杆压缩机；11 表示双螺杆。

一般发酵罐和种子罐的通气比为已知量（通过计算或实验），其值是指常压下发酵液体积和通入空气的体积之比。因此，知道总的发酵液体积和通气比，就可知所需要空气的总量（m³/min），在选定类型后，根据空气总量查不同型号就可确定台数。最后确定台数时还要考虑备用台数，防止在某台空压机出现故障时减少输送空气量。

（四）空气贮罐

若选用往复式空压机时，由于压缩空气有脉冲现象，压力不稳定，同时压缩空气中常夹带一定量的润滑油雾，所以，选用空气贮罐一方面可以消除脉冲现象；另一方面又可利用重力沉降除去空气中大颗粒的油雾。在安装时，空气接管应采用下进上出的方式。因为，当空气进入贮罐后，贮罐的截面积远大于空气接管的截面积，空气的流速会迅速下降，空气中的油滴就会受重力作用向下沉降被除去。若接管采用上进下出，就有可能使油滴随气流带出贮罐而不能被有效的分离。贮罐中沉降的润滑油可回收再利用。贮罐的 $H/D = 2 \sim 2.5$ 其容积可用下式进行估算。

$$V_R = （0.1 \sim 0.2）V_A \qquad (3-26)$$

式中，V_R——贮罐的容积，m³；

V_A——压缩机的输气量，m³/min。

一般流量大时，取小值；一般流量小时，取大值。

对于涡轮式压缩机和螺杆式压缩机因供气较稳定，故可不安置空气贮罐。

（五）空气的换热设备

空气的换热设备主要有加热设备和冷却设备。高温的压缩空气必须要冷却降温，常用的冷却设备是列管换热器。在空气冷却时，空气走壳程。为了提高气相一侧的传热系数，在壳程可设置园缺形挡板，流速取 10m/s ～ 15m/s。冷却水走管程，为了增加冷却水的流速（增加液相的传热系数），可采用多程（2～4 程），流速可取 0.5～3m/s。因气体的导热系数很小，所以空气冷却的总传热系数很低，一般取 60～110W/（m²·K）。若取冷却水进出口温差 5～10℃，根据实际传热量和以上参数就可计算所需传热面积等数值。因为总传热系数很小，降温幅度又大，所以冷却器一般都较大。

冷却后的空气经析水后，进总过滤器前需要加热来减小其相对湿度。空气被加热，一般也采用列管换热器，一般是用蒸汽走管外（壳程）加热空气，尽管蒸汽的冷凝一侧传热系数很高，但由于气体一侧传热系数很小，总传热系数仍很小，一般取与空气冷却相同的数值 60～110W/（m²·K）。选用加热蒸汽压力后可知热流体温度，已知压缩空气升温值等参数，就可计算所需传热面积。由于加热空气升温的幅度远小于空气冷却的幅度，所以升温所需的换热器一般较冷却器小得多，有时也可用较长的套管换热器完成加热过程。

（六）析水设备

析水设备的作用是将经冷却到露点以下空气中的液滴与空气分开。所以，析水设备就是气－液分离设备。用于空气预处理的分离设备一般有两类：一类是利用离心力进行离心沉降分离的旋风分离器；另一类是利用惯性拦截原理分离的介质分离器，如丝网除沫器。

1. 旋风分离器

旋风分离器的主体上部呈圆筒形，下部呈圆锥形，圆筒上侧有矩形进气管，圆筒体中心有排气出口管。因其结构简单，阻力较小，是分离效果较高的气－固或气－液分离设备。旋风分离器型号较多，在制药企业中有 CLT/A 型（多用于化学制药企业），扩散式旋风分离器（结构较复杂，但分离效率高，多用于制剂企业）和标准式旋风分离器等。由于发酵工业用的旋风分离器一般尺寸都较大，而标准式旋风分离器结构最简单，所以多用标准式旋风分离器见图 3－17。各种旋风分离器工作原理是：空气夹带雾滴（或颗粒）以较高的气速从切线方向进入器内并作圆周运动。由于空气中的液滴密度大，受离心力大而被甩向器壁，在惯性作用下与器壁撞击后失去动能而沉降分离。所以，气速小产生的离心力亦小，分离效果差；但气速过大，在器内会产生较大涡流反而降低分离效率。

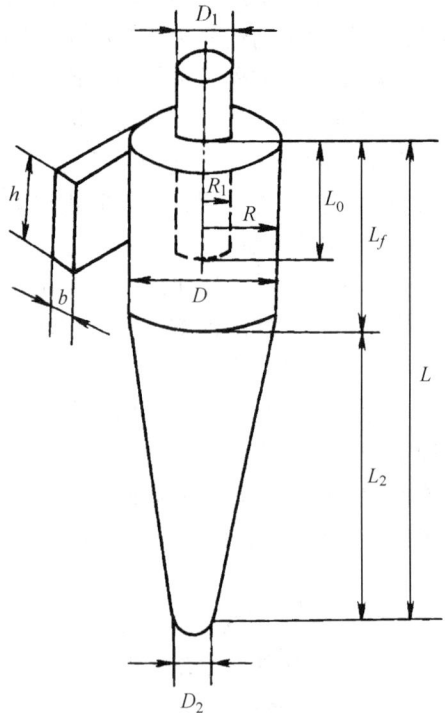

图 3－17   标准式旋风分离器示意图

确定旋风分离器的具体尺寸主要是确定其直径，因为其他尺寸与直径有关。标准式旋风分离器的比例尺寸大致为：

$$D_1 = 0.5D；L_1 = 1～2D；L_2 = 2～3D；b = 0.25D；$$
$$h = 0.5D；L_0 = 0.5～0.625D；D_2 = 0.2～0.35D。$$

根据生产任务进入分离器空气流量为已知量，则

$$V_s = b \times h w_g = 0.25D \times 0.5D \times w_g$$

$$D = \sqrt{\frac{V_s}{0.125 \times w_g}} \qquad (3-27)$$

式中，D——旋风分离器直径，m；

  V_s——空气流量（工作状态），m^3/s；

  w_g——空气进口流速，m/s。

上式说明：要确定分离器直径 D，必须计算出气速 w_g。

若详细分析不同直径和密度的微粒在分离器中的运动及分布情况是不相同的。不同直径的微粒在径向上都要受两种相反的作用力（不考虑重力）。一种是颗粒的向器壁的离心力，另一种是气流从器壁向出口管排气时对颗粒的阻力。两力均为旋转半径和微粒直径的函数。当两力平衡时，就会有不同直径的微粒在各自不同的半径上旋转，只有离心力大于阻力的颗粒才能被分离。所以，旋风分离器的效率不可能是百分之百。

在推导过程中首先确定能分离的微粒最小直径 $(d_P)_{min}$。在空气预处理的特定条件下，取空气温度为 30℃并查其物性黏度，近似取微粒的密度为 $1000kg/m^3$，为方便计算，$(d_p)_{min}$直接取其单位为微米。去掉推导过程可得如下空气进口风速公式。

$$w_g = 541.5 \frac{V_s^{1/3}}{(d_p)_{min}^{4/3}} \qquad (3-28)$$

实际求直径时，一般取 $(d_p)_{min} = 10\mu m$，用公式计算出的只是理论值，标准式旋风分离器分离 $10\mu m$ 左右的微粒效率只有 $60\% \sim 70\%$。

标准式旋风分离器的阻力损失一般为 $50 \sim 200mmH_2O$。

例题 3 – 8　设计一台标准式旋风分离器，要求每分钟通过 $60m^3$（工作状态），空气的温度为 30℃，求其主要尺寸。

解：$V_s = 60/60 = 1m^3/s$；取 $(d_p)_{min} = 10\mu m$，根据式 3 – 28 得

$$w_g = 541.5 \frac{V_s^{1/3}}{(d_p)_{min}^{4/3}}$$

$$= 541.5 \frac{1^{1/3}}{10^{4/3}} = 25.1m/s$$

将速度代入式 3 – 27，分离器直径为：

$$D = \sqrt{\frac{V_s}{0.125 w_g}}$$

$$= \sqrt{\frac{1}{0.125 \times 25.1}} = 0.56m$$

计算出直径大小，可以直接购买。若自加工可根据旋风分离器各部尺寸比例得：

$D_1 = 0.5 \, D = 0.28m$；$L_1 = 1.5 \, D = 0.84m$；$L_2 = 2.5 \, D = 1.40m$；$b = 0.25 \, D = 0.14m$；

$h = 0.5 \, D = 0.28m$；$L_0 = 0.5 \, D = 0.28m$；$D_2 = 0.25 \, D = 0.17m$。

2. 丝网除沫器

旋风分离器可以除去空气中大多数 $20\mu m$ 以上的液滴和少量的微小液滴。剩下的微小液滴，应采用比旋风分离器分离效率更高的丝网除沫器见图 3 – 18。

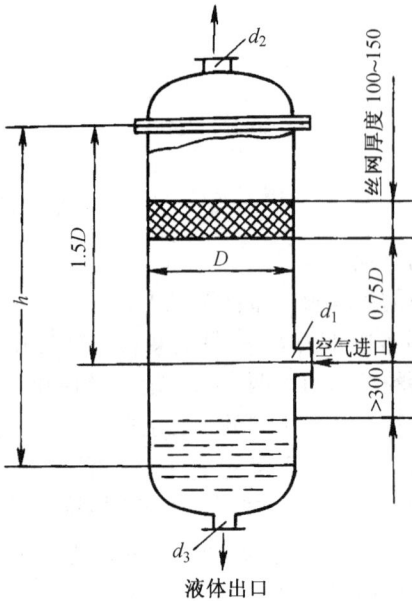

图 3-18 丝网除沫器

丝网除沫器具有很大的比表面积，同时自由空间又大，所以重量轻，使用方便。尤其是它具有除沫效率高、压降小的优点，被广泛用于各种需要除沫的设备内。一般对分离直径为 $5\mu m$ 的液滴效率可达 99%，对于 $10\mu m$ 液滴效率达 99.5%，同时也能除去 $2\sim5\mu m$ 直径的雾滴。

丝网除沫器一般为立式圆筒型设备，圆筒体内只需填充 $100\sim150mm$ 的金属网，金属网可由不锈钢、铜、聚丙烯等材料细丝编制而成见图 3-19（a）。当丝网除沫器直径小于 1m 时，可将丝网绕成消防带状见图 3-19（b）填入器内；当直径大于 1m 时，绕成带状就比较困难，可以把金属网多层重叠在一起，约叠放 25 层～30 层，丝网厚度就可达 100 mm 左右，见图 3-19（c）。一般丝网的自由空间（空隙率）可达 95% 左右，其比表面积可达 $500m^2/m^3$。

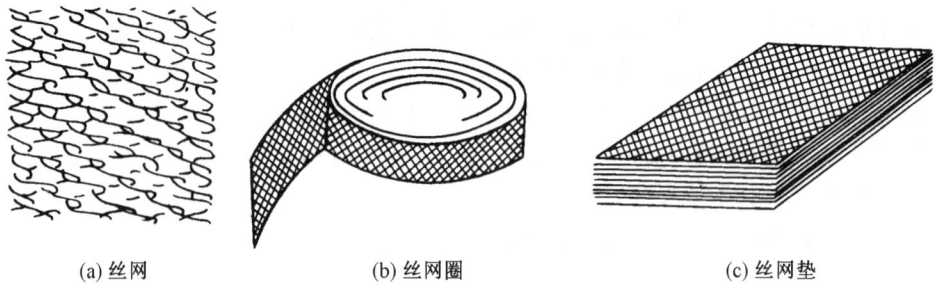

(a) 丝网   (b) 丝网圈   (c) 丝网垫

图 3-19 丝网结构示意图

丝网能够除去气体中液滴的原理是：夹带液滴的气体以一定的速度穿过丝网层时，由于惯性作用，加上丝网又有一定的厚度，气流中的液滴就能与丝网撞击而附着与丝网上，然后液滴沿着细丝下流。在毛吸现象和表面张力作用下，使积聚在丝网上的液滴不断变大，直至液滴的重力大于上升气流产生的阻力及表面张力的合力时，液滴就会离开丝网掉下达到气液分离的目的。综上所述，其分离原理不是过滤，所以控制上升气速非常重要。如果气速过快，就会把凝结的液滴又带出丝网除沫器；气速过小，液滴撞击丝网的机会变少，就有可能细小的液滴随气流绕过丝网带出。

同旋风分离器一样，确定其具体尺寸主要先确定它的直径，其他尺寸与直径有关，如 $d_2 = d_1 = 0.2\sim0.3\,D$；$d_3 = 0.4\sim0.5d_1$；$h = 2.5\sim4.0D$。其他比例尺寸图 3-18 已给出。气体流速计算公式如下：

$$w_a = K\sqrt{\frac{\rho_L - \rho_g}{\rho_g}} \qquad\qquad (3-29)$$

式中，w_a——设备内最大允许气体流速，m/s；

K——系数，一般取 0.107，当压力变动较大时可取 0.08；

ρ_L，ρ_g——分别表示液体和气体的密度，kg/m³。

设计丝网除沫器时，实际气速 $w_d = 0.75w_a$。已知 w_d 和气体处理量 V_s（工作状态），就可计算出丝网除沫器的直径 D，其他尺寸按已知比例可以求出。

空气通过丝网的压降很小，这是它的优点之一。一般情况下，气体通过 150mm 厚的金属网时压降仅为 25mmH₂O。

主 要 符 号 表

符　　号	意　　义	法定单位
C_0、C_s	空气的污染度	个/m³
d_f、d_p	纤维和颗粒直径	m
K	除菌常数	1/m
L	滤层厚度	m
m	多变指数	
N_s、N	空气含菌数	
p_s、p_w	水饱和蒸汽压和分压	Pa
P	空气总压	Pa
T	温度	K
V_s	空气流量	m³/s
w	空气流速	m/s
x	空气湿度	kg/kg 干空气
ρ_L、ρ_g	液体和气体密度	kg/m³

习　　题

1. 利用本章例 3-1 的已知数据和计算过程，在所有条件不变情况下，试估算新型过滤介质（纤维直径 $d_f = 0.5\mu m$）所需滤层的厚度。

（答：0.7mm）

2. 已知用二级冷却析水的空气预处理流程，空压机吸入量为 42m³/min，温度 15℃，相对湿度 $\varphi = 80\%$，压缩后压强为 0.224MPa（表压），为了节省能源，采用二级冷却，一级冷却至 60℃，二级冷却至 20℃，经析水加热后进入总过滤器，试求：

（1）压缩后空气的温度 t（取 m = 1.3），相对湿度 φ；

（2）一级冷却后是否需要析水设备；

（3）二级冷却后每 kg 干空气能析出多少水分。

已知：15℃的饱和蒸汽压 $p_s = 1.705$kPa；104℃时 $p_s = 116.8$kPa；60℃时 $p_s = 19.921$kPa；20℃时 $p_s = 2.33$kPa。

（答：$t = 104℃$ $\phi = 3.8\%$；因 $\varphi < 1$ 不需析水设备；每公斤干空气能析水 0.004kg）

3. 在特定条件下（指 30℃ 空气，空气的密度 $\rho_g = 3\text{kg/m}^3$，液滴的密度 $\rho_L = 1000\text{kg/m}^3$），设计一旋风分离器和丝网除沫器，要求空气流量为 $100\text{m}^3/\text{min}$（工作状态），分离微粒直径 $d_p = 10\mu\text{m}$。求旋风分离器和丝网除沫器直径？

（答：0.67m；1.2m）

第四章

细胞生物反应器

生物反应器是利用生物催化剂进行化学反应的设备，按照所使用的生物催化剂不同，又可分为酶反应器和细胞生物反应器。如果反应器中的反应是由酶催化的，这种反应器就是酶反应器。酶反应器中的生物反应比较简单，使用的酶可以是酶的溶液，也可以是固定化酶。有时为了反应简便和经济，也可将某种细胞固定化，直接利用固定化细胞中的某种酶来催化相应的反应，而不用把酶从细胞中分离出来。如用固定化大肠杆菌中的青霉素酰胺酶催化青霉素 G 水解制备 6 – 氨基青霉烷酸。这种生物反应器与酶反应器比较相似，通常把它作为酶反应器进行讨论。两者不同的是细胞生物反应器将培养基的成分转化成新的细胞个体及各种代谢产物。与一般的化学反应器相似，在生物反应器中也要求能维持一定的温度、压力、pH、反应物（营养物质，包括溶解氧）浓度，并且具有良好的传热、传质和混合性能，以提供合适的环境条件，确保生物反应的顺利进行。两者不同的是：大多数细胞生物反应器需要不断的通入无菌空气，并在运行中要杜绝外界各种微生物的进入，避免杂菌污染造成的各种不良后果。因此，生物反应器应具有严密的结构，同时还应具有配套而又可靠的检测及控制仪表，判断生物反应进行的情况。

随着基因重组技术和动、植物细胞培养技术的发展，实际应用中对细胞生物反应器提出了新的要求。可以预见，随着人们对细胞生物反应器认识的深入，细胞生物反应器将为人类创造出越来越多的财富。

第一节　发　酵　罐

发酵罐是一种最重要的生物反应器。20 世纪 40 年代初，解决了纯种好氧培养微生物的发酵罐设计问题，使青霉素生产得以工业化，带动了微生物发酵工业的发展。当今世界上抗感染药物中各类抗生素产品占一半以上，我国已成为世界上抗生素生产大国。

多年来，不少微生物学家和化学工程学家一直致力于深层液体通气发酵设备的开发与研究。研究的中心课题是要确定通气发酵设备中溶氧速率与设备的主要参数、操作变数以及流体性质之间的关系，以此作为合理设计发酵罐的理论依据。目前普遍采用的通用式发酵罐就是根据这一理论设计而成，并形成了一个完整的产品系列，根据容积范围分为：实验室用 1 ~ 50 升、中试工厂用 50 ~ 5000 升、工业生产用 5 000 升以上。现在工业上使用的发酵罐通常为 50 ~ 200m^3。

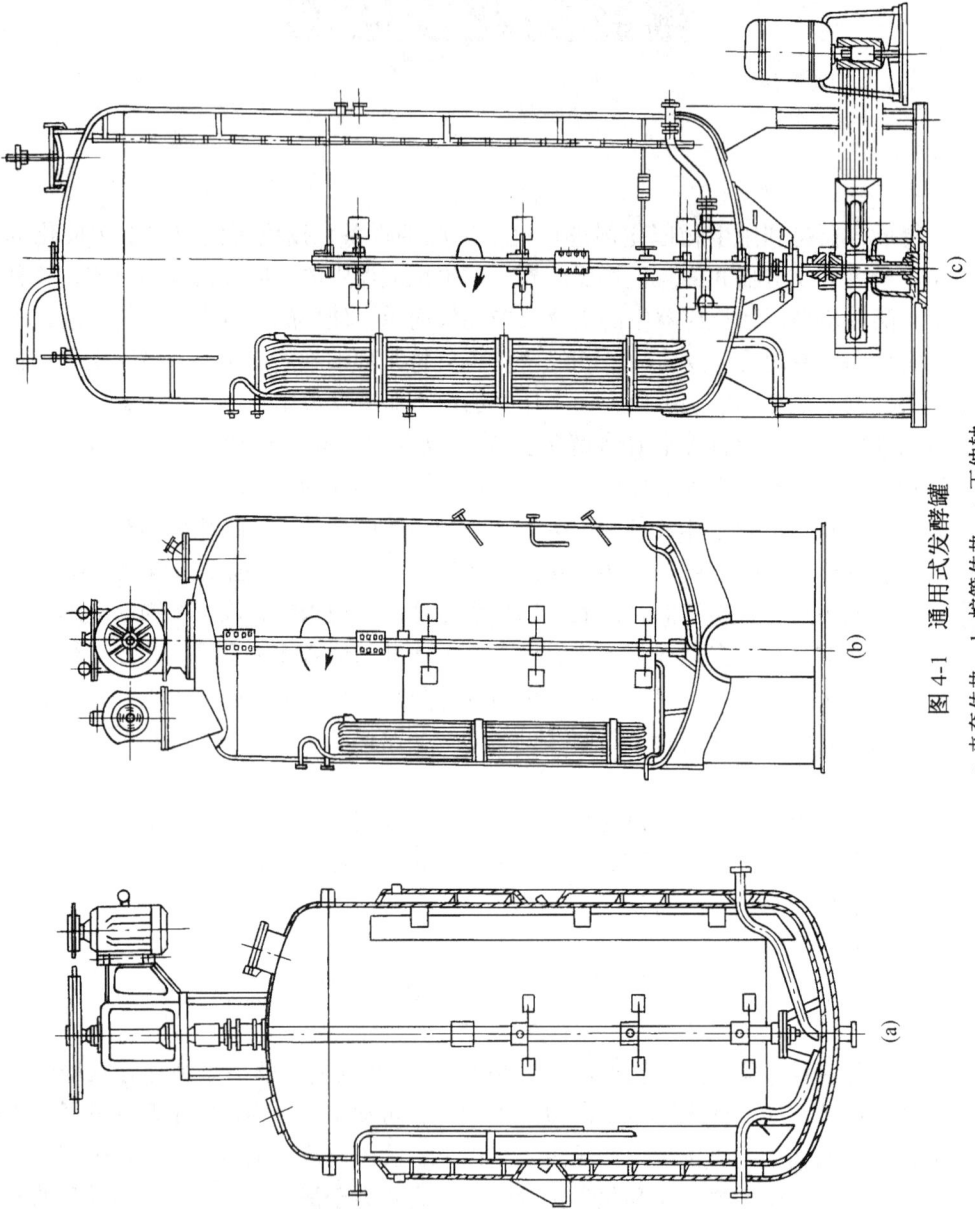

图 4-1　通用式发酵罐

a. 夹套传热；b. 蛇管传热；c. 下伸轴

为了有利于溶氧，发酵罐（包括种子罐）通常是一个长筒形密闭容器，具有椭圆形或碟形的盖和底（也称封头）。发酵罐宜用不锈钢制作，但也可以用复合不锈钢板或低碳钢板制做。为了防止染菌，罐内应光滑无死角，要保证焊接质量，要使其能耐受0.45MPa（表压）的水压实验。

一、通用式发酵罐

发酵罐形式繁多，但目前发酵生产中采用最多的是通用式发酵罐。通用式发酵罐是既具有机械搅拌又有压缩空气分布装置的反应器，见图4-1。目前最大的通用式发酵罐容积可达480m³。

（一）通用式发酵罐的几何尺寸

通用式发酵罐示意图见图4-2。其比例关系如下：

$$H/D = 1.7 \sim 3.0$$
$$d/D = 1/2 \sim 1/3$$
$$W/d = 1/8 \sim 1/12$$
$$B/d = 0.8 \sim 1.0$$
$$(s/d)_2 = 1.5 \sim 2.5$$
$$(s/d)_3 = 1.0 \sim 2.0$$

式中，H——发酵罐罐筒高度，m；

D——发酵罐罐内径，m；

d——搅拌器直径，m；

W——挡板宽度，m；

B——下搅拌器距底部距离，m；

s——两搅拌器间距离，m；

H_L——液位高度，m。

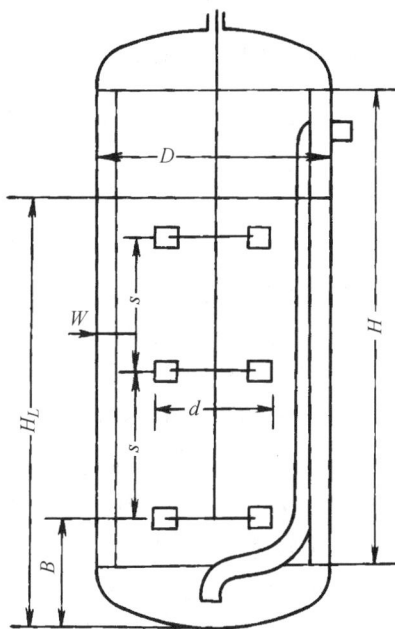

图4-2 通用式发酵罐的几何尺寸比例

其中 H/D 称高径比，即罐筒高度与内径之比。高径比是通用式发酵罐的特性参数，我国在抗生素生产工业中，种子罐多采用 $H/D = 1.7 \sim 2.0$；发酵罐 $H/D = 2.0 \sim 2.5$，一般采用 $H/D = 2.0$。从立体几何知识可知：装同样体积的液体，长径比愈大愈费钢材。在化学制药工业中，多数为液-液或液-固两相反应，所以其反应罐多采用 $H/D = 1.0$。在保证传质效果好，空气利用率高的前提下，根据经济合理，使用方便的原则，一般通过实践获得合理的高径比。例如，青霉素取 $H/D = 1.8$ 为宜；放线菌 $H/D \leqslant 2$；细菌 $H/D > 2$。此外，高径比的大小还与发酵工艺条件有关。总之，发酵罐设计中高径比取值是十分重要的。高径比较大的罐可增加空气气泡在发酵罐中的停留时间，有利于氧的利用。但发酵罐过于细长，不仅多耗钢材，而且车间厂房高度也要提高。同时对发酵罐本身的制造加工都带来一系列的问题，如增加了搅拌轴长度和轴的支撑部件，并给安装增添难度。

（二）发酵罐的装料容积

某一设备的公称容积 V_0 是指圆筒部分容积 V_c 和底封头的容积 V_b 之和，即：

$$V_0 = V_c + V_b = \frac{\pi}{4} D^2 H + V_b \qquad (4-1)$$

式中，D——罐内径，m；

      H——筒身高，m。

V_b 决定于封头的形式，可由《化工设备设计手册》查得。对于椭圆形封头可用下式计算：

$$V_b = \frac{\pi}{4} D^2 h_b + \frac{\pi}{6} D^2 h_a \qquad (4-2)$$

式中，h_b——封头的直边高度（一般取值为 25 mm、40 mm、50mm），m；

      h_a——封头凸出部分的高度，m。

对于标准椭圆形封头 $h_a = \frac{1}{4} D$，则式 4-2 可写成：

$$V_b = \frac{\pi}{4} D^2 \left(h_b + \frac{1}{6} D \right) \approx 0.15 D^3 \qquad (4-3)$$

若筒身高径比 $H/D = a$，则：

$$V_0 = \frac{\pi}{4} D^2 \cdot aD + 0.15 D^3 = (0.785a + 0.15) D^3 \qquad (4-4)$$

在实际生产过程中，罐中的培养液因通气和搅拌会引起液面上升及产生泡沫，因此罐中实际的装料量 V 不能过大，一般取装料系数 $\eta_0 = V/V_0 = 0.7 \sim 0.8$。

在设计过程中，对于分批操作的发酵生产，已知年产量和发酵周期等可求出每批料液量 V。合理选择装料系数，就可确定公称容积 V_0，取其整数（生产中的发酵罐容积一般为：15m³、20m³、30m³、40m³、50m³、60m³、70m³、100m³ 等），再根据式 4-4 可求出直径 D，有了直径 D，可求出发酵罐的其他几何尺寸。

（三）发酵罐的结构

通用式发酵罐是密闭受压设备，主要部件有罐体、搅拌装置、通气装置、传热装置、出料管、进料管、取样管等。

1. 罐体

小型发酵罐（多为种子罐），直径在1m（公称容积在 1.7m³）以下时，因筒身不高，其上封头和罐体可用法兰连接（便于罐内部件检修）。为了清洗等工作需要在罐顶设有手孔。对于直径大于1m的发酵罐，其上封头直接焊在筒身上，但在上封头边上要开有人孔，以便进入罐内进行检修。上封头还应设有视孔和灯孔，并在其内装有压缩空气和蒸汽吹管，用以冲洗玻璃。上封头的接管有进料管、补料管、排气管、接种管和压力表接管等。罐身上的接管有冷却水进出管、空气进管、温度计管和测控仪表接口等。排气管应尽量靠近罐顶的中心轴封位置。取样管多半设在罐体下部便于操作。总的原则是：在罐体上接管应尽量少，利于灭菌，能合并的应合并。如进料口、补料口和接种口可合为一个接口。放料可利用通气管压出。罐体内要求无死角，焊接面要光滑无砂眼。

2. 搅拌装置

（1）搅拌的作用　搅拌器旋转时会使罐内的液体产生一定途径的循环流动，称为总体流动。在总体流动过程中，混合液中的液体被分散成一定尺寸的液团，并被带到罐内各处，造成宏观均匀。总体流动常处于湍流状态，其中充满了大小不同的旋涡。这些旋涡随着湍流程度的加剧，旋涡的尺寸变小，数量变多，粉碎作用大，能达到更小尺度上的均匀混合。但是要想使微团最后消失，还要依靠分子扩散。搅拌的作用是大大缩短达到微观均匀所需要的时间。通常在搅拌叶附近液体湍流程度最高，速度梯度最大，产生的剪切力也最大。在这种剪切力的作用下，液体被撕成微小液团，若通入气体可使气泡粉碎，并被总体流动带至罐内各处，达到均匀混合的目的。总之，搅拌的作用可概括为两点：一是产生强大的主体流动，将流体均匀分布于容器各处，以达到宏观均匀；二是产生强烈的湍流，使液体微团尺寸减小。两种作用将有利于传热和传质，对于生物反应器而言，有利于氧的溶解更具有重要的意义。

（2）搅拌器的型式　搅拌型式多种多样，发酵工业最常用的搅拌型式有旋桨式、涡轮式、锚式和框式等。

① 旋桨式搅拌器又称推进式搅拌器见图4-3a。旋桨式搅拌器实质上是一个无外壳的轴流泵，这类搅拌器结构简单，安装容易，叶轮直径较小，一般不超过0.54m，通常$D/d = 3:1 \sim 4:1$（D 为反应器直径；d 为搅拌器直径）。这类搅拌器旋转速度较高，叶片端部的圆周速度一般可达 $5 \sim 15 \text{m/s}$。液体在高速旋转的叶轮作用下做轴向和切向运动。因此，当液体离开桨叶后呈螺旋线运动。轴向分速度又使液体沿轴向下运动，到达反应器底部后沿器壁向上运动最后沿轴返回叶片，形成（图4-4）所示的主体循环流动，它是属于轴向流动式。因其主体流动的湍流程度不高，但循环量大，适用于黏度不高，要求容器内物质上下均匀的场合，如可用于制备固体悬浮液的配料罐。三叶片式搅拌器尽管在流体力学性能方面较推进式稍差一些，但因制造简单，多数情况下可用来代替旋桨式搅拌器见图4-3b。

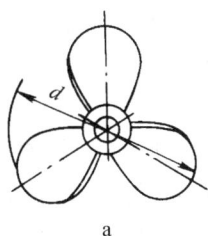

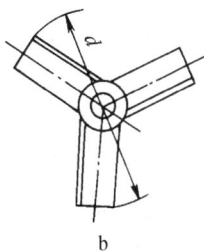

图4-3　推进式与三叶片式搅拌器
a. 推进式；b. 三叶片式

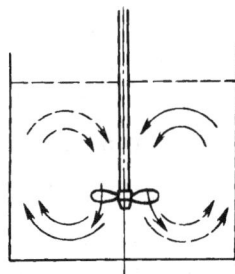

图4-4　推进式搅拌器的
主体循环流动

② 锚式和框式搅拌属于大叶片低转速的搅拌器，适用于容器内物质黏度较大时的混合操作。该搅拌器的直径接近反应器的内径，其外缘形状可根据反应器底部的形状制成，见图4-5。这种搅拌器转速很低，叶端圆周速度为 $0.5 \sim 1.5 \text{m/s}$。虽然产生的剪切力不大，但搅动的范围很大，不会产生死区，适于高黏度物质的混合。如化学制药中的液-固混合反应多用锚式搅拌；在结晶操作中，由于转速小有利于晶核的形成和成长并可防止器壁有过多沉积，多用框式搅拌。

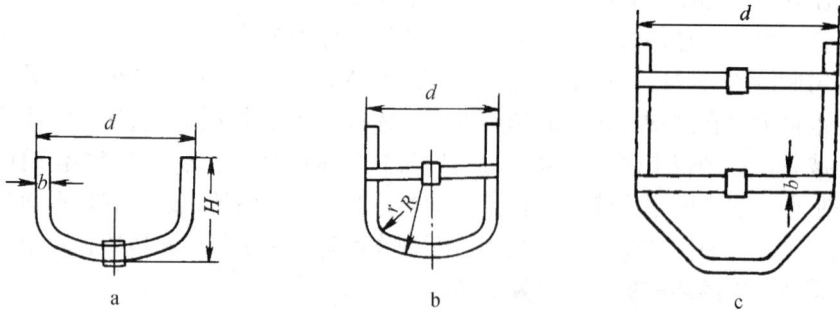

图 4-5　大叶片低转速搅拌器

a. 锚式；b、c. 框式

③ 涡轮式搅拌器实质上就是一个无泵壳的离心泵。其工作原理与双吸式离心泵极为相似，搅拌器的直径一般为反应器直径的 0.3～0.5 倍。适用于低黏度或中等黏度的液体搅拌，转速较高，叶轮端速度为 3～8m/s，在涡轮搅拌器中液体能有效地产生径向流动，但同时也能产生轴向流动。当液体以很高的绝对速度由搅拌器出口冲出时，径向分速度就使液体流向反应器壁面，然后分成上、下两个回路流回搅拌器，形成见图 4-6 所示的总体循环流动，它是属于径向流动式。发酵罐中的搅拌是为了更好溶解氧，气泡粉碎越细越好，是属于小尺度混合，因此广泛采用涡轮式搅拌器。涡轮搅拌器分为中央有圆盘和无圆盘两大类。为了避免气泡沿轴上升，多采用中央设有圆盘。常用

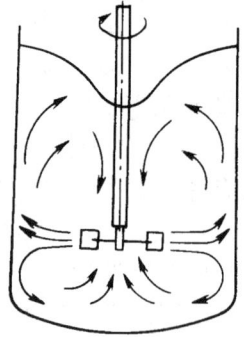

图 4-6　涡轮搅拌器的
　　　　总体循环流动

的带圆盘搅拌器有三种形式，即平叶式、弯叶式和箭叶式，叶片数量从三片到八片不等，一般为六片，图 4-7 为常用的六叶圆盘涡轮式搅拌器。在涡轮式搅拌器中液体以高速甩出时，会在叶片外缘附近造成激烈的旋涡运动和很大的剪切力，可将通入的气泡分散的更细，并可提高溶氧的传质系数。

　　在相同的搅拌功率下比较粉碎气泡的能力，平叶搅拌大于弯叶搅拌，弯叶搅拌大于箭叶搅拌；但其翻动流体能力则与上述相反。这是因为平叶搅拌叶面积最小，消耗同样功率条件下转速最快，剪切力就大；箭叶搅拌叶面积最大，消耗同样功率条件下转速最慢，但面积大有利于流体的翻动。根据这一解释，可在同一搅拌轴上安装不同叶形的涡轮搅拌器，如上层采用箭叶以强化混合效果，而下层采用平叶以利于粉碎气泡，强化传质，达到最佳搅拌效果。

　　发酵罐比其它反应器更为细长，存在氧的传递问题，为了使发酵液充分被搅动，根据发酵液的容积，一般在同一搅拌轴要配置多个搅拌器。搅拌器数量要根据罐内的液位高低、发酵液的特性和搅拌直径等因素来决定。对于通用式发酵罐，通常当容积（指公称容积）大于 15m³ 时采用三层搅拌为宜（个别的也有四层），小于 15m³ 时采用二层搅拌。

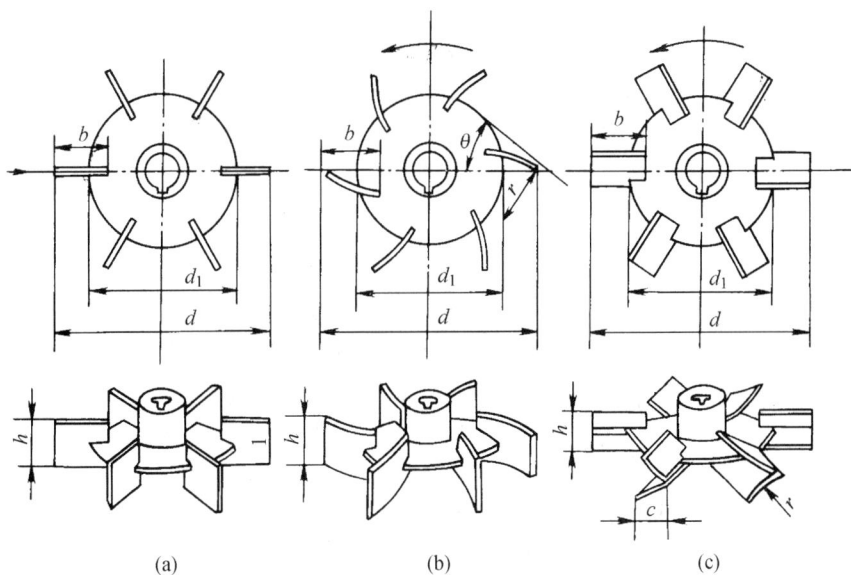

图 4 - 7　常用的涡轮式搅拌器

　　a. 六平叶　　　　　　b. 六弯叶　　　　　　c. 六箭叶

$h:b:d_1:d=4:5:13:20$　　$h:b:d_1:d=4:5:13:20$　　$c:h:b:d_1:d=3:3:5:13:20$

　　　　　　　　　　　$r=1/2d_1$, $\theta=38°$　　　　$r=1/4d_1$

　　径向流式的涡轮搅拌器，为了破碎气泡，能产生很大的剪切力。但过大的剪切力不利于微生物的生长，这是个矛盾。20 世纪 80 年代以来，国际上发达国家开始研究轴流式搅拌方式，以提高搅拌的均匀性和溶氧性能，同时减少流体的剪切力，利于微生物的生长，取得很大的进展，并投入实际应用。轴流式搅拌器使中间的流体向下流动，靠近罐体的流体向上运动，大量含有气泡的液体会被第一层桨叶重新压回罐底，少量可通过第二层桨叶时被压回，增加了停留时间。而涡轮式搅拌器由于圆盘的存在虽然防止了气泡沿轴上升，但使流体分成以圆盘为界的上下两个区域，接近高剪切区的溶氧高，远离剪切区的溶氧低。轴流式搅拌器的优点是：具有流量大，使气、液、固三相均匀程度高，为发酵提供了良好的环境；功率消耗低，流动剪切力小，气体滞留能力强，有利于溶氧和微生物的生长。

　　在生物反应器的研究开发过程中，研究者主要致力于开发不同搅拌器以增加氧的传递效果，同时尽量节省能量。有资料报导，采用栅栏多棍式搅拌器（见图 4 - 8）代替涡轮式搅拌器，用于黏稠的新生霉素发酵取得良好的效果。在同样发酵效果的情况下，功率可降低 50%。在青霉素发酵中也有采用固定导流轮的八翼碟式搅拌器（见图 4 - 9），主要目的是增加氧的传递效果。

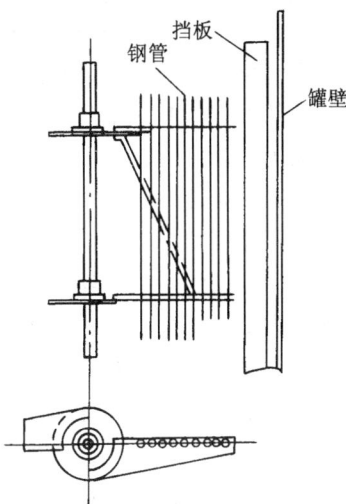

图 4 - 8　多棍式搅拌器

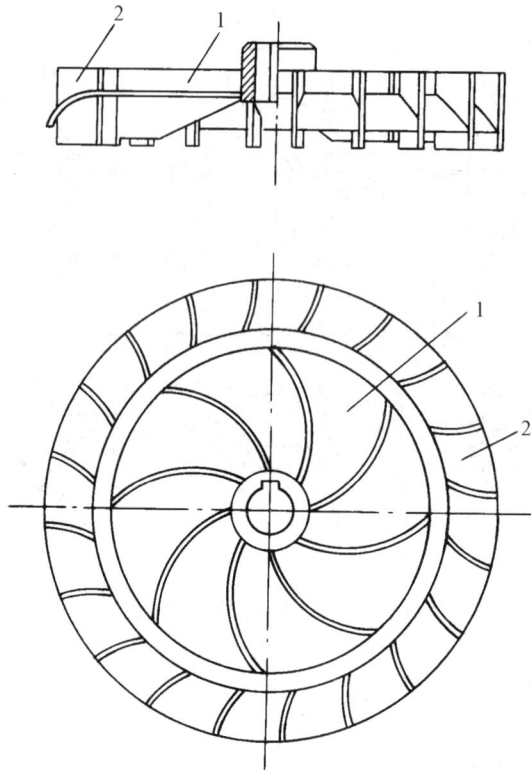

图 4-9 装有导轮的搅拌器
1. 翼碟式搅拌器；2. 导轮

目前国内大多数工业生产用的发酵罐一般采用不变速搅拌，也有少数发酵罐采用了变速搅拌。变速搅拌更能适应发酵过程中不同生长期对搅拌转速的不同要求，提高了发酵水平，同时还节省一定的能量。变速搅拌需要可靠的变速电机或变速装置与之配套。

搅拌轴一般从罐顶伸入罐内，但对于容积大于 $100m^3$ 以上的大型发酵罐，也可采用下伸轴式。下伸轴式使发酵罐的重心降低，轴的长度缩短，稳定性提高，发酵罐的操作面噪音也可大为减弱，而且罐顶留出的空间可充分利用来安装高效的机械消沫器及其他的自控部件。但其对轴封要求更为严格，一般上伸轴可用机械单面密封即可，而下伸轴就要采用双面密封，并用灭菌的空气进行防漏和冷却。因此，下伸轴的使用，会对检修增加的一些难度。

（3）搅拌功率与搅拌效果　前已述及，为了达到宏观上的均匀，必须要有足够大的总体流动，即流量要足够大。为达到小尺度上的均匀，必须提高总体流动的湍流程度，即动压头要足够大。可见，为了达到一定的混合效果，搅拌必须提供足够大的流量 V 和动压头 H。实际上安装搅拌设备的目的就是为了通过搅拌将能量输入到被搅拌的液体中去，不消耗足够的搅拌功率，就达不到所需要的混合效果。所以，罐内单位体积的功率消耗也就成为判断搅拌过程进行得好坏的重要依据。

在讨论向搅拌提供足够功率的同时，还存在一个能量的合理运用的问题。如果搅拌的目的只是为了达到宏观的混合，则需要有较大的流量和较小的动压头；如果为了快速地分散成微小的液团，则需要较小的流量和较大的动压头。因此，在消耗同样的功率条件下，对不同的搅拌目的，应对功率作不同的分配。

下面对搅拌作定性的讨论。搅拌器的轴功率 P 等于搅拌器施加于流体的力 F 及由此引起的液体平均流速 w 之积。若搅拌器的叶片面积为 A，则：

$$P = F \cdot w = \left(\frac{F}{A} \right) \cdot (wA) \qquad (4-5)$$

上式中 (F/A) 的单位是 N/m^2，其值为搅拌器施加于液体的剪切力，它相当于单位体积液体中的动能 $\frac{1}{2}\rho w^2$，其单位是 N/m^2，也可认为相当动压头 $H = \frac{w^2}{2g}$ 和 ρg 的乘积；(wA) 的单位是 m^3/s，其值可视为搅拌器对液体的翻动量 Q（相同上述的流量），于是各关系可写成：

$$P \propto HQ \qquad (4-6)$$
$$H \propto w^2 \propto n^2 d^2 \qquad (4-7)$$
$$Q \propto wd^2 \propto nd^3 \qquad (4-8)$$
$$P \propto n^3 d^5 \qquad (4-9)$$

式中，n——搅拌器的转速，r/s

d——搅拌器的直径，m。

若 $P =$ 常数，以不同 n 及 d 值代入上述关系式，可得出不同情况下的 Q、H 和 Q/H 值见表 $4-1$。

表 $4-1$　$P =$ 常数时，不同 n 及 d 下 Q、H 及 Q/H 值

P	n	d	H	Q	Q/H
1	4	0.435	3.03	0.33	1.101
1	2	0.660	1.74	0.575	0.303
1	1	1	1	1	1
1	0.5	1.52	0.574	1.74	3.03
1	0.25	2.30	0.33	3.03	9.18

从表 $4-1$ 中可以看出：若搅拌器的功率不变，增大搅拌直径（d），势必降低搅拌转速（n），由此引起翻动量（Q）的增加和动压头（H）的下降；相反减小直径（d），可以增加转速（n），引起的结果是 Q 下降，H 值增大。增加 Q 值有利于各相间的混合，增加 H 值则有利于气泡的粉碎。如果同时增加 Q 及 H 值，必然要相应的增加 P 值。

因此，搅拌器的转速 n 及搅拌器直径 d 的变化将直接影响到发酵罐内氧的传递效果和各相间混合效果好坏。通常黏稠的培养液，又是好氧的菌种，应配备较大直径的搅拌器，同时要保证有较高的转速，即要维持在一个较高的功率水平上。

3. 挡板

见图 $4-10$，右半边表示通用式发酵罐内不带挡板的情况下搅拌流型。从图中可看到在中部液面有下陷，形成一个很深的旋涡。这是因为在搅拌的过程中，会产生切线方向的流体流动。在切向分速度的作用下使液体在罐内作圆周运动，这种圆周运动产生的

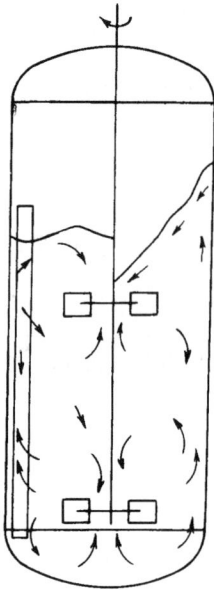

图 4 – 10 通用式发酵
罐搅拌流型

离心力会使罐内的液体在径向分布呈抛物线形，形成下凹现象，特别是当搅拌的转速较大时，下凹现象更为严重，甚至可使搅拌器不能全部浸没于发酵液中，使搅拌功率显著下降。同时大部分功率消耗在旋涡之中，靠近罐壁处的流体速度仍然很低，气液混合不均匀。此外，因下凹现象的出现，使液面上升，造成发酵罐的装料系数变小，不能有效的利用发酵罐的空间。图左边是罐内带有挡板的搅拌流型，当液体从搅拌器径向甩出后，遇到挡板会形成向上、向下两部分垂直方向的运动。向上流动的液体经过液面后，流经轴中心转下。向下流动的液体可被叶轮再次吸入。由于挡板的存在，有效地阻止了罐内液体的圆周运动，使培养基在挡板的作用下产生较小的旋涡，并随主体流动遍及整个培养液中，提高了混合效果，下凹现象也随之消失。因为设置挡板是人为的增加阻力，所以，功率成倍增加。功率增加，混合效果就会相应提高。

总之，挡板的作用是改变被搅拌液体的流动方向，使之产生纵向运动从而消除液面中央部分产生的下凹旋涡。

搅拌罐内加置挡板应以达到全挡板条件为宜。所谓"全挡板条件"是指在一定转速下再增加罐内挡板（或附件）搅拌功率仍不变，或者说是指达到消除液面旋涡的最低条件。

在全挡板条件下，挡板的个数和挡板的宽度有如下关系式：

$$\frac{W}{D} \cdot m_b = 0.4 \tag{4 – 10}$$

式中，W——挡板宽度，m；

D——罐的内径，m；

m_b——挡板个数。

通常挡板宽度取 $(0.1 \sim 0.12D)$，实际应用时，可取挡板宽度为 $0.1D$；装设挡板为 4 块（最多不超过 6 块）即可满足全挡板条件。为了避免培养液中的固体成分堆积在挡板背侧，在安装挡板时，应使其与罐壁间留有一定间隙，此间隙一般取 $0.1 \sim 0.3W$。

对于大的发酵罐，因其内部必须装有竖立的蛇管换热器、通气管、排料管等装置，可起挡板的作用，因此也可不加设挡板。总之，只要存在液相的搅拌，就要考虑加装挡板，只有在加挡板困难时才不设挡板。例如，在制做搪玻璃反应罐时若内加当板就给在金属上均匀涂瓷釉带来困难，不加挡板是把防腐作为主要目的。

4. 通气装置

通气装置是指将无菌空气不断的导入罐内的装置。最简单的通气装置是单孔管（指一般的圆管），单孔管的出口应位于最下层搅拌器的正下方，开口朝下并距罐底约 40mm 左右。空气由通气管喷出上升时，会被搅拌器打碎形成微小的气泡。目的是让空气与培养液充分混合以利于氧的溶解。为了防止吹入的空气对罐底的冲击，应在罐底中央焊接直径为 $100 \sim 300$mm 的保护板。通气管内空气流速一般取 20m/s，在已知流量的条件下可求出管的内径。通气管的材质一般用不锈钢为宜。

为了增加传质面积，曾奇研究者致力于追求通气装置中出口气泡直径的最小化。例如，制成开孔朝下的多孔环管或由多孔材料制成的多孔分布器等，但效果并不明显。分析原因可以解释为对于有强烈搅拌的生物反应器增加传质面积主要是依靠搅拌的剪切破碎作用使气泡变小。而把通气装置制成过于复杂，相反还会造成不必要的阻力损失。同时，因为孔的堵塞带来灭菌不充分的问题。所以实际应用中很少采用。只有在特殊情况下，如采用液体培养基或粒度很小的固体发酵原料，反应器中会采用带小孔的环状空气分布器。

5. 传热装置

在发酵过程中，生物氧化作用及机械搅拌产生的热量必须及时移去，才能保证发酵在恒温进行。通常称发酵过程中发酵液产生的净热量为"发酵热"，其热平衡方程式可用下式表示：

$$Q_{发酵} = Q_{生物} + Q_{搅拌} - Q_{空气} - Q_{辐射} \tag{4-11}$$

式中，$Q_{生物}$——生物体生命活动中产生的热量；

$\quad\quad Q_{搅拌}$——搅拌器搅动液体时，机械能转化为热能时的热量；

$\quad\quad Q_{空气}$——通入发酵罐内的空气会使发酵液中水分蒸发及空气温度上升所带走的热量；

$\quad\quad Q_{辐射}$——发酵罐外壁温与大气温度差而引起的热量传递。

一般发酵热的大小因品种或发酵时间不同而异，通常发酵热值为 10 400 ~ 33 500kJ/ $(m^3 \cdot h)$。式 4-11 只能说明发酵热的，理论构成首先 $Q_{生物}$ 是生物氧化作用产生的热量，很难通过计算求得，因此发酵热也不能通过热平衡方程求得，一般要靠实测得到。在实测过程中，维持培养液温度恒定不变的情况下，定时测量发酵罐中传热装置冷却水的进口、出口的温度和冷却水用量，就可由下式求得：

$$Q_{发酵} = WC (t_2 - t_1) / V \tag{4-12}$$

式中，$Q_{发酵}$——发酵热，kJ/ $(m^3 \cdot h)$；

$\quad\quad W$——冷却水流量，kg/s；

$\quad\quad C$——冷却水热容，kJ/ $(kg \cdot ℃)$。

$\quad\quad t_1$，t_2——冷却水进出口温度，K；

$\quad\quad V$——发酵液体积，m^3。

在测定发酵热的过程中，同时可以测出换热器的传热系数 K 值。

$$K = \frac{Q_{发酵}V}{F\Delta t_m} \tag{4-13}$$

式中，F——发酵罐的传热面积，m^2；

$\quad\quad \Delta t_m$——发酵液与冷却水间的平均温度差，K。

实际生产中，已知发酵液的体积、发酵热、传热系数、平均温度差后，就可确定所需的传热面积。

一般容积为 5m^3 以下的发酵罐（包括种子罐）采用夹套传热装置。由于发酵罐的容积（放热量）与罐的直径的立方成正比，而罐的传热面与直径的平方成正比，因此，当容积大于 5m³ 时，用夹套作为传热面就完成不了所需的传热量，这时应在罐内采用竖式蛇管作为传热装置。夹套的传热系数通常取 115～175W/（m²·K），蛇管的传热系数通常取 350～520W/（m²·K）。如果采用 5～10℃ 的低温冷却水，也有采用外蛇管作为发酵罐传热装置。外蛇管加工方法是将半圆形钢或角钢制成螺旋形焊在发酵罐的外壁，这样可以提高水的流速增加传热系数。其优点是减少了罐内的部件，便于维修并减少染菌的机会。对于 100m³ 以上的大型发酵罐除了安置外蛇管外，罐内还要安置竖式蛇管来加大所需的传热面积。

6. 机械消沫装置

发酵液中含有大量的蛋白质等发泡物质，在强烈的通气和搅拌作用下会产生大量的泡沫，大量泡沫的产生会导致发酵液的外溢和增加染菌的机会，同时此现象还会使装料系数降低，影响了发酵罐空间的利用率。消除发酵液泡沫的有效方法是加入消沫剂。当泡沫较少时，可采用机械装置破碎泡沫。

简单的消沫装置为耙式消沫桨，直接装在搅拌轴上，齿面略高于液面见图 4－11。消沫桨的直径为罐径的 0.8～0.9 倍，以不防碍旋转为原则。由于泡沫的机械强度较小，当少量的泡沫上升时，耙齿就可把泡沫打碎。也可制成半封闭式涡轮式消沫器见图 4－12，泡沫可直接被涡轮打碎或被涡轮抛出撞击罐壁而破碎。由于这一类消沫装置是装于搅拌轴上，往往因搅拌转速低而效果不佳。对于下伸轴式发酵罐，可在罐顶单独安装涡轮消沫器，使其在高速旋转下达到较好的机械消沫效果。此类消沫器直径为罐径的 1/2，叶端速度为 12～18m/s。

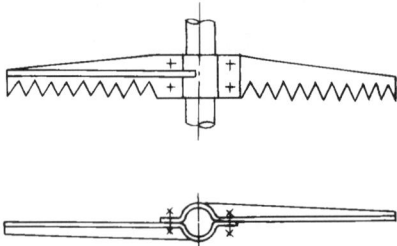

图 4－11　耙式消沫桨　　　　　图 4－12　涡轮消沫器

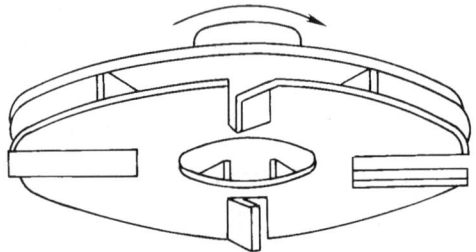

安放在罐顶部外面的新型消沫器，目前得到人们的重视，这类消沫器一般都是利用高速旋转所获得的离心力将泡沫在罐外粉碎变为液体后再返回罐内，这样可以大大提高反应器的装料系数，特别是对于大型发酵罐具有重要的意义。这种消沫装置如何防止染菌是其技术难点。

7. 尾气处理装置

早期的发酵罐只要能维持压，保证尾气的顺利排放以及无染菌空气的逆流，就达到当时的生产要求了。因此，尾气的处理并未得到重视。但到了 20 世纪 70 年代，基因工程技术得到迅猛发展使人们越来越重视尾气处理的问题。例如，利用大肠杆菌生产重组干扰素和白细胞介素－2 的工程菌等，这种用特殊菌株的发酵或后处理过程中，若出现泄露就会造成对人体和生态环境带来意想不到的危害。目前很多国家都对处理 DNA 重组的实验室提出严格的管理准则。因此，用于基因工程菌的发酵罐同普通的微生物发酵就有很大的不同。

在培养过程中，造成发酵罐内微生物泄露的一大原因是排气。有人在 5L 玻璃发酵罐中培养普通的大肠杆菌时，对排气带菌的情况做了测定。发现在当通气量为 1：1 VVM，搅拌转速为 400r/min 时，接种后 4h 内排气中有 511 个菌被带出，而以后 1.5h 则有 1267 个菌被带出，所以，基因工程发酵的尾气必须经过适当处理后才能排放到大气中去。

要想使尾气无菌，采取的方法类似于进罐空气的除菌方法。但要注意，因为空气流动量大以及气体一侧的传热系数小，如用热灭菌的方法会带来设备过大的问题。如果采用深层过滤的方法对尾气除菌，必须先对尾气进行预处理才能进行。因为，通常尾气中含有大量水分并夹带着大量小水滴，不宜直接进入过滤器。另外，由于发酵罐内含有丰富的蛋白质，从下向上的二氧化碳冒出时会带起大量的泡沫，也不利于尾气直接过滤。

为了提高预处理的气液分离效率，英国 DH 公司开发出 TURBOSEP（涡轮分离器），见图 4 - 13。其特点是可在低压尾气条件下有效分离水雾和泡沫，分离效率可达 99.99%。尾气经处理后，再经蒸汽夹套升温 10～15℃后就可使相对湿度降到 60% 左右，然后经过高效除菌滤芯后气体可安全地排出，除菌滤芯能保持长久的使用寿命。

此设备也可安装在普通发酵罐外作为除沫装置，可使发酵罐的装料系数可达 95% 以上，消沫剂也可节省 50% 左右，减少后处理工序，降低了成本。

轴封渗漏是造成微生物泄露的又一原因。对发酵罐除要求采用双端面密封外，还要求作为润滑剂的无菌水压应高于罐内压力。为了防止在取样时基因工程菌的泄露，取样后，要用蒸汽将有关管道灭菌时冲出的污物经专门管道收集到污物贮罐，达到一定量时统一灭菌处理。

另外，在接种和放料后也要考虑防止工程菌的外泄，因此，基因工程菌发酵罐的配管应有特殊要求。

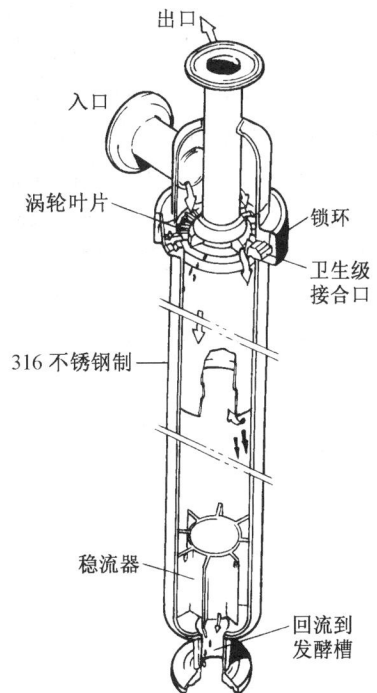

图 4 - 13 涡轮分离器

（图注：出口、入口、涡轮叶片、锁环、卫生级接合口、316 不锈钢制、稳流器、回流到发酵槽）

二、其他类型发酵罐

生物反应器是高科技生物技术项目中的重要组成部分，开发研究进展十分迅速。机械搅拌式反应器由于有操作方便，适应性广，使用经验丰富等优点，使其长用不衰。近些年来随着搅拌型式的不断改进以及大功率减速装置的开发成功，使这种传统的生物反应器的广泛应用展现出了新的前景。但是，由于机械搅拌发酵罐有功率消耗大，氧的利用率低，染菌机会多，物料及气体分布不够均匀以及设备不宜大型化等缺点。因此，生物工程领域加快了开发研制不带机械搅拌的生物反应器的速度，出现了多种新型反应器，如鼓泡塔、多级筛板塔、喷射塔、环流反应器以及带静态混合器的生物反应器等。这些反应器在传质、传热、节能、控制染菌等方面表现出来的显著优点，使其在许多行业已经得到迅速推广应用，甚至在某些领域有取代机械搅拌发酵罐的趋势。下面定性的介绍有代表性的几种反应器。

（一）自吸式发酵罐

自吸式发酵罐的轴是下伸入方式，不需要空气压缩机，利用改变搅拌的形式，在搅拌过程中自行吸入空气的发酵罐。这种发酵罐是在 20 世纪 60 年代开始研究，70 年代我国在自吸式发酵罐研究取得了很大成绩，并在抗生素、酵母等发酵生产上得以应用，取得较好的效果。

自吸式发酵罐的结构大致上与通用式发酵罐相同，如图 4 – 14 所示。其主要区别在于搅拌和通气装置不同。该发酵罐最关键的部件是带有中央吸气口的搅拌器。目前国内采用的自吸式发酵罐中的搅拌器是带有固定导轮的三棱空心叶轮，直径（d）为罐径的 1/3，叶轮上下各有一块三棱形平板，在旋转方向的前侧夹有叶片。当叶轮高速旋转时，叶片与三棱形平板间的液体被甩出并形成局部真空，于是可将罐外的空气通过搅拌中心的吸入管吸入罐内，并与高速流动的液体密切接触形成细小的气泡分散在液体之中，气液混合流体通过导轮流到发酵罐的主体。

导轮由 16 块有一定曲率的翼片组成，排列在搅拌器的外围，翼片上下有固定圈加以固定。有关三棱搅拌器的各部尺寸比例见表 4 – 2。

表 4 – 2　三棱形搅拌器的比例关系

名　　称	符　号	与叶轮比例	名　　称	符　号	与叶轮比例
叶轮外径	d	$1d$	翼片曲率	R	$7/10d$
浆叶长度	l	$9/16d$	翼片角	α	45°
交点圆径	ϕ_1	$3/8d$	间　隙	δ	$1 \sim 2mm$
叶轮高度	h	$1/4d$	叶片厚	b	按强度计算
挡水口卷	ϕ_2	$7/10d$	叶轮外缘高	h_1	$h + 2b$
导轮外径	ϕ_3	$1\frac{1}{2}d$	导轮外缘高	h_2	$h_1 + 2b$

为了保证发酵罐能有足够的吸气量，搅拌器的转速应比一般通用式发酵罐要高，当然功率消耗也就大，一般应维持在 $3.5kW/m^3$ 左右。虽然自吸式发酵罐消耗功率较大，但无菌空气不须经过预处理，因此，总的动力消耗还是较为经济的，一般只为通用式发酵罐搅拌功率和压缩空气动力消耗之和的 2/3 左右。由于罐内外压差较小，因此，自吸式发酵罐的罐压不能维持太高，一般在 $200 \sim 500mmH_2O$，搅拌器上方的液柱压力也不能过高，一般取 $H_L/D = 1.6$ 左右，选用罐的容积也不宜过大。为了减少吸气的阻力，应选用过滤面积大，压力降小的空气过滤器。

视镜

入孔

梯子

冷却排管

空气进口

拉杆

轴封

温度计

导轮

搅拌轴

取样口

叶轮

电机

机械轴封

放料管

轴承座

皮带

(a) 罐体

导轮

α

δ

ϕ_2 ϕ_1 ϕ_3

d

叶轮

l

R

(b) 三棱叶轮和导轮

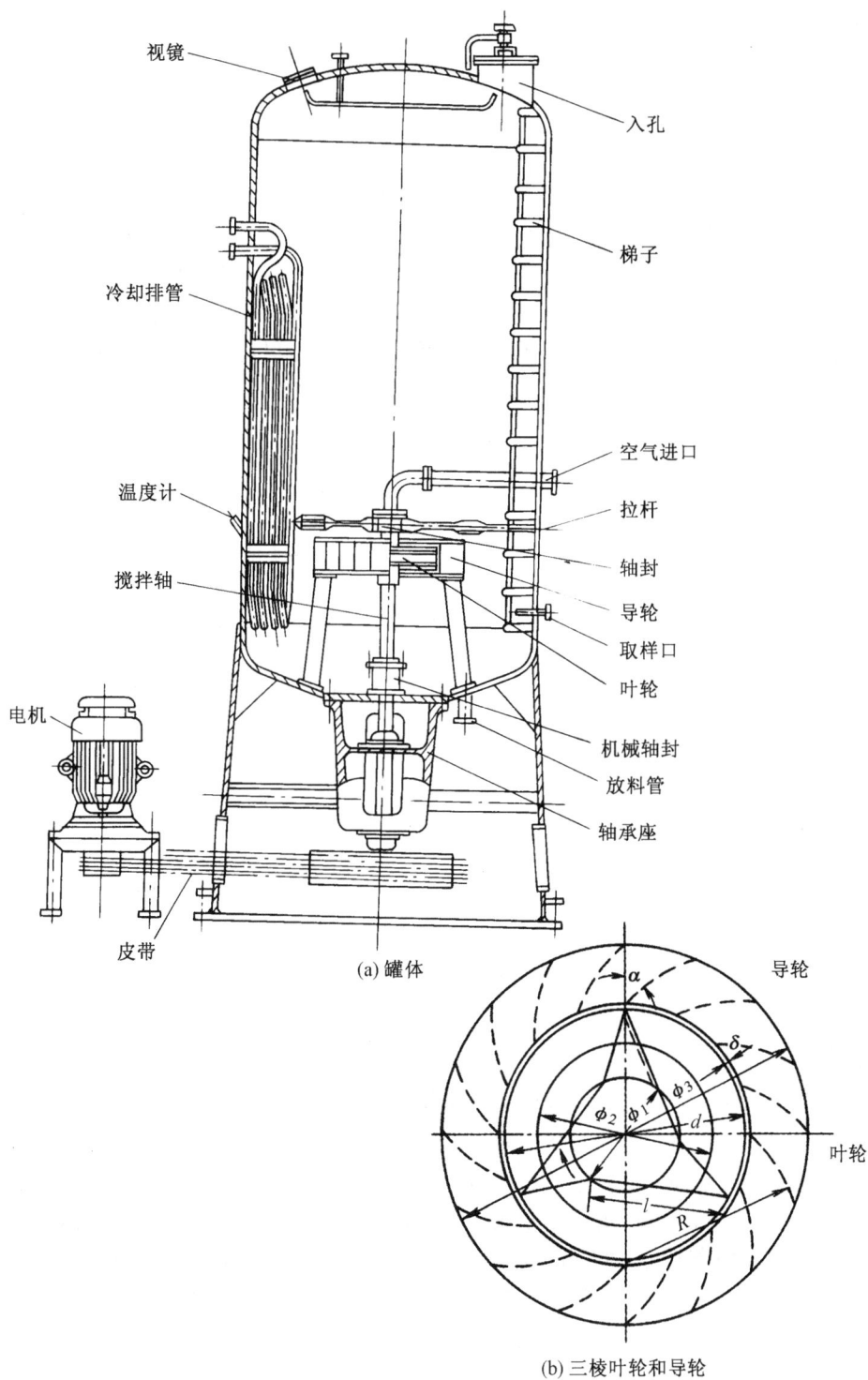

图 4 – 14 自吸式发酵罐

自吸式发酵罐的最大缺点是进罐空气处于负压，因而增加了染菌的机会。其次是发酵罐的搅拌转速很高，有可能使菌丝体被搅拌器切断，使正常生长受到影响。所以在抗生素生产中选用此罐型时要慎重考虑。但在食醋和酵母培养等方面已有成功使用的实例。

（二）气升环流式发酵罐

气升环流式发酵罐根据环流管的安装位置又可分为内环流式与外环流式两种，见图4－15所示。在环流管底部安装有气体喷嘴，空气在喷嘴口以250m/s的高速度喷入环流管中，由于高速喷射的作用会产生细小的气泡并快速分散到液体中去，氧得到充分的溶解。由于环流管内气－液混合后使密度变小，利用与发酵罐主体中液体密度之间的差，就会产生环流管内外的连续循环流动。循环流动的结果会使罐内培养基的溶解氧由于微生物的代谢而逐渐减少，当其通过环流管时，气－液再次接触使溶解氧得到补充。

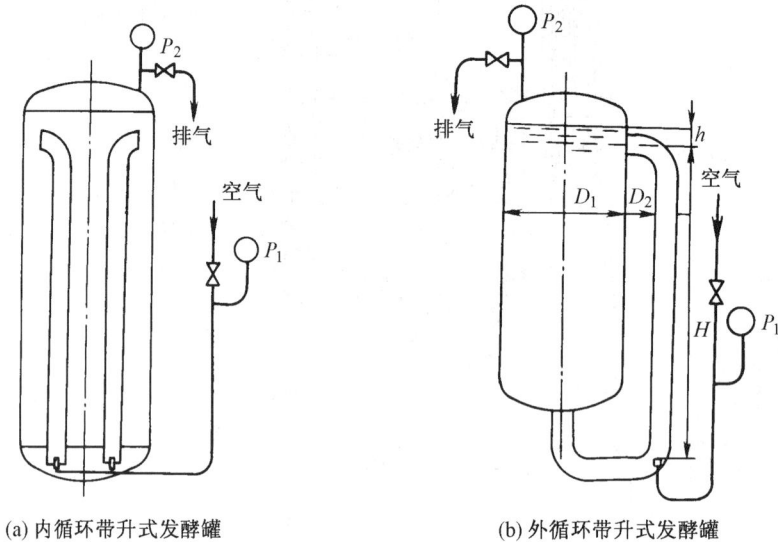

(a) 内循环带升式发酵罐　　　　　　(b) 外循环带升式发酵罐

图4－15　气升环流式发酵罐

为了使环流管内气泡在上升时进一步破碎分散增加氧的传递速率，近年来在环流管内安装静态混合元件，取得了较好的效果。

气升式发酵罐在设计时，发酵液必须维持一定的环流速度才能不断补充氧，使发酵液保持一定的溶解氧浓度来适应微生物生命活动的需要。发酵液在环流管内循环一次所需要的时间，称为循环周期。培养不同微生物时，由于其耗氧速率不同，所需要的循环周期也有所不同。如果供氧速率跟不上，就会使微生物的活力下降而减少发酵的产率。据报道，黑曲霉发酵生产糖化酶时，当微生物浓度为7%时，循环周期要求2.5～3.5min。如果大于4min，糖化酶会因缺氧导致活力急剧下降。因此，在选用此设备时，首先要通过小试考察合理的循环周期。

在设计环流管底部喷嘴时，要考虑环流管内气泡要达到分裂细碎，使气－液混合达到良好的效果，因此空气自喷嘴出口的雷诺数要大于液体流经喷嘴处雷诺数。

环流管高度对环流效果有很大的影响，实验表明环流管高度应大于4m，罐内的液体要高出环流管的出口，否则环流效果明显下降。但过高的液面会产生"液体循环短路"现象，使罐内溶解氧分布不均匀，一般罐内液面高度不应高出循环管出口1.5m。

气升式发酵罐不设置机械搅拌装置，因此，总的能耗可节省30%~50%。罐内液体剪切力小，使其可以用于动、植物细胞的培养。由于没有机械搅拌密封，不仅简化了设备结构，同时还减少了染菌的机会。实践证明氧的传递效果也优于带搅拌的各种发酵罐。

由于设备简单，该类型发酵罐在生产规模较大的单细胞蛋白和好氧微生物的废水处理中都得到广泛的应用。气升式发酵罐不适于高黏度或含大量固体的培养液。

（三）高位塔式发酵罐

这是一种类似于塔式反应器的发酵罐见图4-16，其高径比 H/D 值约为7左右，罐内装有若干块筛板，压缩空气由罐底导入，经过筛板鼓泡逐渐上升，气泡上升的过程中带动发酵液同时上升，上升后的发酵液又通过筛板上有液封作用的降液管下降而形成循环。这种发酵罐的特点是省去了机械搅拌装置，有节约能源减少污染的优点。如果培养液浓度适当，操作得当，在不增加空气流量的情况下，基本上可达到通用式发酵罐的效果。

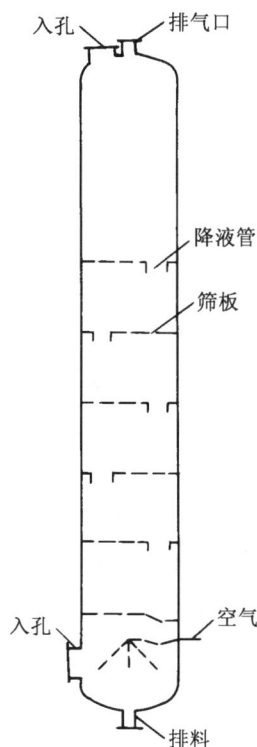

图4-16 高位筛板式发酵罐　　　　图4-17 装有提升筒的大规模
　　　　　　　　　　　　　　　　　　高位筛板发酵罐

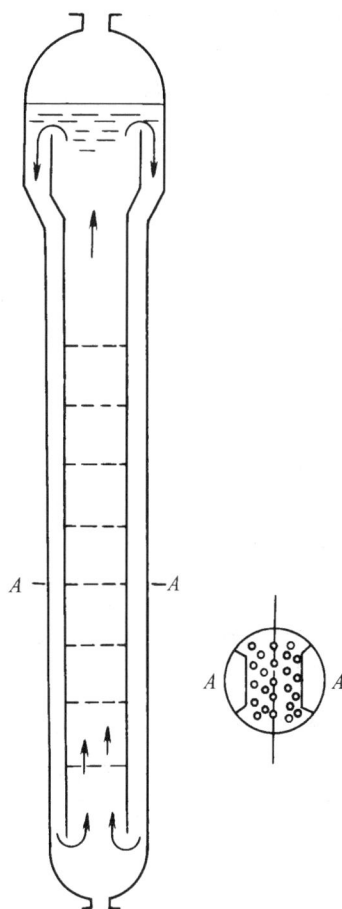

国内工厂有用容积为 40m³ 的高位塔式发酵罐生产抗生素，设备的直径为 2m。总高为 14m，共装有 6 块筛板，筛板间距为 1.5m，最下面的一块筛板有 10mm 直径的小孔 2000 个，上面 5 块筛板各有 10mm 直径的小孔 6300 个，每块筛板上都装有直径为 450mm 的降液管，在降液管下端的水平面与筛板之间的空间是气 – 液混合区。由于筛板对气泡的阻挡作用，再加上液柱高度比普通发酵罐大的多，可使空气在罐内停留较长的时间；此外在筛板上大气泡被重新破碎分散，代替了搅拌，进一步提高氧的利用率。这种发酵罐结构简单，无机械搅拌装置，使造价大大下降，仅为通用式发酵罐的 1/3 左右，操作费用也相应降低。

高位筛板式发酵罐因液层深度大，罐底部液柱静压头较大，与普通发酵罐相比，要求压缩机应有较大的出口压力。又因罐体很高，给操作带来不便，单独为其建造厂房又不经济，因此，一般将其置于室外，配备必要的自控装置进行操作。

国外已开始使用高位筛板发酵罐大规模生产单细胞蛋白质，见图 4 – 17 所示，该罐直径 7m，筒身部分高度 60m，扩大段高度 10m，罐中央设有一个提升筒，筒内装有 9 块筛板，发酵罐的容积为 2500m³，装液量为 1500m³，通气比为 1:1。

在模型罐内实验结果表明，提升筒的截面积与环隙面积之比为 1:6 效果较好；当筛板的孔径取 2mm 时，筛板的开孔率为 20% 时，可达到最佳的通气效果。

第二节 动物细胞生物反应器

早在上世纪初，已有人开始研究动物细胞的离体培养，使蝌蚪的神经组织在体外培养成功。随着生物技术的高速发展，动物细胞培养在动物病毒的研究及疫苗的生产发挥了很大的作用。通过对动物细胞的大规模培养，可以得到疫苗、诊断试剂、单克隆抗体、酶等贵重药品和生物制品。因此，许多科研机构和企业对动物细胞反应器进行了大量地研究，使动物细胞培养技术早已从实验室规模过度到生产规模。

动物细胞和植物细胞培养与微生物培养有很大区别见表 4 – 3。首先是动物细胞没有细胞壁，比较娇嫩，对剪切作用十分敏感，甚至承受不了通气鼓泡造成的剪切作用。因此，在动物细胞反应器中的气液混合装置，例如搅拌装置，就要求要十分缓和。其次是动物细胞对培养基的营养要求比微生物更为苛刻，而且对环境条件也相当敏感，如对培养液的温度、pH、溶氧浓度等都比微生物培养要求严格得多。故此传统的微生物发酵罐不能适用于动物细胞的大量培养，因而对动物细胞培养的反应器的设计和控制系统提出了特殊的要求。由此也促进了新型细胞生物反应器的研究和开发。

表 4 – 3　微生物与动植物细胞的比较

	微生物细胞	哺乳动物细胞	植物细胞
大小（直径）	$1\mu m \sim 10\mu m$	$10\mu m \sim 100\mu m$	$10\mu m \sim 100\mu m$
在液体中的生长	悬浮生长，有时聚集成团	有些可悬浮生长，多数依赖表面	可悬浮生长，常聚集成团
培养要求	简单	极复杂	复杂
生长速率	一般较快，倍增时间 0.5~5h	慢，倍增时间 15~100h	慢，倍增时间 24~74h

续表

	微生物细胞	哺乳动物细胞	植物细胞
代谢控制	内部控制	内部控制，激素控制	内部控制，激素控制
对环境的敏感性	一般耐受范围较大	对环境极为敏感	耐受范围较大
细胞分化	无	有	有
对剪切的敏感性	低	极高	高

按照动物细胞在培养时的特性可分为两类：一类是可像微生物一样悬浮培养，为非贴壁依赖型，其主要是血浆、淋巴组织或肿瘤细胞等；另一类是只能在固体或半固体表面生长，形成单层细胞，为贴壁依赖型，多数哺乳动物细胞属于这一类。

自 20 世纪 70 年代以来，用于动植物细胞培养的反应器研究有了很大发展，种类越来越多，规模越来越大。其种类大致有填充床增殖器、多板增殖器、螺旋膜增殖器、陶质矩形通道蜂窝状增殖器、流化床反应器、三相流化床反应器、气泡床反应器、中空纤维管式反应器、搅拌槽式反应器、空气提升式反应器等。其中搅拌槽式反应器与传统的搅拌器形式有很大的变化，大致有旋桨式搅拌器、棒状搅拌器、帆船形搅拌器、往复振动锥孔筛板搅拌器、笼式通气搅拌器等。由于动植物细胞培养难度大，多数设备结构复杂，一般生产规模比较小，因此，设备容积相比微生物发酵要小得多，例如在微生物发酵用 1000L 罐只是中试规模，但对动植物细胞培养而言可谓大型设备了，但因其有更大的附加值，因此，产量虽小，经济效益仍可观。

动物细胞生物反应器的种类通常可按操作方式（分批操作和连续操作），存在的相态（均相非均相）或流动形态和相接触方式来加以划分。本节主要定性的介绍几种已经应用并具有应用前景的生物反应器。对于动、植物培养这个现代生物技术，不断开发新型反应器以适应生产的需要始终是一项重要的研究任务。

一、气升式细胞培养生物反应器

空气提升式（常简称为气升式）生物反应器，其构造和工作原理在前面作为其他类型发酵罐已经作了介绍。该类反应器开发于 1956 年，最初用于大型化生产单细胞蛋白，后来发现可用于动植物细胞培养，特别是用于生产次级代谢产物的分泌型细胞等收到良好的效果。杂交瘤细胞能在气升式反应器中进行培养，也能在搅拌槽式反应器中培养，但是在生产中采用气升式反应器有以下优点。首先，它的结构简单，避免了使用轴封而造成的微生物污染。此外，气升式反应器传质性能好，尤其是氧的传递速率高，更主要的是气升式反应器产生的湍流温和且均匀，剪切力相当小，对细胞破坏作用小；而且液体循环量大，使细胞和营养成分能均匀分布在培养基中。由于气升式反应器具有上述优点，因此，已广泛应用于大规模细胞培养。

空气提升式生物反应器用于动物细胞培养一般采用内循环式，但也有采用外循环式。两者比较见表 4-4。

表 4 – 4   内 – 外循环空气提升式生物反应器比较

参数	外循环式	内循环式
传质系数（K_La）	较低	较高
总持气量	较低	较高
升液管持气量	较低	较高
降液管持气量	较低	较高
循环时间	较低	较高
流体湍流程度	较高	较低
传热系数	较高	较低

（一）反应器的操作

采用空气提升式反应器在培养杂交瘤细胞生产单克隆抗体早已得到成功，开始从 10L 规模，接着放大到 100L 和 200L 规模，以后又放大到 1000L、2000L、10000L。逐级放大的基本方法没有变，主要问题是控制通气速率和混合性能，以保证细胞、溶解氧和培养物质的均匀分布。培养工艺是采用阶段式系统，先在 10L 反应器中培养 2～3 天，在逐级转移到 100L 和 1000L 反应器。阶段式培养系统的优点是能使细胞优化生长，从 10L 到 1000L 培养，共需 17 天，可生产单克隆抗体 100g。

迄今为止，容积为 5L、10L、30L、100L、1000L、10000L 的气升式反应器已设计成功，国外多家专业工程公司有定型产品出售。

气升式反应器的空气进入采用环形管气体喷射器，孔的设计要保证在规定的空气流量下使气泡直径达到要求的范围之内。空气流量一般控制在 $0.01～0.06VVM$，反应器的高径比一般为 3:1～12:1。（图 4 – 18）是生产过程的流程图。用 1L 的转瓶培养接种到 10L 罐，当细胞浓度达到 $10^6/ml$ 时，接种到 100L 罐中，为 1000L 罐准备种子。

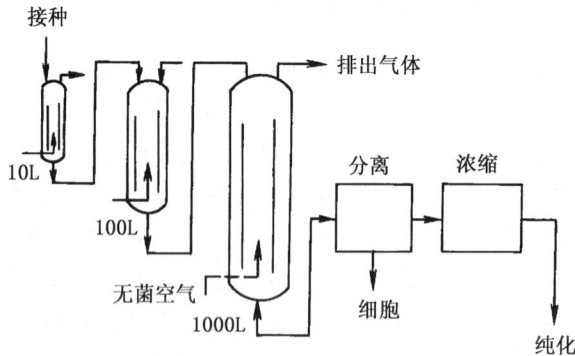

图 4 – 18   1000L 动物细胞培养流程

（二）无菌控制

动物细胞培养，培养基成分复杂，培养周期长，间歇操作 1～2 周，连续操作可达数月，因此，特别容易污染。所以，如何保证过程无菌非常重要。

生产中的反应器应是不锈钢材质制造，使用一定压力的蒸汽就地灭菌。管道尽量采用焊接，必要时可配备密封性能好的阀门和泵。灭菌前反应器要就地清洗，进行彻底的清洗既可防止化学污染又可防止沉积物的积累造成灭菌不彻底。通过清洗还能防止不同培养基引起的交叉污染。一旦灭菌完毕，罐体要严格保持无菌。气体要过滤除菌后再喷入反应器中。气体排放一定要经过处理后，再通过过滤器排放。培养基经除菌过滤后，进入灭菌好的培养设备中，各电极趋于稳定，校正 pH 值、溶氧和温度电极并调整培养液至最佳细胞生长状态。只要严格遵守操作规程，就可保证过程无菌。

（三）过程控制及自动化

细胞在生长及产物的形成的过程中要依赖于其所处的生理化学环境，如 pH、溶氧、温度和合适的培养液成分及浓度。良好的检测和控制系统可提供使过程在优化条件下进行。

在气升式反应器中，溶氧的控制可通过自动调节进入空气、纯氧、氮气的流量来实现。pH 可通过在空气中加入二氧化碳或采用加入氢氧化钠来控制。温度控制采用夹套循环水根据需要进行加热或冷却。在满足细胞所需要溶氧供应的通气量下，一般不会产生泡沫，如果需要可采用特定的消沫剂进行控制。通过无菌取样，可以通过计数细胞来对细胞生长直接进行监测，也可通过测定氧的消耗量等方法对细胞生长进行间接测定。

为了使培养环境稳定，目前出售的定型设备都已配备过程自动化控制设备，如阀门、输料泵等都可采用微处理机进行操作。

总之，气升式反应器通过过程优化后，比传统的培养瓶和滚瓶培养，都有很大的优越性。以抗体为例，产量平均可提高 4.6 倍见表 4 - 5。因此，目前多数科研单位和生产厂家一般首选气升式反应器。实践证明，有时采用固定化和包埋系统并不比优化的悬浮培养显出更大的优越性。

表 4 - 5　气升式培养罐和传统培养方法的抗体产生率比较

细胞系	抗体类型	培养瓶，g/L	滚瓶，g/L	气升式[①]，g/L	气升式/传统式
1	IgG	14	20	86	5.1
2	IgM	70	127	295	3.0
3	IgG	9	10	73	7.7
4	IgG	28	30	100	3.4
5	IgG	60	76	260	3.8
6	IgM	20	25	112	5.0
7	IgG	30	38	200	5.9
8	IgG	120	100	350	3.2
					平均 4.6

① 细胞系 1~4 为 1000L 规模，细胞系 5~8 为 100L 规模。

二、中空纤维管生物反应器

中空纤维管生物反应器是膜式反应器中有代表性的一种，用途较为广泛，即可培养悬浮生长的细胞，又可培养贴壁依赖性细胞，细胞密度可高达 $10^9/ml$ 数量级。如能控制系统不受污染，则能长期运转。这种反应器已用于多种细胞培养和生产分泌产物。

由于滚瓶的表面积与容积之比只有 0.3 左右，因而滚瓶培养的生产能力很低；而且又是手工操作，劳动强度大。基于以上不足，开发出中空纤维管培养装置见图 4 – 19。该装置是由多根中空纤维管组成，每根中空纤维管的内径为 $200\mu m$，壁厚为 $50 \sim 75\mu m$，中空纤维管的管壁是半透性多孔膜，氧与二氧化碳等小分子可以自由地透过膜双向扩散，而大分子的有机物则不能透过。动物细胞贴附在中空纤维管的外壁上生长，可很方便地获得营养物质和溶解氧。由于该装置内可有成千根的中空纤维管，故其生长表面积与容积之比可达 40 余倍。其溶氧传递速率也比悬浮培养高三倍，为大规模动物细胞培养创造了条件。

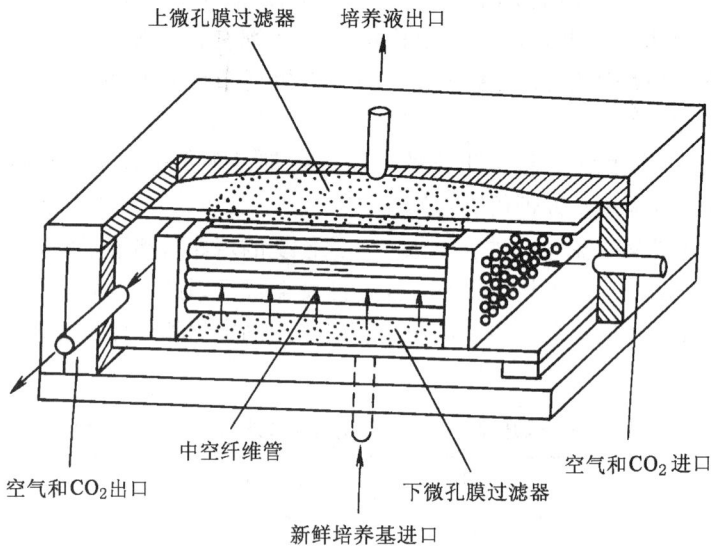

图 4 – 19　中空纤维管培养器

如前所述，动物细胞培养时间要比一般微生物培养时间长的多，其灭菌要求也更严格，这点对中空纤维管培养器而言更为重要。因为如果该装置因操作不当而污染杂菌，将导致整个装置因无法灭菌再生而报废，这是中空纤维管培养器的最大缺点。

三、通气搅拌生物反应器

各种搅拌槽式生物反应器的主要区别在于搅拌器的结构不同。根据动物细胞培养的特点，要求搅拌器转动时产生的剪切力要小，混合性能还要好，围绕这两项要求，已开发了不少型式的搅拌器。

图 4 – 20 是一种用于动物细胞微载体悬浮培养反应器。反应器内有一个旋转圆筒，

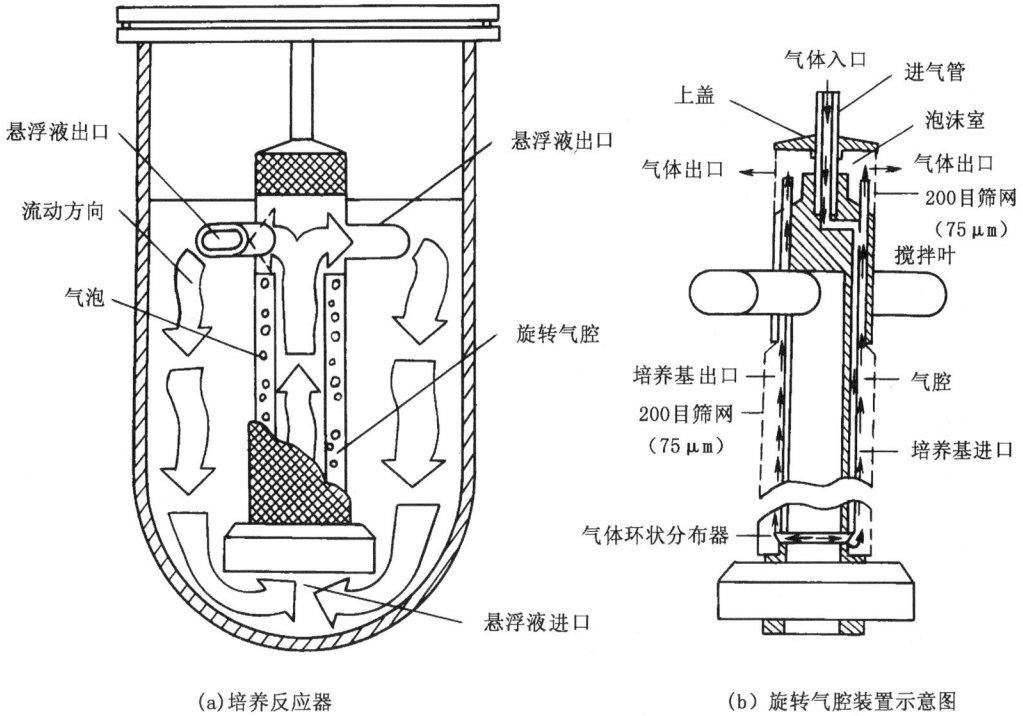

(a)培养反应器

(b)旋转气腔装置示意图

图4-20 气腔式动物细胞培养反应器

在圆筒的上部有 3~5 个中空的导向搅拌桨叶，在圆筒外壁上用 $75\mu m$ 不锈钢丝制成 200目的一个环状气腔，气腔下面设有一圈气体分布器。反应器运转时，圆筒由轴联动一起以小于 50r/min 的转速旋转，培养液由于中空导向桨叶的搅拌作用，液体与微载体的悬浮液会由圆筒下部吸入，从中空导向桨叶流出，形成循环流动。在气腔内气体由分布管鼓泡进入，可溶解的气体溶解于液体中，依靠气腔丝网外的循环流及扩散作用，使溶于液体的气体能均匀地分布在反应器内。用 200 目丝网的作用是保证载体不能进入到气腔中，而气泡也不能流入到培养悬浮液中，避免了气泡直接与动物细胞接触。

该反应器还带一个进入气腔的混合气体（氧、氮、二氧化碳、和空气）调节系统，用来自动控制溶氧和 pH。该反应器操作方便，转速可调控。这类反应器的容积有 1.5L、2.5L、5L 至 15L、30L、1000L等。

另一种结构比较简单的带机械搅拌的气腔动物细胞反应器见图 4-21 所示。其外壳是一个圆锥形筒体，锥体内装有一个可旋转的塑料丝网腔，在腔的

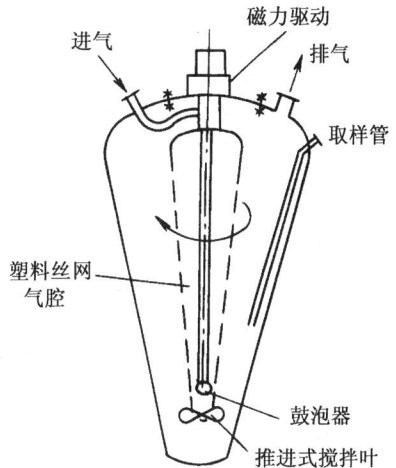

图4-21 锥形动物细胞培养反应器

尖端带有一个螺旋桨搅拌器，靠螺旋桨的推动作用，使培养液得到循环流动，同时也使
微载体悬浮于培养液中。在塑料丝网气腔内，有一气体鼓泡管，同样也有4种气体通过
配比调节来调节培养液的 pH 和溶氧浓度，满足动物细胞生长所需要的条件。这样的反
应器可在5L 开始进行流加培养直到培养液体积达 150L。

四、流化床生物反应器

流化床生物反应器的基本原理是支持
细胞生长的微粒呈流化状态，这种微粒的
直径为 $500\mu m$ 左右，具有像海绵一样的多
孔性，可由胶原制备，再用无毒性物质增
加其密度达到 $1600kg/m^3$ 或更高些，目的
是使它能在向上流动的培养液中呈流态
化。细胞接种于这种微粒之中，通过反应
器中垂直向上循环流动的培养液使之成为
流化床，并不断供给细胞必要的营养成
分，使细胞得以在微粒中生长。同时，新
鲜的培养液不断加入，培养产物或代谢产
物不断排除。图4－22 为生产中应用的流
化床示意图。这种反应器的传质性能很
好，而且在循环系统中采用了膜气体交换
器，能快速提供高密度细胞所需要的氧，
同时又可及时排除代谢产物和二氧化碳。
反应器中的流体流速应是能足以使微粒悬
浮，又不会损坏脆弱的细胞为宜。因此，
反应器应满足如下要求：

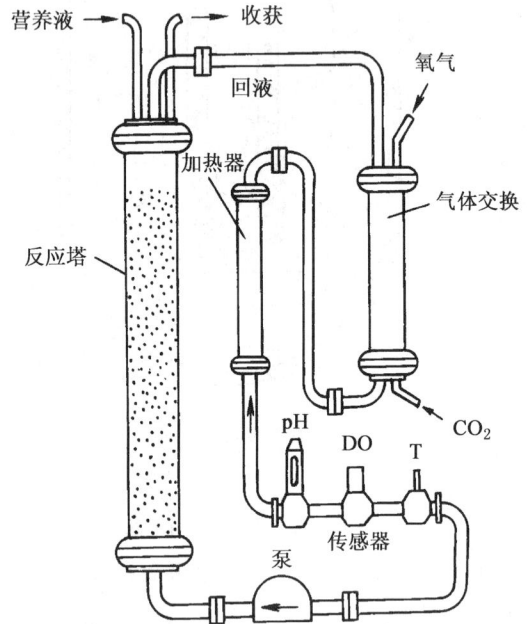

图4－22 流化床反应器

（1）培养的细胞密度要高；

（2）使高产细胞长时间停留在反应器中；

（3）优化细胞生长与产物合成的环境。

利用流化床反应器既可培养贴壁依赖性细胞，也可培养非贴壁依赖性细胞，达到的
细胞密度与其他方法比较见表4－6：

表4－6 流化床反应器培养与其他方法的比较

培养类型	细胞类型	细胞密度，cells/ml
流化床	杂交瘤	0.3×10^8
流化床	贴壁依赖性	1.3×10^8
恒化器	杂交瘤	2×10^6
微载体搅拌釜	贴壁依赖性	$0.2 \times 10^7 \sim 2 \times 10^7$

此外，流化床反应器放大也比较容易，放大效应小，从 0.5L 放大到 10L 培养同种细胞生产单克隆抗体，发现单位体积生产量基本一致。生产上采用流化床反应器的床层高度为 2m 左右，反应器放大可采用增加面积的方法，最大可达 1000L 规模（直径为 0.8m 左右）。

五、细胞培养灌注系统

当高密度培养动物细胞时，必须确保补给细胞足够的营养，同时还要及时排除有毒的代谢产物。在分批培养中，可以采用取出部分培养液和加入新鲜培养液的方法来实现。这种分批部分换液方法的缺点是：当细胞浓度达到一定量时，废代谢物的浓度可能在换液前就已达到了产生抑制作用的浓度。一种有效的方法就是用新鲜的培养液进行连续灌注。通过调节灌注速度，可以把培养过程维持废代谢物处于抑制水平状态以下。灌注系统的示意图见图 4 – 23 所示。一般在分批培养中，细胞密度为 $2 \times 10^6 \sim 4 \times 10^6$ 个/ml，在灌注系统中可达 $2 \times 10^7 \sim 5 \times 10^7$ 个/ml。灌注技术目前已经应用于许多不同的培养系统中，规模已达到几十升到几百升。

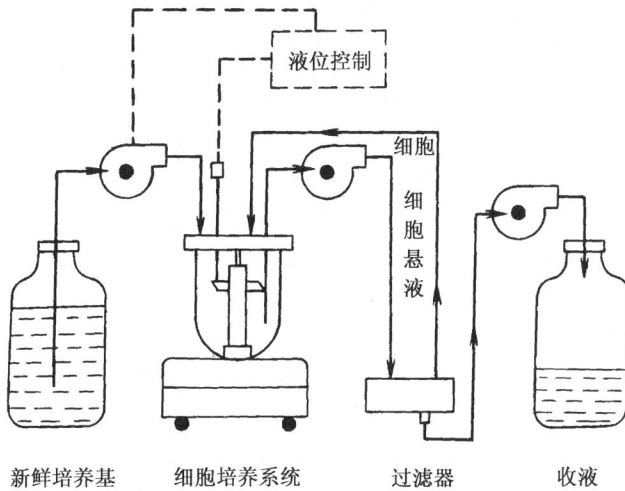

图 4 – 23　细胞培养灌注系统

图 4 – 23 所示的灌注系统通常是由反应器与一个新鲜的培养液贮罐、一个培养液上清液贮罐、三台蠕动泵和一个分离器组成。在微载体培养系统中，分离器常为一个特别的澄清器，微载体在澄清器中由于密度差而沉降分离后，再返回反应器内；上清液由蠕动泵输送入上清液贮罐。在杂交瘤等悬浮培养系统中，分离器常用一个中空纤维管分离器。由中空纤维管滤出的培养上清液由蠕动泵输入贮罐内，经处理的培养液及细胞悬浮液由另一台蠕动泵送回反应器内，完成整个操作。

六、动物细胞对剪切作用的敏感性

前面介绍的几种动物细胞反应器，与普通反应器的区别主要在于：是否能在温和地通气和缓慢的搅拌条件下保证较高的供氧水平，其原因在于动物细胞没有坚固的细胞壁，只有一层细胞质膜，个体又比一般微生物大得多，因此，任何一种剪切力都会对动物细胞这层质膜产生很大的杀伤力，导致细胞的死亡。此外，大部分生物制品所用的动物细胞为贴壁生长细胞，即需要贴附在固体表面才能生长，这更容易受到湍流带来的剪切作用和机械碰撞造成的破坏。

在大规模动物细胞培养中，剪切力的构成主要来自于深层通气中气泡的破碎、机械搅拌引起的旋涡和机械剪力等。

（一）气泡对细胞的损伤

一个气泡内部的压力（实际是指压强）可用下式表示：

$$p = \frac{\sigma}{R} \tag{4 - 14}$$

式中，p——气泡内部压力，Pa；

σ——表面张力（30℃水是 7.1×10^{-2} N/m）；

R——气泡的半径，m。

若取气泡直径为 10^{-4} m（在普通发酵罐内气泡平均直径在此数量级内），则其半径为 5×10^{-5} m，代入上式，$p = 1.42 \times 10^3$ Pa，若气泡半径为 10^{-5} m 时，则压力会更大。当细胞接触到这种"爆炸物"，由此带来的剪切杀伤力是很大的。

在动物细胞培养中，加入较高浓度的血清和特定的非离子型的表面活性剂可防止或减少上述的剪切作用，其原理是加入的血清和表面活性剂可在液相界面上形成了一层高度稠密的界面结构，起到了保护细胞的作用。

在设计无泡通气结构的反应器时，一般采用聚丙稀或硅橡胶为原料制成的多孔管作为通气材料，可以有效地克服因气泡粉碎而引起的剪切损伤。在通气搅拌反应器及气升式反应器中添加具有保护细胞功能的保护剂也是细胞大规模培养研究的重要课题之一。

（二）机械搅拌和湍流旋涡对细胞的损伤

在培养过程中，反应器内氧的传递效果好坏，直接关系到反应器的生产能力。因为氧从气泡内传递到培养液中的细胞，需要克服若干个阻力，而氧是难溶气体，所以气泡周围的液膜阻力为整个传递过程中的控制部分。因此，采用机械搅拌加强液相的湍流应是十分有效的手段。研究在机械搅拌条件下液相湍流和桨叶带来的剪切力大小以及其对培养的影响，显得十分必要。研究结果表明，在微载体培养中，选用某种细胞实验发现，当桨叶产生剪切力大到一定程度时，生长速度会突然下降。

研究结果也表明，对细胞最容易造成伤害的还有液相中某些小的湍流旋涡，其大小及速度都会对细胞有影响。有人用旋涡长度来衡量或估算湍流旋涡对细胞的损伤作用。证明当旋涡长度范围低于 100μm 时，对细胞就有损伤作用。因此，在普通反应器中强烈的机械搅拌产生大小不等的旋涡，对微生物培养来说影响不大，但对动物细胞培养就会产生很大的伤害。

此外，湍流中微载体之间的碰撞，微载体与反应器内静止部件的相互碰撞产生的剪切力同样会对细胞产生损伤。以上诸因素在研究开发新型反应器时都应给予注意。

（三）剪切力的估算

以昆虫细胞培养为典型实例，选择气升式反应器，其最大的剪切力可用下式进行计算。

$$\tau = \frac{1}{2}w^2\rho_L K_w \qquad (4-15)$$

式中，τ——剪切力，Pa；

w——流体流速，m/s；

ρ_L——流体密度，kg/m^3；

K_w——阻力系数。

实验证明，对细胞可以产生损伤的临界剪切力为 $\tau_{cr}=5$Pa。若取液体密度 $\rho_L=1000$kg/m^3，阻力系数取最高值 $K_w=1.3$。则可得出最大允许流体流速接近 0.1m/s。

在气升式反应器中，气泡的喷射、上升、和破碎是三个产生剪切力的主要因素，其剪切力可根据牛顿黏性定律进行估算：

$$\tau = \mu\frac{\mathrm{d}w}{\mathrm{d}x} \qquad (4-16)$$

式中，μ——液体的黏度，Pa·s；

$\dfrac{\mathrm{d}w}{\mathrm{d}x}$——速度梯度，1/s。

在培养液中，一般有类似甲基纤维素一类物质时，其最大黏度可达 $\mu=50\times10^{-3}$ Pa·s，假设细胞一边流体的速度等于邻近气泡的速度，另一边的速度为零，气泡的速度取喷射口处速度，其值可用下式近似求得：

$$w_i = \frac{V}{\dfrac{\pi}{4}d_i^2} \qquad (4-17)$$

式中，w_i——喷射口气泡速度，m/s；

V——气体流量，m^3/s；

d_i——喷嘴口内径，m。

对喷嘴处产生的剪切力计算：取每个孔的气体流量 $V=10^{-3}$m^3/h，$d_i=1$mm，则 $w_i=0.35$m/s；对式 4-16 中的 dx 取细胞直径 18μm 代入，计算结果得喷嘴处的剪切力约为 10^{3}Pa。该值远超出细胞生长的临界剪切力（5Pa）。

对气泡上升产生的剪切力计算：气泡上升的速度大致为 0.25m/s 左右，同样计算得出剪切力为 700 Pa。这仍然高出临界值很多。

对气泡破碎产生的剪切力计算（实际气泡破碎过程是很复杂的）：简单分析其过程，可以得出，气泡在液体表面下，由于液膜的表面张力的作用会使液膜破碎，液体返回到液相主体中时；在这瞬间必然伴随产生一定的流体速度，若取该速度为 1.3m/s，该速度不算大，但由此速度产生的剪切力可高大 3.7×10^{3}Pa，是三个产生剪切力的最大值。

通过上面的计算结果可以看出，在通气的条件下培养细胞过程中，产生的剪切力远超过细胞所能承受的临界剪切力值。为什么仍然可用气升式生物反应器来培养动物细胞。其原因可作如下解释：所谓的临界剪切力是指细胞始终处于一个剪切力下会损伤的数值。在实际通气时，高的剪切力只能在瞬间对细胞起作用。由于细胞本身的伸缩性很大，足以在一定范围内忍受大多数短时间的剪切。由此也可得出细胞膜表面张力小有助提高细胞形状的伸缩性，为粗略估算细胞的表面张力，可用经典的拉普拉斯方程导出如下公式计算：

$$\tau_{cr} = 4\frac{\sigma_c}{d_c} \qquad\qquad (4-18)$$

上式取 $\tau_{cr} = 5\text{Pa}$，$d_c = 18\mu m$，求得 $\sigma = 2 \times 10^{-5}\text{N/m}$ 左右。比较 30℃的水 $\sigma = 7.1 \times 10^{-2}\text{N/m}$，其值确实很小。

通过以上讨论，对于通用式发酵罐，罐内除了气泡破碎和运动产生的剪切力外，还增加了强烈的机械搅拌产生的剪切力。为了分散气泡，搅拌器边缘的端速度最小值为 2m/s，对于 50m^3 的发酵罐其端速度可达 7m/s，产生的剪切力数值之大，对于动物细胞是绝对承受不了的。因此，开发新型生物反应器是科研工作者的一项重要工作。

第三节　植物细胞生物反应器

植物细胞培养实际从 20 世纪 30 年代已经开始形成为一种真正的培养技术，至今经历了数十年的发展历程，植物细胞培养技术已逐步完善。目前，通过植物细胞离体培养，可以获得贵重的物质。如生物碱、香精、甾体化合物、维生素及来源于植物的很多药品。植物细胞培养有培养不需种植整个植株，且不受天气和病虫害影响等优点。例如，紫草宁就是植物细胞通过大规模培养获得产品的典型实例。紫草宁既可以作为染料，又可药用，价值很高，但紫草生长需要 2~3 年，其紫草宁的浓度才达到 1%~2%，远不能满足需要。而通过大规模培养紫草宁只需要 3 周的时间，浓度可达 14%。在日本用 750L 植物细胞反应器生产紫草宁作为染料，据说可满足本国需要的 43%。

一、培养过程中植物细胞的特性

植物细胞比微生物细胞大得多，和动物细胞大小基本相同。区别于动物细胞培养不同的是它很少以单一细胞悬浮生长，通常是一团细胞的非均相集合体，细胞数一般在 2~200 之间，直径为 2mm 左右，其值主要取决于细胞的系的来源、培养基和培养时间。这种细胞团至少由两种方式产生。第一种，也是常见的一种，在细胞分裂之后没有进行细胞分离；第二种是在间歇培养中，细胞处于对数生长后期，开始分泌多糖和蛋白质或者以其他方式形成黏性表面，从而形成细胞团。由于细胞团的存在，当细胞密度高，黏性大时，就容易产生设备内混合和循环不良的现象，在选择设备时应给予注意。植物细胞另一值得注意的是结构形态的特性。植物细胞的纤维素细胞壁使得其外骨架相当脆，抗剪切能力比较弱。因此，传统的微生物反应器所常用的涡轮搅拌器产生的高剪切力对于有些植物细胞就容易破坏其细胞壁。

植物细胞培养基营养成分复杂而丰富，尽管对细菌不是很适应，但很适应真菌的生长，其生长速度比植物细胞快的多。因此，在植物细胞培养系统的准备及培养操作中，保持无菌很重要。此外，由于植物细胞生长速度慢，操作周期长，即使在间歇操作时也需要 2~3 周，在半连续或连续操作中可达 2~3 个月，这就要求所有设备如反应器、泵、电极、阀门、检测控制装置等都应具有良好的质量和高度的稳定性。

植物细胞的培养液一般黏度比较高,其黏度随细胞的增加而呈指数上升,呈非牛顿流体特性。所以流变学特性也是植物细胞培养领域中值得研究的一个重要内容。

所有植物细胞培养都是好氧性的。因此,在培养过程中需要连续不断的提供溶解氧。但是与微生物不同的是,它并不需要过高的气-液传质系数,而是要控制溶氧量,使其保持在较低的溶氧水平。植物细胞培养对氧的变化比较敏感,太高或太低均有影响。因此,大规模植物细胞培养对供氧和尾气氧的检测十分重要。大多数植物细胞培养要求 pH 在 5~7 之间,为保证此条件,若通气速率过高会驱除二氧化碳反会抑制细胞的生长。为了解决这个问题,可在进气中加入一定量的二氧化碳来缓解。

植物细胞培养过程中,产生泡沫的特性与微生物不同。其气泡比微生物系统要大的多,而且多覆盖有蛋白质等物质,气泡黏性大使细胞极易包埋在泡沫中,有被带出设备外的可能性。如果不采用化学或机械方法加以控制,就会给过程带来损失。

植物细胞培养过程中,表面黏附也是应注意的问题。由于细胞黏性很大,细胞往往会黏附于反应器的器壁上或电极和挡板的表面上。对于表面上黏附的细胞可用机械手段去除,但对黏附在电极的细胞,它往往会造成电极的损坏或检测不准确,解决这个问题的方法可在容器表面或电极表面涂上硅油,可起一定的作用。也有通过改变培养基中某些离子的成分取得成功的实例。

二、植物细胞培养设备

通过上面的论述,可以得出结论:从培养基要求的复杂性、对环境变化的敏感性、对剪切作用的耐受性等几方面来看,植物细胞培养要求应是介于微生物和动物细胞两者之间。也就是说,能够进行动物细胞培养的设备,就可以进行植物细胞的培养;不能用于动物细胞培养的设备也有可能用于植物细胞的培养。表 4-7 中例举了一些植物细胞培养反应器的实例说明了这一点。

表 4-7 大规模植物细胞培养反应器实例

容量,L	结构形式	材质	细胞来源
57	带有搅拌器的倒置三角瓶	玻璃	番薯属
5	带有搅拌器的圆底烧瓶	玻璃	欧亚碱
10	转瓶系统	玻璃	欧亚碱
10	普通微生物发酵罐	玻璃	海载
10	带有通气管道的气升式反应器	玻璃	海载
30	普通微生物发酵罐	不锈钢	黑麦草属
			蔷薇属
65	鼓泡柱反应器	玻璃	烟草
		不锈钢	烟草
100	气升环流式	玻璃	长春花
1500	鼓泡柱反应器	不锈钢	烟草
20000	通用式发酵罐	不锈钢	烟草

（一）机械搅拌反应器

从表中可以看出，对烟草的培养就可使用通用式发酵罐，且体积可达 20m^3，搅拌直径为罐体直径的 1/2，搅拌转速为 10～40r/min，其转速要比微生物发酵罐（20m^3 发酵罐转速一般为 200r/min）小得多，其原因是要求大幅度的减少剪切力。图 4－24 是带有机械搅拌的一连续培养烟草的装置，其生产能力可达 5.82kg 干细胞／（m^3·d）。总的看来，有机械搅拌的反应器剪切作用较大（即使在低的搅拌转速条件下），而鼓泡式反应器的混合性能较差，一般认为气升式反应器用于植物细胞培养会收到较好的效果。此外，也有用中空纤维管式反应器培养植物细胞的介绍。但要说明一点，没有一种设备可适用所有的植物细胞培养，要根据具体情况，选择合适的反应器。

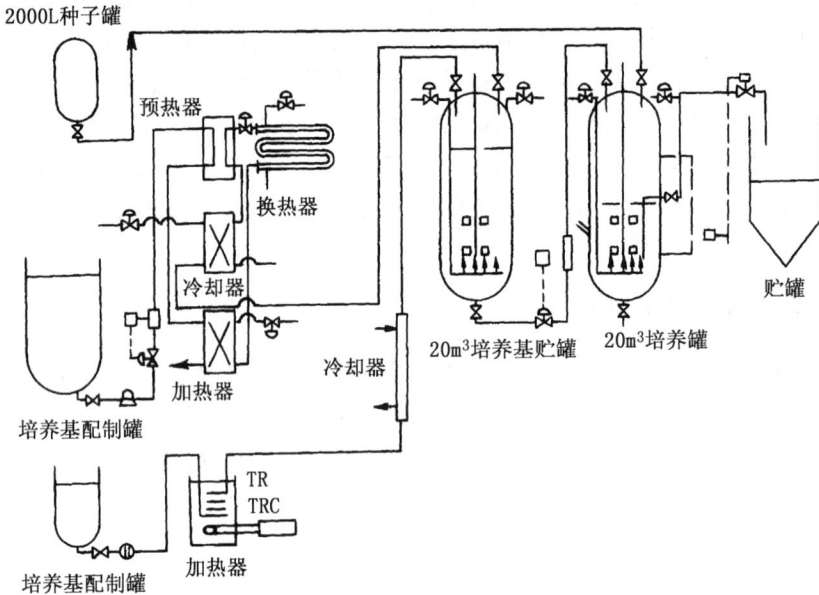

图 4－24 培养烟草细胞的装置

1. 植物细胞培养系统的建立

由于植物细胞生长缓慢，操作周期长，为了保持培养过程中始终无菌，反应器设计的原则应是越简单越好，反应器的进出口也越少越好。图 4－25 为一个简便的植物细胞培养系统，反应器是由一个玻璃筒体、底盘和顶盖构成。底盘中装有一个搅拌系统，搅拌与电机呈磁性耦联，其优点是不需要轴封，可有效的防止杂菌的侵入；缺点是此装置产生的驱动力小，当细胞量大或黏度高时容易打滑。培养罐中有两个电极，一个 pH 电极和一个溶氧电极，空气通过过滤系统除菌，培养基经过环形分布器后均匀分布。废气经过顶盖上的冷凝器后排除。

2. 植物细胞培养的操作

在培养之前，要检查底盘和顶盖的密封，各种电极、进出口管路是否合乎要求。培养罐要经过蒸汽灭菌，灭菌过程中要注意培养罐上几个出口管保持蒸汽畅通，灭菌后降温时要防止空气倒吸带进杂菌造成污染。

　　培养基要经过过滤除菌再加入培养罐中。然后将温度调至要求温度，校正所有电极。一切准备就绪后，便可接种细胞。对植物细胞培养，合适的接种率为 1:10。对于大规模的培养，如在 1000L 的培养系统，应注意种子罐从 1L、10L、100L 转移过程中，要始终保持每一步均应处于无菌的状态。整个过程大约需要一个月左右。一旦细胞接种后，就要密切注意各种操作参数的变化情况，如 pH、溶氧率、进出气体流量、培养体积、细胞生长、泡沫形成等参数，发现问题及时解决，如果是连续操作，还要注意培养液的稀释速率、泵的运转是否正常等。

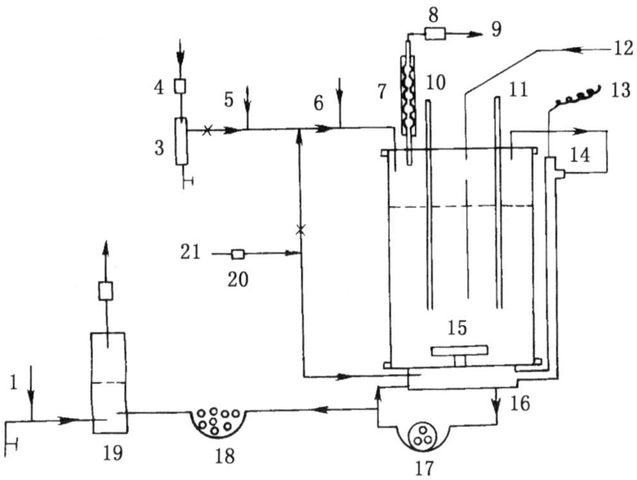

图 4-25　一种植物细胞培养系统示意图

1. 阀门；2. 纤维棉过滤器；3. 取样管；4. 纤维棉过滤器；5. 蒸馏水；
6. 接种管；7. 冷凝器；8. 过滤器；9. 空气出口；10. pH 电极；11. 氧电极；
12. 培养基进口；13. 泡沫控制；14. 液位电极；15. 搅拌桨；16. 循环管；
17. 泵；18. 泵；19. 培养基溢流池；20. 过滤器；21. 空气进口

（二）气升式反应器与鼓泡塔式反应器

　　在介绍其他类型发酵罐时，首次提到气升式反应器和高位筛板塔反应器（筛板上可对大气泡重新分散）。这两种反应器与带机械搅拌反应器比较，主要区别是属于气体搅拌反应器，一般长径比较大，流体静压强增加了反应器底部气泡的压力，压力增加可使氧的溶解度增加，提高了氧传递的推动力。至于体积传质系数 $K_L a$ 的大小与流体性质及流动状态有关（与反应器的几何形状有关）。在气体搅拌反应器中，单位体积具有的气-液表面积，即 a 值（气泡表面积之和），在体积传质系数 $K_L a$ 中占主要部分。而表面积是取决于气泡的大小和总气体的持有量（气体占有体积与反应器总体积的分率），气泡愈小，气体持有量愈大，a 值愈大。在使用气体搅拌反应器时，要注意两个问题。第一，小气泡如果在过高的设备内停留时间就会很长，就会出现气泡中的氧被全部耗尽，而产生不良后果。第二，气体搅拌的剪切力较机械搅拌小得多，有时混合效果比较差。当反应器中细胞浓度超过 25mg/L 时，混合问题就会变得相当重要。在 1500L 鼓泡塔中培养烟草细胞，就有因混合效果不佳而使细胞生长速率下降的实例。

气升式反应器在氧的传递和混合效果方面都优于鼓泡塔。采用外循环式气升式反应器，因为混合效果比鼓泡塔效果好，可使长春花细胞浓度高达 30mg/L。

总的来讲，由于气体搅拌反应器的结构简单，剪切力较小，因此，它比传统的机械搅拌反应器更适用植物细胞培养。特别是气升式反应器，不管是研究室还是生产车间都被广泛采用。

（三）填充床反应器

填充床反应器见图 4－26a，已用于植物细胞培养。反应器中，细胞可以位于支持物表面，也可包埋于支持物之中，培养液流经支持物颗粒时进行培养。当细胞固定于支持物时，可使填充床反应器单位体积能容纳大量的细胞，这是其优点。但是，填充床式固定化细胞反应器存在以下缺点，首先，因为混合效果较差，对必要的氧传递和二氧化碳的排除造成困难。同时也不利于对pH 和温度进行准确控制。其次，培养液流经填充床时所需要的压力与支持物颗粒的大小成反比。因此，采用不可压缩的大颗粒可降低能耗。但是，采用大颗粒时，细胞固定其中会降低传质速率（传质路径长），若固定于表面，则能容纳的细胞会大为减少。因此，在使用填充床反应器时，如何选择支持物的大小又是一个重要问题。

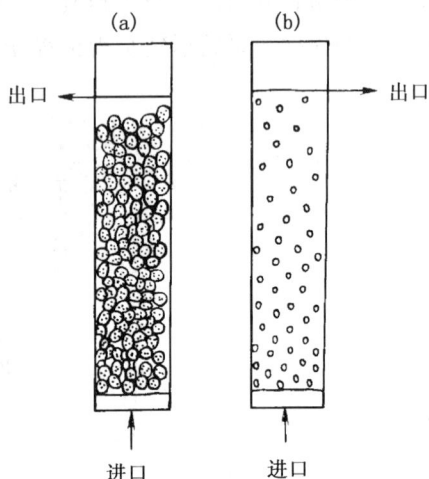

图 4－26 固定化细胞反应器
a. 填充床；b. 流化床

（四）流化床反应器

流化床反应器见图 4－26b，在动物细胞反应器中已提到它，它也可以用于植物细胞的培养。由于使颗粒呈流化状态所需的能量与颗粒大小成正比，因此，通常采用较小的固定化颗粒。这些小颗粒具有良好的传质性能是流化床反应器的主要优点。为了使基质转化为产物更完全，通常尽量使其在反应器中的停留更长时间。但过低的流速又不能使颗粒悬浮。为了解决这个矛盾，可采用大气量使固定化颗粒悬浮，而液体保持低流速进入。也可以用较高的液体流速通过流化床后，再返回流化床内，进行部分循环使用。

流化床反应器的最大缺点是剪切力和颗粒的碰撞都会损坏固定化细胞。

（五）膜反应器

利用开发大规模膜分离过程中获得的经验和技术，膜反应器（反应器中装有透析膜）已开始应用于植物细胞的培养及其他细胞的培养。实践证明利用膜反应器能获得高纯度和高浓度的产品。

由于膜的理化性质不同会影响膜反应器的操作，因此，膜的选择十分重要。膜的孔径大小即不能影响必要的基质和产物的扩散，又要使植物细胞截留在膜上。孔径为几十微米的膜能截留植物细胞，甚至可用不锈钢丝网来代替膜，该方法已被用于截留烟草细胞。为加速传质速率，通常采用薄的多孔膜。但是，膜的厚度要满足长时期使用中能保持机械稳定。膜的亲水性和疏水性也很重要，可以利用其性质不同，用于有选择性地传递培养液中营养物质。

一旦选定膜的种类，接下来便是确定反应器的结构。膜反应器可以采用压力驱动，但大多数膜反应器多设计成靠扩散来供给细胞营养物质。对于给定的膜形式和厚度，传质就与膜的表面积成正比。因此，应采用能提供大的比表面（膜表面积/反应器体积）的反应器。最常用的是中空纤维管反应器（作为动物细胞培养设备前面已提到），用中空纤维管壁作为膜，细胞可以在纤维管内，也可处于管外。由于植物细胞代谢不像微生物那样旺盛，因此可采用更厚的细胞层。膜的可重复使用性和膜的渗透选择性是膜反应器的优点，利用膜的选择性可以在反应器中分离产品。

研究人员用柠檬叶鸡眼藤细胞培养生产蒽醌，在摇瓶、带有机械搅拌的反应器和气升式反应器等几种不同反应器系统中进行实验比较，得出结论证实：气升式反应器有较高的生产率。这是因为该细胞培养过程中，可分为细胞生长和产物合成两个阶段。在碳源接近耗尽时，细胞达到最大值，这时产物形成阶段才刚开始。在后阶段由于细胞已衰老，变得对剪切力更为敏感，高的剪切力（机械搅拌）或溶解氧的限制（摇瓶溶解氧差），细胞就可能溶解，蒽醌产量必然降低。而气升式反应器低的剪切力和足够的供氧产生的综合效应，是蒽醌生产率提高主要的原因。通过此实例说明，在选择和设计生物反应器之前，必须利用遗传学知识和培养技术，研究细胞培养动力学，确定合理的操作工艺，才能提高细胞的生长和产物形成的能力。

随着培养技术的不断提高，新型设备的不断研制，势必会使植物细胞培养成为像微生物发酵那样被普遍得以应用的生物技术。

第四节 细胞生物反应器的搅拌功率

目前大规模生产使用的细胞生物反应器，绝大多数还是带有机械搅拌装置的用于微生物发酵的发酵罐。前面已经定性的讨论了搅拌功率的物理意义，可认为是动压头与翻动量的乘积。同时也分析了两者对相间的混合及气泡粉碎的影响。因为在发酵工业中，搅拌消耗的能量一般都比较大，因此，定量的确定生物反应器搅拌功率大小，是生物反应器设计的重要内容之一。

一、牛顿流体中的搅拌功率

服从牛顿黏性定律的流体称为牛顿流体。对于牛顿流体，剪切力与速度梯度（切变率）成正比：

$$\tau = \mu \frac{\mathrm{d}w}{\mathrm{d}x} = \mu \dot{\gamma} \tag{4-19}$$

式中，τ——剪切力，N/m^2 或 Pa；

$\frac{\mathrm{d}w}{\mathrm{d}x} = \dot{\gamma}$，速度梯度或切变率，$1/s$；

μ——黏度，$Pa \cdot s$。

　　若将剪切力对切变率进行标图，会得到一条通过原点的直线，其斜率为其黏度。因此，牛顿流体的黏度是可以通过实验测出的物理常数，其特点是黏度只与流体的种类和温度有关，与切变率大小无关。气体、低分子的液体或溶液是牛顿流体。通常发酵液呈非牛顿流体，只有少数如细菌和酵母的培养液呈牛顿流体的特性。

　　为定量的解决搅拌功率的计算，鲁士顿（Rushton）等人用因次分析方法对牛顿流体搅拌功率进行了大量的研究工作，证明搅拌功率的大小与搅拌转速、搅拌器的类型、大小、液体的密度和黏度有关，得到几个无因次数群之间的关系如下：

$$\frac{P}{n^3 d^5 \rho} = K \ (\frac{nd^2\rho}{\mu})^x \ (\frac{n^2 d}{g})^y \qquad (4-20)$$

式中，P——搅拌器的轴功率，W；

　　　　d——搅拌器直径，m；

　　　　n——搅拌器转速，1/s；

　　　　ρ——液体密度，kg/m^3；

　　　　μ——液体黏度，Pa·s；

　　　　g——重力加速度，m/s^2；

　　　　K——与搅拌器型式、罐体几何比例尺寸有关的常数。

　　三个无因次数群分别称为功率准数 N_P，雷诺准数 R_{eM} 和费鲁特准数 F_{rM}，各准数的物理意义分别为：

$$N_P = \frac{P}{n^3 d^5 \rho} = \frac{\frac{P}{nd}}{(nd)^2 d^2 \rho} = \frac{外力}{惯性力}$$

$$R_{eM} = \frac{nd^2 \rho}{\mu} = \frac{(nd)^2 d^2 \rho}{\mu \ (nd) \ d} = \frac{惯性力}{黏性力}$$

$$F_{rM} = \frac{n^2 d}{g} = \frac{(nd)^2 d^2 \rho}{\rho d^3 g} = \frac{惯性力}{重力}$$

因此，式 4 - 20 可写为

$$N_P = K \ (R_{eM})^x \ (F_{rM})^y$$

　　在全挡板条件下，液面的中心部不产生下降的旋涡，这时重力的影响可以忽略不计，即此时指数 $y = 0$，搅拌功率只与雷诺准数有关：

$$N_P = K \ (\frac{nd^2\rho}{\mu}) \ x \qquad (4-21)$$

　　图 4 - 27 是几种不同型式的单层搅拌器的功率准数与雷诺准数的关系，实验中发现当雷诺准数 $R_{eM} < 10$ 时，流体处于层流状态，此时 $x = -1$，N_P 与 R_{eM} 在双对数坐标中呈直线关系，斜率为 - 1。这时功率计算式为：

$$P = Kn^2 d^3 \mu \qquad (4-22)$$

　　搅拌功率与黏度成正比，而与密度无关。$R_{eM} > 10^4$ 时，流体呈湍流状态，此时 $x = 0$，N_P 不再随 R_{eM} 变化，成为一条水平线，这时

$$P = Kn^3 d^5 \rho \qquad (4-23)$$

　　搅拌功率与黏度无关，而与密度成正比。当 $10 < R_{eM} < 10^4$，流体处于过渡流状态。

上述现象与直管阻力计算中的摩擦阻力系数与雷诺准数之间的关系有相同之处。

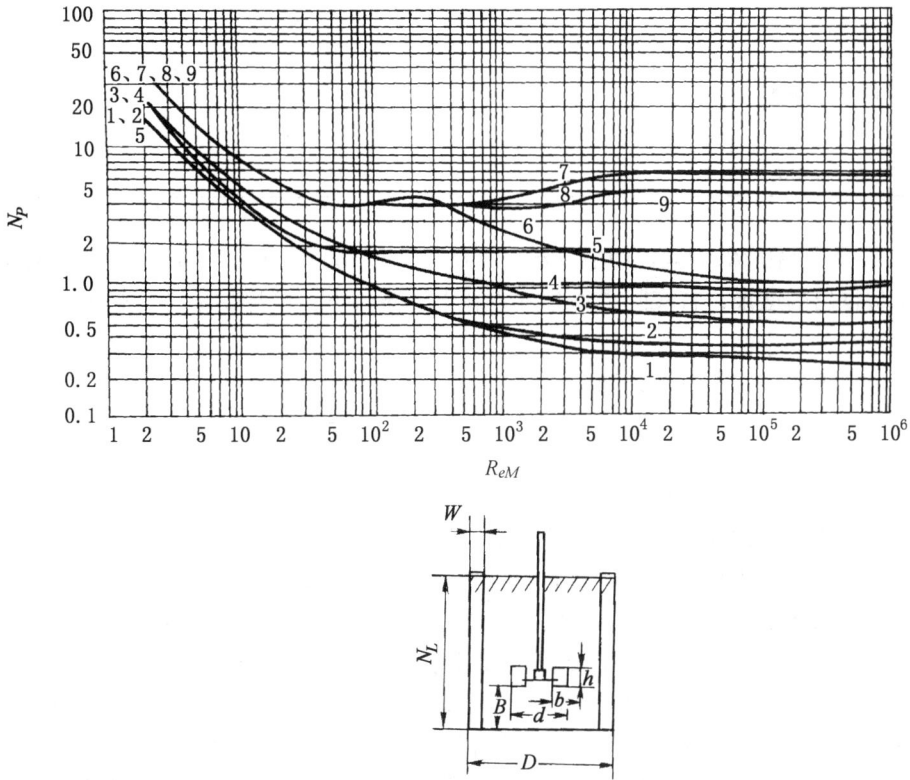

图 4-27 各种搅拌器的雷诺准数 R_{eM} 对应于功率准数 N_P 的关系

曲线编号	搅拌器型式	比例尺寸			挡板	
		D/d	H_L/d	B/d	n_0	W/D
1	螺旋桨，螺距 = d	3	3	1	无	
2	螺旋桨，螺距 = d	2.5~6	2~4	1	4	0.1
3	螺旋桨，螺距 = $2d$	3	3	1	无	
4	螺旋桨，螺距 = $2d$	2.5~6	2~4	1	4	0.1
5	平桨，$d/b = 5$	3	3	1	4	0.1
6	六平叶涡轮式	2~7	2~4	0.7~1.6	无	
7	六平叶涡轮式	2~7	2~4	0.7~1.6	4	0.1
8	六弯叶涡轮式	2~7	2~4	0.7~1.6	4	0.1
9	六箭叶涡轮式	2~7	2~4	0.7~1.6	4	0.1

一般情况下，发酵罐的搅拌功率大多数都在湍流状态下操作，对于常用的几种搅拌器的 K 值见表 4-8。

表 4-8　不同搅拌器的 K 值

搅拌器形式	K 值		搅拌器形式	K 值	
	滞流	湍流		滞流	湍流
六平叶涡轮搅拌器	71	6.3	六弯叶封闭式涡轮搅拌器	97.5	1.08
六弯叶涡轮搅拌器	71	4.8	三叶螺旋桨，螺距 $=2d$	43.5	1.0
六箭叶涡轮搅拌器	70	4.0			

图 4-27 是在 $H_L/D = 1$（$H_L/d = 3$），$D/d = 3$，$B/d = 1$，$D/W = 10$ 的比例尺寸下进行实验得出的结果，若实际操作条件不在上述条件下，搅拌功率 P^* 要进行校正：

$$P^* = f \cdot P \tag{4-24}$$

式中 f 为校正系数，可由下式确定：

$$f = \frac{1}{3}\sqrt{(D/d)^* \ (H_L/d)^*}$$

上式中带 $*$ 号表示实际搅拌比例情况。

上述介绍的各式都是指单层搅拌功率的计算方法。在发酵罐中为了有利于溶氧，通常 H_L/D 较大，往往在同一搅拌轴上安装多个搅拌器（称为多层搅拌或多挡搅拌）。多层搅拌消耗的功率通常不能等于单层搅拌消耗的功率与搅拌层数的乘积。只有在搅拌器层间距离足够大时，相当于各个搅拌器都处于单独存在的情况下，才会出现简单的乘积。在实际设计时，不能取两层搅拌间距太大，若间距过大，两层搅拌间的液体混合效果会下降。如果设计合理，通常是两层搅拌消耗的功率是一层的 1.4～1.5 倍；三层搅拌是单层的 2 倍左右。具体数值可用下式估算：

$$P_m = P \ (0.4 + 0.6m) \tag{4-25}$$

式中，P_m——多层搅拌功率，W；

　　　P——单层搅拌功率，W；

　　　m——搅拌器层数。

例题 4-1　在装有四块挡板，采用六弯叶涡轮搅拌器的发酵罐中，搅拌器的直径 $d = 1.2m$，罐体直径 $D = 3m$，液体深度等于罐径的 1.6 倍，黏度 $\mu = 0.0981Pa \cdot s$，密度 $\rho = 1030kg/m^3$，搅拌转速 $n = 90r/min$。试求搅拌消耗功率。

解：计算雷诺准数

$$R_{eM} = \frac{nd^2\rho}{\mu} = \frac{90 \times 1.2 \times 1030}{60 \times 0.0981} = 2.27 \times 10^4$$

搅拌处于湍流区，对于六弯叶涡轮搅拌器在湍流区时 $K = 4.8$，所以搅拌器轴功率为：

$$P = Kn^3 d^5 \rho = 4.8 \times \left(\frac{90}{60}\right)^3 \times 1.2^5 \times 1030 = 41\ 520W$$

$$(H_L/d)^* = \frac{1.6 \times 3}{1.2} = 4 \neq 3$$

$$(D/d)^* = \frac{3}{1.2} = 2.5 \neq 3$$

实际功率应乘以校正系数 f

$$f = \frac{1}{3}\sqrt{(D/d)^* \ (H_L/d)^*} = \frac{1}{3}\sqrt{2.5 \times 4} = 1.054$$

实际搅拌轴功率为

$$P^* = f \cdot P = 1.054 \times 41520 = 43762\text{W} = 43.8\text{kW}$$

二、牛顿流体通气情况下搅拌功率的计算

在培养液中通入空气后,搅拌功率会显著下降。主要原因是空气进入液体后会使液体的密度下降。一般情况下搅拌功率会下降到原来的 1/2 ~ 1/3。下降多少和通入空气的量大小有关。

（一）通气准数关联搅拌功率下降程度

为了估算通气条件下的搅拌功率,有人提出用通气准数来关联通气的影响。该准数的物理意义是反映反应器内空气的表观流速和搅拌叶的端速度之比。

$$N_a = \frac{Q_g/d^2}{nd} = \frac{Q_g}{nd^3} \qquad (4-26)$$

式中, N_a——通气准数;

Q_g——操作条件下通气量, m^3/s;

d——搅拌器直径, m;

n——搅拌器转速, $1/\text{s}$。

P_g 表示通气条件下搅拌功率, P 为不通气时的搅拌功率,两者有如下关系:

$$N_a < 0.035 \text{ 时} \qquad P_g/P = 1 - 12.6N_a \qquad (4-27)$$

$$N_a \geqslant 0.035 \text{ 时} \qquad P_g/P = 0.62 - 1.85N_a \qquad (4-28)$$

将准数 N_a 对 P_g/P 作图见 4-28,从图中可以看出,不同类型搅拌器所呈现的曲线形状不同,但大致的趋势都是小通气时,通气准数 N_a 对 P_g/P 的影响比较大;在大通气量时, N_a 对 P_g/P 的影响比较小甚至无影响;说明用通气准数关联的计算式用于计算通气后的搅拌功率是有条件限制的。图中可以看出 P_g/P 多在 0.3~0.5 之间。

（二）密式公式计算

Michel（密式）等人在不同的通气搅拌罐中,使用多种液体研究了通气条件下搅拌功率的规律。当密度为 800 ~ 1600kg/m^3,黏度为 9×10^{-4} ~ $0.1\text{Pa} \cdot \text{s}$,表面张力为 0.027 ~ 0.072$\text{N/m}$ 时,归纳出如下经验式:

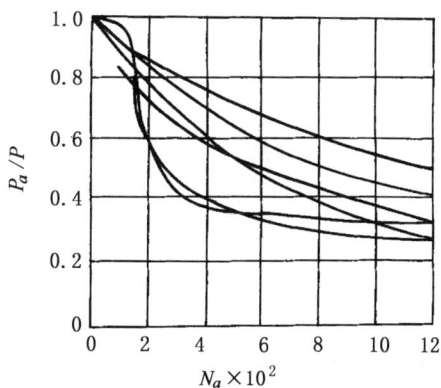

图4-28　通气搅拌功率与通气准数的关系
A. 八平叶涡轮；B. 八叶翼碟；C. 六叶翼碟
D. 十六叶翼碟；E. 四叶翼碟；F. 平桨

$$P_g = C \ (\frac{P^2 n d^3}{Q_g^{0.56}})^{0.45} \qquad\qquad (4-29)$$

式中，当 $d/D = 1/3$ 时，$C = 0.157$

当 $d/D = 2/5$ 时，$C = 0.113$

当 $d/D = 1/2$ 时，$C = 0.101$

在应用式 4-29 时，由于该公式为经验式，故应注意公式中所要求的单位。式中 n 为搅拌转速，单位为 r/min；Q_g 操作条件下的通气量，单位为 m^3/min；P_g 及 P 分别为通气和不通气条件的搅拌功率，其单位为 kW；d 为搅拌器直径，单位为 m。

式 4-29 可适用于装料量为 100 ~ 42000L，多层搅拌功率的计算也可用此式。此式还有一个优点，即不仅可用于牛顿流体，也可用于非牛顿流体。

以上公式计算出的功率数值为搅拌器的轴功率。在选用电机时，应考虑减速传动装置的机械效率，在发酵罐上多采用一级皮带减速，其效率可取 0.9。

在计算搅拌轴功率后选用电机时，还应注意的是当容积在 $1m^3$ 以下的小发酵罐由于其轴封、轴承等机件摩擦引起的功率消耗在整个电机功率输出中占有较大的比例，故用上述各公式来计算出的搅拌功率并由此值选用电机功率就会偏小，一般小容量的反应器是凭经验选用电机功率。

三、在非牛顿流体中的搅拌功率

不服从牛顿黏性定律的流体称为非牛顿流体。丝状微生物的发酵液及高浓度颗粒状物料的悬浮液等常表现出非牛顿流体的特性，其特点是剪切力与切变率之比不是常数，剪切力是随着切变率大小而变化。因此，非牛顿流体是没有一个确定的黏度值。根据非牛顿流体的剪切力与切变率的关系得出的曲线不同，可分为多种类型。常见的非牛顿流体有以下几种。

(1) 平汉塑性流体　这种流体剪切力与切变率的关系可用下式表示：

$$\tau = \tau_0 + \eta \dot{\gamma} \qquad\qquad (4-30)$$

式中，τ_0——屈服应力，Pa；

η——刚度系数，Pa·s。

平汉塑性流体的特点是当剪切力小于屈服应力时，流体不会发生流动，只有当剪切力超过屈服应力时流体才发生流动。它的流态曲线是不通过原点的直线（图 4-29 中曲线 2），在纵轴上的截距就是屈服应力 τ_0。一些早期的研究报告指出黑曲霉、产黄青霉、灰色霉菌等发酵液为平汉塑性流体。

(2) 拟塑性流体　这种流体剪切力与切变率有如下关系。

$$\tau = K \dot{\gamma}^n \qquad 0 < n < 1 \qquad\qquad (4-31)$$

式中，K——稠度系数，Pa·s^n；

n——流动特性指数。

稠度系数 K 值越大，流体就越稠厚；流动指数 n 越小，流体的非牛顿特性越明显，与牛顿流体的差别越大。当 $n = 1$ 时即为牛顿流体，这时稠度系数 K 便等于流体黏度

μ。拟塑性流体的流态曲线见图 4 – 29 中的曲线 3。如果在双对数坐标中把剪切力与相应的切变率进行绘图，则可得到一条斜率为 n 的直线。许多丝状菌如青霉、曲霉、链霉菌等的培养液往往表现出拟塑性的流体特性。一些产多糖的微生物发酵液，因微生物分泌的多糖而呈拟塑性。此外，高浓度的植物细胞、酵母悬浮液也呈拟塑性的流体特性。

（3）涨塑性流体 与拟塑性流体相似，也具有指数关系。

$$\tau = K \dot{\gamma}^n \qquad n > 1 \qquad (4 – 32)$$

涨塑性流体的特性指数 n 大于 1，同样 n 值越大，流体的非牛顿特性就越显著。具有这种流体特性的在发酵液中较少见，只有在链霉素、四环素和庆大霉素发酵过程中，在接种后的一段时间内呈现涨塑性。

（4）凯松流体 这种流体的特性为：

$$\tau^{\frac{1}{2}} = \tau_0^{\frac{1}{2}} + K_c \dot{\gamma}^{\frac{1}{2}} \qquad (4 – 33)$$

式中，τ_0——屈服应力，Pa；

K_c——凯松黏度，$Pa^{1/2} \cdot s^{1/2}$。

与平汉塑性流体相似，当剪切力小于 $\tau_0^{1/2}$ 时，流体不流动。一些研究报告指出，青霉素发酵液为凯松流体。

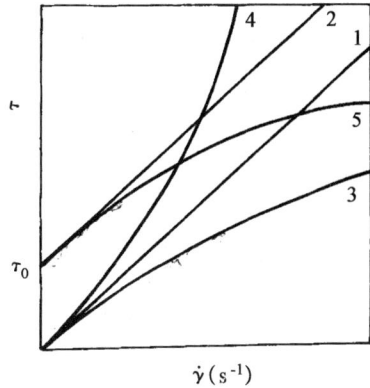

图 4 – 29 牛顿流体及一些非牛顿流体剪切力与切变率的关系
1. 牛顿流体；2. 平汉塑性流体；
3. 拟塑性流体；4. 涨塑性流体；
5. 凯松流体

以上诸式说明，由于非牛顿流体流态曲线的斜率是变化的，因此其没有一个确定的黏度值，通常把一定切变率数值下对应的剪切力与该切变率之比称为表观黏度，即：

$$\mu_a = \frac{\tau}{\dot{\gamma}} \qquad (4 – 34)$$

式中，μ_a——表观黏度，Pa·s。

反应器中，搅拌器以某一转速混合液体时，切变率在径向的分布肯定是不同的，对于牛顿流体而言黏度与切变率无关，所以很容易确定雷诺准数；而非牛顿流体的表观黏度是随不同切变率而变化。在研究轴功率与雷诺准数关系时，首先就遇到如何确定雷诺准数的问题。

米兹纳（Metzner）等人研究得出，在搅拌条件下，非牛顿流体的平均切变率与搅拌转速成正比。

$$\bar{\dot{\gamma}} = Bn \qquad (4 – 35)$$

式中，$\bar{\dot{\gamma}}$——平均切变率，1/s；

B——比例系数。

米兹纳等人在多种拟塑型、涨塑性型和平汉型流体对不同搅拌器进行了大量实验，得出比例系数 B 的范围在 10～13 之间。对于发酵罐中常用的平叶涡轮搅拌器的 B 值为

11.4 ~ 11.5。他们认为，在非牛顿流体中 B 值取 11.5 不会引起很大的误差。用这种近似的方法解决了确定雷诺准数的问题。

　　首先，通过实验做出非牛顿流体的流态曲线见图 4 – 29。已知搅拌转速和 B 值就可通过式 4 – 35 求出平均剪切率，在流态曲线的横轴上确定平均剪切率数值，通过该点作垂线交流态曲线的点，查纵坐标可求出剪切力，有了剪切力和平均剪切率就可计算表观黏度。用表观黏度计算出雷诺准数，在已知消耗的功率和搅拌直径、转速及液体密度值，就可计算功率准数。在双对数坐标纸上绘制各对应点，结果得出的曲线与牛顿流体相似。区别是非牛顿流体的过渡区很窄（$R_{eM} = 1 ~ 500$），$R_{eM} > 500$ 时，流体就处于湍流状态，并且功率准数 N_P 与 R_{eM} 的关系曲线和牛顿流体作的曲线基本重合，大体成为一条直线。所以，对于非牛顿流体只要避开 $R_{eM} = 1 ~ 500$ 这一区间，就可以查取用牛顿流体标绘的 N_P 与 R_{eM} 的关系曲线。得出这样的结果并不奇怪，因为在湍流区与黏度无关，非牛顿流体只不过黏度是变化的而已。

四、生物反应器搅拌功率的确定

　　生物反应器配置电机应按不通气时所需要的搅拌功率来确定。因为，发酵液灭菌时是不通气的。发酵罐的搅拌转速一般随公称容积变小而变大。如 50m³ 发酵罐转速一般为 130r/min，15m³ 发酵罐为 180r/min，5m³ 发酵罐为 210r/min。

　　国内发酵罐的电机配置可以每立方米培养液供 2kW 电机功率，通气量为 0.8 ~ 1.0m³/（m³·min），称为低功率消耗高通气量法。也可以采用每立方米培养液供 3 ~ 4kW 电机功率，通气量 0.3 ~ 0.4（m³ min），称为高功率消耗低通气量法。高功率消耗低通气量法的优点是加强了搅拌使剪切力和翻动量增加，可以提高氧的传递速率和相间的混合；同时，避免了高通气量产生大量泡沫使装料量小以及培养液蒸发量大等缺点。另外，虽然搅拌功率加大了，但通过压缩空气制备的无菌空气大为减少，总的功率消耗有时还略有下降。所以，采用高功率消耗低通气量法从能耗和传质等方面考虑是合理的，但有时会因为高的剪切力导致损伤细胞，使产品的产率反而下降。因此，选用何种方法要根据具体情况全面衡量。

　　国产电机分为 2 极（2900r/min），4 极（1500r/min），6 极（1000r/min），8 极（750r/min）。发酵罐一般采用皮带轮减速，因减速比较小，一般采用转速较小的电机，所以，多用 6 极或 8 极。

第五节　细胞生物反应器中氧的传递

　　氧是一种难溶气体，在 25℃一个大气压时，空气中的氧在纯水中的平衡浓度仅为 8.5g/m³（0.266mol/m³）。在培养液中氧的平衡浓度会更低，大约不高于 8g/m³（0.25mol/m³）。其值与其他营养物质的溶解度相比要小得多，该浓度仅是葡萄糖的 1/6000。如果培养液中的细胞呼吸比较旺盛，细胞浓度又比较高，当通入的氧气不足时，培养液中的溶解氧就有可能在短时间内耗尽。为了保证生物反应的正常进行，必须不断的通入无菌空气进行供氧。评价一个生物反应器的优劣，供氧能力是重要指标之一。

一、细胞对氧的需求

氧是构成细胞本身及代谢产物的组分之一，虽然培养液中大量存在的水可以提供氧元素，但是，除乳酸菌等少数微生物，可在无氧情况下通过酵解获得能量外，多数细胞必须利用分子状态的溶解氧才能生长。

细胞利用氧的速率常用比耗氧速率（或称呼吸强度）Q_{O_2}表示，其定义是单位质量的细胞（干重）在单位时间内所消耗氧的量。此外，也可用摄氧率表示，即单位体积培养液在单位时间内消耗的氧，用 r 表示，呼吸强度与摄氧率有以下关系：

$$r = Q_{O_2} X \tag{4-36}$$

式中，r——摄氧率，$mol/(m^3 \cdot s)$；

$\quad Q_{O_2}$——呼吸强度，$mol/(kg \cdot s)$；

$\quad X$——细胞浓度，kg（干重）$/m^3$。

影响细胞耗氧速率的因素很多，如营养物质的种类和浓度、pH 值、有害代谢物的积累，挥发性中间代谢物的损失等。

细胞的呼吸强度与培养液中的溶解氧浓度有关，当培养液中的溶解氧低于某临界浓度时，细胞的呼吸强度就会大大下降（图 4-30）。表 4-9 列出一些细胞的临界氧浓度，它们的值一般在 $0.003 \sim 0.05 mol/m^3$ 之间。其值很小，是空气中的氧在培养液中平衡浓度的 $1\% \sim 20\%$。因此在培养过程中没有必要使溶解氧浓度维持在接近平衡浓度，只要溶解氧浓度高于临界值，细胞的呼吸就不会受到抑制。

细胞的浓度直接影响培养液的摄氧率，在分批培养中，摄氧率变化很大。在对数生长的初期，呼吸强度最大，但此时细胞的浓度还很低，摄氧率并不高。在对数

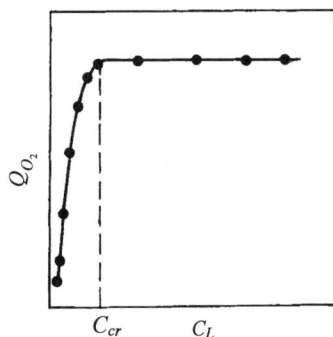

图 4-30 酵母的呼吸强度与溶氧浓度的关系

生长阶段结束时，呼吸强度下降。此时虽然细胞浓度仍有所增加，但培养液的摄氧率会下降。另外，碳源种类对细胞的耗氧速率影响也很大。

二、培养过程中氧的传递

对于大多数细胞培养过程，供氧都是在培养液中通入无菌空气进行的。细胞分散在液体中，只能利用溶解氧，因此，氧从气泡中到达细胞内要克服一系列传递阻力。图 4-31 为氧的传递模式图，从图中可以看出传递阻力包括以下各项：

表 4-9   一些细胞的临界氧浓度 C_{cr}

细胞种类	温度, ℃	C_{cr}, mol/m³
发光细菌	24	0.01
维涅兰德固氮菌	30	0.018~0.049
大肠杆菌	37.8	0.0082
	15	0.0031
黏质沙雷菌	31	0.015
脱氮假单胞菌	30	0.009
酵母	34.8	0.0046
	20	0.0037
产黄青霉菌	24	0.023
	30	0.009
米曲霉	30	0.020
肾脏片	37	0.85

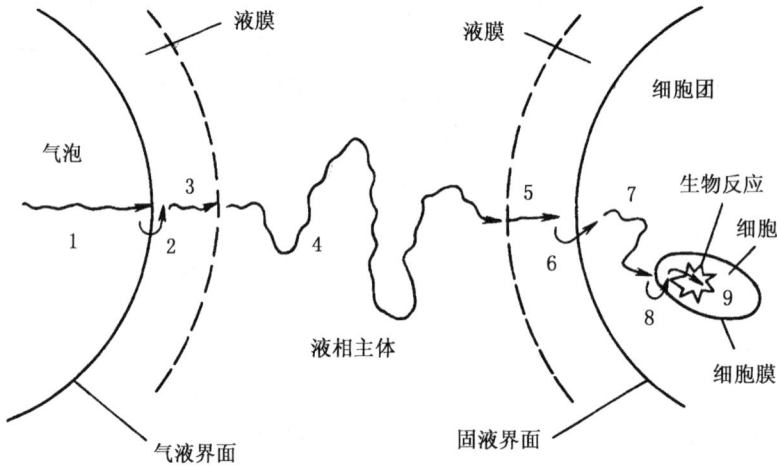

图 4-31   氧从气泡到细胞的传递过程示意图

1. 从气相主体到气液界面的气膜传递阻力 $1/k_G$；2. 气液界面的传递阻力 $1/k_I$
3. 从气液界面通过液膜的传递阻力 $1/k_L$；4. 液相主体的传递阻力 $1/k_{LB}$
5. 细胞或细胞团表面的液膜阻力 $1/k_{LC}$；6. 固液界面的传递阻力 $1/k_{LS}$
7. 细胞或细胞团内的传递阻力 $1/k_A$；8. 细胞壁的阻力 $1/k_W$；9. 反应阻力 $1/k_R$

(1) 在气泡中的氧从气相主体扩散到气-液界面的阻力 R_1；

(2) 通过气-液界面的阻力 R_2；

(3) 通过气泡外侧滞流液膜到达液体主体的阻力 R_3；

(4) 液相主体中的传递阻力 R_4；

（5）通过细胞或细胞团外的滞流膜到达细胞（团）与液体间界面的阻力 R_5；

（6）通过液体与细胞（团）之间的阻力 R_6；

（7）细胞团内的细胞与细胞之间的介质阻力 R_7；

（8）进入细胞的阻力 R_8。

其中，（1）～（4）项是供氧方面的阻力；（5）～（8）项为耗氧方面的阻力。当单个细胞以游离状态悬浮于液体中时第（7）项阻力消失，当细胞被吸附在气泡表面时，（4）、（5）、（6）、（7）项消失。

在克服上述各项阻力进行氧传递时，要损失推动力。氧传递过程的总推动力是气相与细胞内氧的分压之差，它消耗于各串联的传递阻力。当氧的传递达到稳定状态时，在串联的各步中，单位面积上氧的传递速率相等，可表达为：

$$n_{O_2} = \frac{推动力}{阻力} = 传质系数 \times 推动力$$

$$= \frac{\Delta p_1}{R_1} = \frac{\Delta p_2}{R_2} = \cdots\cdots = \frac{\Delta p_i}{R_i}$$

$$= K_1 \Delta p_1 = K_2 \Delta p_2 = \cdots\cdots = K_i \Delta p_i \qquad (4-37)$$

式中，n_{O_2}——氧的传递速率，mol/（m²·s）；

　　　Δp_i——各阶段的推动力（分压差），Pa；

　　　R_i——各阶段的传递阻力，N·s/mol；

　　　K_i——传质系数 mol/（m²·s·Pa）。

（一）气－液相间氧的传递

如上所述，氧从气相主体到液相主体，要克服气膜、气液界面和液膜的传递阻力。通常界面阻力（R_2）可以忽略不计，主要传递阻力只存在气膜和液膜中（图 4－32），在氧传递达到稳定时，可用下式表示。

$$n_{O_2} = K_G (p - p^*) = K_L (C^* - C_L) \qquad (4-38)$$

式中，p——气相主体分压，Pa；

　　　p^*——与 C_L 平衡的分压，Pa；

　　　C_L——液相主体氧的浓度，mol/m³；

　　　C^*——与 p 平衡的浓度，mol/m³；

　　　K_G——以分压为推动了的总传质系数，mol/（m²·s·Pa）；

　　　K_L——以氧浓度为推动了的总传质系数，m/s。

图 4－32　气－液界面氧浓度分布

对单位体积而言，氧的传递速率为：

$$OTR = K_G a (p - p^*) = K_L a (C^* - C_L) \qquad (4-39)$$

式中，OTR——单位体积培养液中氧的传递速率，mol/（m³·s）；

　　　a——单位体积培养液中气泡的表面积（气泡比表面积），m²/m³。

由于氧是难溶气体，气膜阻力可以忽略，因此，对于氧的传递 $K_L \approx k_C$（k_C 为液膜

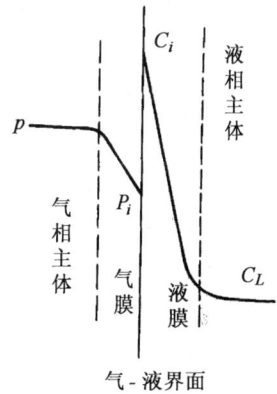

传质系数，m/s。其值可由准数关联式求得）。因为气泡的比表面积很难确定，通常将 K_L 与 a 合并作为一个参数（K_La）处理，称为体积传质系数（$1/s$）。

（二）液 – 固相间的氧传递

稳定状态下通过细胞外液体单位体积氧的传递速率可以表示为：

$$\text{OTR} = k'_L a' \ (C_L - C_i) \tag{4 – 40}$$

式中，k'_L——细胞外液膜的传质系数，m/s；

a'——单位体积培养液中细胞的表面积，m^2/m^3；

C_i——细胞表面氧的浓度，mol/m^3。

下面举一实例定量的分析液 – 固相间的传质情况，并加以讨论。假定细胞或细胞团为球形，在液体中物质向球形颗粒传递过程存在以下关系：

$$N_{sh} = 2 + \alpha_1 \ (N_{Re})^{\alpha_2} \ (N_{sc})^{\alpha_3} \tag{4 – 41}$$

式中，N_{sh}——$\dfrac{k'_L d_P}{D_L}$（舍伍德准数）；

N_{Re}——$\dfrac{d_p w \rho_L}{\mu_L}$（雷诺准数）；

N_{sc}——$\dfrac{\mu_L}{\rho_L D_L}$（施密特准数）；

d_p——颗粒直径，m；

D_L——氧在液相的分子扩散系数，m^2/s；

w——液 – 固相对速度，m/s；

μ_L——液体黏度，$Pa·s$；

ρ_L——液体密度，kg/m^3；

α_i——常数。

由于细胞与液体的密度十分接近，可以认为液 – 固相对速度很小，为简化计算取 w 为零，则式 4 – 41 右面第二项为零，于是

$$k'_L \approx 2D_L/d_p \tag{4 – 42}$$

若单位体积培养液中的细胞数为 n（个细胞$/m^3$），细胞的平均表面积为 $\bar{a}$（$m^2/$个细胞），则在单位体积液体中的最大氧传递速率（取细胞表面氧浓度 C_i 为零）为：

$$(\text{OTR})_{max} = k'_L a' C_L$$

$$= 2 \ (D_L/d_p) \ n \bar{a} C_L$$

若取 $D_L = 10^{-9} m^2/s$（氧在水中扩散系数为 $1.8 \times 10^{-9} m^2/s$），$d_p = 5 \times 10^{-6} m$，$n = 10^{13}$个细胞$/m^3$，$C_L = 6.25 \times 10^{-2} mol/m^3$（稍大于临界溶氧浓度），则

$$(\text{OTR})_{max} = \frac{2 \times 10^{-9}}{5 \times 10^{-6}} \times 10^{13} \times \pi \ (5 \times 10^{-6})^2 \times 6.25 \times 10^{-2} = 1.96 \times 10^{-2} mol/ \ (m^3 · s)$$

若细胞的最大呼吸强度为 $2.22 \times 10^{-3} mol/ \ (kg·s)$，含水量为 80%，则培养液的最大摄氧率为：

$$r_{max} = Q_{O_2} X = 2.22 \times 10^{-3} \frac{\pi}{6} \ (5 \times 10^{-6})^3 \times 10^{13} \times 1000 \times 0.2 = 2.9 \times 10^{-4} mol/ \ (m^3 · s)$$

计算结果表明，尽管计算过程中进行了一些省略，不能反映真实情况，但可看出培养液的最大摄氧率比最大氧传递速率小得多（相差两个数量级）。或者说只要培养液中的氧浓度保证大于临界溶氧浓度，一般情况下就可满足细胞生长的需求。

通过以上论述，得出结论是：氧在气－液－固传递过程中，如果细胞不聚集成团，悬浮在液体中，气泡周围的液膜阻力就相对较大，成为供氧的控制部分，一定要使液体达到该细胞的临界溶氧浓度以上。但如果细胞聚集成较大的团状，那么即使液相溶氧浓度再高，在细胞团中央的细胞仍然极有可能因为团内扩散途径长而发生缺氧。植物细胞培养中就有可能出现该现象，在设计反应器时应给予足够的重视。

三、影响气－液传质速率的因素

供氧方面的阻力主要存在于气泡外侧的湍流液膜，通过提高穿越液膜层的传递速率，就可以提高生物反应器的供氧能力。根据气－液间的传质速率方程式 4－39 可知，提高气液传质的推动力（$C^* - C_L$）或体积传质系数 $K_L a$ 都可以提高氧的传递速率。

（一）影响氧传递推动力的因素

一般来说，培养液中溶质浓度越高，氧的溶解度越低，氧传递的推动力就越小。细胞对培养液浓度有一定要求，不可能用稀释培养液来提高 C^*。

根据亨利定律（$p = C/H$，H 为溶解度系数），提高气相中氧的分压可以提高液相的平衡浓度 C^*。提高气相氧的分压最简便的方法是提高反应器中压力。但是，随着罐压的升高，二氧化碳的分压也会升高，由于二氧化碳的溶解度比氧大得多，就有可能对某些培养过程产生不良的影响。

提高氧的分压另一种方法是可以向空气中补加氧气，进行富氧通气。富氧通气可以提高气－液相氧的传递速率，当然这会以提高成本为代价，所以，富氧通气一定要根据实验结果证明是否有利产率的提高来定。

（二）影响气－液比表面积 a 的因素

气－液比表面积是指单位体积培养液中气泡的总面积，比表面积越大，有利于传质。若气泡的平均直径为 d_m（m），在体积为 V（m³）的培养液中有 n 个气泡，则比表面积有下式关系：

$$a = \frac{n\pi d_m^2}{V} = \frac{n\pi d_m^3}{6} \cdot \frac{6}{d_m V} = \frac{6V_G}{d_m V} \qquad (4-43)$$

式中，V_G——在液相中截留的气体体积，m³。

设 V_G/V 为气体的截留率 H_0，则有下式：

$$a = \frac{6H_0}{d_m} \qquad (4-44)$$

上式说明，气－液比表面积与气体截留率成正比，与气泡平均直径成反比。

对于带机械搅拌的反应器，气泡的平均直径与单位体积消耗的通气下搅拌功率及流体的性质有关：

$$d_m = K \left[\frac{\sigma^{0.6}}{\rho_L^{0.2} \ (P_g/V)^{0.4}} \right] \ (H'_0)^{0.4} \ \left(\frac{\mu_G}{\mu_L}\right)^{0.25} \qquad (4-45)$$

式中，K——常数，可取 0.142；

σ——液体表面张力，N/m；

ρ_L——液体密度，kg/m^3；

μ_L——液体黏度，Pa·s；

μ_G——气体黏度，Pa·s；

H_0'——气液混合物中气体的体积分率，$H_0' = H_0 / (1 + H_0)$；

P_g/V——单位体积通气下搅拌功率，kW/m^3。

在机械搅拌情况下，气体截留率可用下式求得：

$$H_0 = \frac{(P_g/V)^{0.4} (w_s)^{0.5} - 2.45}{63.6} \times 100\% \qquad (4-46)$$

式中，w_s——以反应器截面为基准的气体流速，m/h。

举一实例，若 $P_g/V = 0.8 \ kW/m^3$，$\sigma = 6.86 \times 10^{-2} N/m$，$V = 12 m^3/min$，$\mu_L = 30 \times 10^{-3} Pa·s$，$\mu_G = 1.86 \times 10^{-5} Pa·s$，$\rho_L = 1000 kg/m^3$，$D = 3m$。计算结果为：$H_0 = 0.1067$，$H_0' = 0.0964$，$w_s = 102 m/h$。$d_m = 4.9 \times 10^{-4} m = 0.49 mm$。气体的截留率 $H_0 = 10.67\%$，说明通气后罐内体积增加，因此，发酵罐要有一定的装料系数；有机械搅拌时，气泡已粉碎得很小，所以，通气装置采用一般圆管即可。

通过以上各式说明，当物性一定的条件下，增加单位体积通气量和单位体积通气情况下搅拌功率都可增加气-液传质比表面积。

（三）影响体积传质系数 $K_L a$ 的因数

准确的建立 $K_L a$ 与设备参数、操作变量、物料性质等的关系式，对于设备的放大极为重要。因为在需氧生物反应过程中，如何保证氧的传递速率是放大的关键。该领域已有较多研究成果，但多半是在机械搅拌及通气情况下，用亚硫酸钠氧化法进行测定的结果，所以得出的关系式不能完全适用于生物反应过程，但对设备设计及操作条件的确定还是有参考价值。

1. 操作条件

实验证明，搅拌转速、搅拌功率、通气速度等操作条件对 $K_L a$ 有很大影响，它们与 $K_L a$ 的关系可用以下经验式表示：

$$K_L a = (P_g/V)^{\alpha} w_s^{\beta} \qquad (4-47)$$

$$K_L a = K n^{\gamma} w_s^{\beta} \qquad (4-48)$$

上式中，α、β、γ 为指数，K 为有因次的系数，其值与取值范围有关。P_g/V 单位为 kW/m^3，w_s 为 m/h，n 为 r/min，$K_L a$ 为 1/h。有人在 3~65L 带有 12 叶翼碟式搅拌器的气液反应器中，用亚硫酸钠法研究了操作条件对 $K_L a$ 的影响。当 $D/d = 3$，$H_L = D$ 时，操作条件与 $K_L a$ 的关系式用式 4-47 时，其中 $\alpha = 0.95$，$\beta = 0.67$。说明要想提高 $K_L a$，增加单位体积的搅拌功率要比增加通气量更为有效。这可解释为：增加搅拌功率，可将通入液体的空气分散成更小的气泡，并阻止气泡的重新聚并，可增加气-液比表面积；同时，机械搅拌可使液体产生旋涡，会延长气泡在液体中的停留时间；而搅拌造成的湍流，又有利于减少滞流液膜的厚度，减少传质的阻力；搅拌还可使培养液中的细胞和营养物质均匀分散，避免或减少缺氧区的形成。但应注意，过分剧烈的机械搅拌产生的剪切作用可能损伤细胞，同时产生大量的搅拌热也会加重反应器的传热的负担。增加通气速度也可提高 K_La，但通气量过大时会发生"过载"现象，这时空气会沿轴逸出，使搅拌在大量空气泡中空转，反而会使 K_La 下降。

随着反应器体积的增大，式 4 – 47 中的指数 α 值有下降趋势。如反应器装料量为 416L 时，$\alpha = 0.67$，在 2270 ~ 45400L 时，$\alpha = 0.5$。搅拌器的形状和反应器的结构不同时，α、β 的值也会有较大差别。

也有人研究指出，K_La 可与搅拌转速关联，当 $D/d = 2.5$ 的反应器中采用涡轮搅拌器时得出式 4 – 48 的关联式，其中 $\gamma = 2.0$，$\beta = 0.67$。

细胞生物反应器长径比较大，一般装有多层搅拌器。福田等人对装料量为 100 ~ 4200L 的几何不相似的发酵罐得到如下关联式：

$$K_La = 1.86 \ (2 + 2.8m) \ (P_g/V)^{0.56} w_s{}^{0.7} n^{0.7} \qquad (4 – 49)$$

式中，m——搅拌器层数。

2. 流体的性质

前面的关系式中只考虑了操作情况对 K_La 的影响，实际上流体的性质，如流体的密度、黏度、表面张力、扩散系数等不同都会对 K_La 带来影响。例如，在同样的操作条件下，液体黏度大、滞流层厚度增加，传质阻力就增大、K_La 就减小。综合考虑操作条件、流体性质和 K_La 有关的主要包括如下各项。

$$K_La = f \ (d, \ n, \ w_s, \ D_L, \ \mu_L, \ \sigma, \ g) \qquad (4 – 50)$$

式中，σ——液体表面张力，N/m；

w_s——气体流速，m/s。

通过因次分析，可得出以下准数关联式：

$$\frac{K_La d^2}{D_L} = K \ (\frac{\rho_L n d^2}{\mu_L})^{\alpha_1} \ (\frac{n^2 d}{g})^{\alpha_2} \ (\frac{\mu_L}{\rho_L D_L})^{\alpha_3} \ (\frac{\mu_L w_s}{\sigma})^{\alpha_4} \ (\frac{nd}{w_s})^{\alpha_5} \qquad (4 – 51)$$

式中，$\dfrac{K_La d^2}{D_L}$——舍伍德准数；

$\dfrac{\mu_L}{\rho_L D_L}$——施密特准数；

$\dfrac{\mu_L w_s}{\sigma}$——气流准数；

$\dfrac{nd}{w_s}$——通气准数。

在一定条件下，如 $H/D = 2.5$，$H_L = D$ 的小型反应器中，对于甘油水溶液或淀粉水解液等牛顿流体得到如下关联式：

$$\frac{K_La d^2}{D_L} = 0.06 \ (\frac{\rho_L n d^2}{\mu_L})^{1.5} \ (\frac{n^2 d}{g})^{0.19} \ (\frac{\mu_L}{\rho D_L})^{0.5} \ (\frac{\mu_L w_s}{\sigma})^{0.6} \ (\frac{nd}{w_s})^{0.32} \ (4 – 52)$$

对于不带机械搅拌的鼓泡式反应器，有如下准数关联式：

$$\frac{K_La D^2}{D_L} = 0.6 \ (\frac{\mu_L}{\rho D_L})^{0.5} \ (\frac{g D^2 \rho_L^2}{\sigma})^{0.62} \ (\frac{g D^3 \rho_L}{\mu_L^2})^{0.31} \ (H'_0)^{1.1} \qquad (4 – 53)$$

式中，$\dfrac{gD^2\rho_L}{\sigma}$——Bond 准数；

$\dfrac{gD^3\rho_L^2}{\mu_L^2}$——Galileo 准数。

通过式 4 – 52、4 – 53 说明，除黏度外，若液体的扩散系数大或表面张力小都会增加体积传质系数。

3．其他因素的影响

（1）表面活性剂　培养液中的蛋白质、脂肪及化学消沫剂等都是表面活性物质，它们分布在气 – 液界面，会使表面张力下降，形成较小的气泡，使比表面积 a 增大。但是，由于表面活性剂会堆积在气 – 液界面上，增加了传质的阻力，又会使 k_L 下降。例如，在水中加入表面活性剂月桂基磺酸钠后，k_L 和 $K_L a$ 均迅速下降，这可解释为：虽然气泡的平均直径 d_m 下降很多，但引起 a 增大并不能足以抵消 k_L 的下降，结果使 $K_L a$ 值下降。随着其浓度的继续增大，$K_L a$ 值下降到一定程度后开始有所上升，这是因为表面积增大变为主要因素。

在培养过程中，由于细胞代谢活动会生成一些表面活性物质，该物质在培养液中会形成大量泡沫，会影响通气量，严重时会发生逃液现象并容易发生染菌。因此，加入适量的消沫剂虽然会引起 $K_L a$ 值下降及溶氧浓度 C_L 也会下降，但对改善供氧状况还是必要的。所以，要控制好表面活性剂的使用量。

（2）盐的浓度　在水中通入空气后，气泡很容易凝并成大气泡，但在电解质溶液中，气泡凝并现象会大大减少，气泡直径也比在水中小得多，可使比表面积增加。有人认为这是由于离子带有静电阻碍了气泡的凝并。当盐浓度达到 $5kg/m^3$ 时，电解质溶液的 $K_L a$ 值就开始比水大，盐浓度在 $50 \sim 80kg/m^3$ 时，$K_L a$ 值迅速增大。一些有机物质如甲醇、乙醇和丙酮也会出现类似现象。

用亚硫酸钠氧化法测定的 $K_L a$ 值及所得关联式，由于溶液中含有的盐量很大，因此得到的 $K_L a$ 值比同样条件用水为介质得到的值要大。此外，培养液中随细胞浓度的增加也会使 $K_L a$ 值变小。

四、氧传递系数的测定方法

体积传质系数 $K_L a$ 值是反映细胞生物反应器气 – 液相间质量传递性能的一个重要参数，是一个反应器优劣的评价。根据式 4 – 39，若求出单位体积培养液中氧的传递量 OTR 和推动力（$C^* - C_L$），即可求出 $K_L a$ 值。测定细胞生物反应器中的 $K_L a$ 值可在培养过程中进行，也可在非培养条件下进行，而大部分有关 $K_L a$ 值的关联式是在非培养条件下得到的结果，计算的数值和实际情况要有一定的偏差，所以，掌握在培养条件下用实验的方法测定出其真实值，更有实际意义。

（一）物料平衡法

在培养过程中，供氧和耗氧速率平衡时，液相中氧的浓度不变，这时可根据反应器空气进出口氧含量的变化，可以求出 OTR：

$$\text{OTR} = \frac{0.12}{V}\left(\frac{Q_1 P_1 y_1}{T_1} - \frac{Q_0 P_0 y_0}{T_0}\right) \tag{4 – 54}$$

式中，OTR——氧的传递速率，mol/（$m^3 \cdot s$）；

　　　　Q_1，Q_0——分别为进、出口空气流量，m^3/s；

　　　　y_1，y_0——分别为进、出口空气氧的摩尔分数；

　　　　T_1，T_0——分别为进、出口空气的温度，K；

　　　　V——培养液的体积，m^3。

再求出 C^* 和 C_L，就可根据式 4-39 求出 $K_L a$ 值，C_L 可由溶氧仪测定。

对于小型反应器可按理想混合反应器处理，C^* 可近似取出口空气氧的平衡浓度，即 C_0^*。对于大型生物反应器，很难达到反应器内的流体处于理想混合状态，这时推动力可取进口和出口推动力的对数平均值。

$$(C^* - C_L)_m = \frac{(C_1^* - C_L) - (C_0^* - C_L)}{\ln \dfrac{C_1^* - C_L}{C_0^* - C_L}} \tag{4-55}$$

式中，C_1^*——进口空气氧的平衡浓度，mol/m^3。

利用对氧的物料平衡法求 $K_L a$ 值时，需要测定空气的流量、空气中氧的含量、溶解氧浓度，测量的精度要求较高，否则会产生较大误差。

（二）动态法

在分批培养时，根据供氧和耗氧的速率，可写出以下对于氧的物料平衡：

$$\frac{dC_L}{dt} = K_L a (C^* - C_L) - r \tag{4-56}$$

如果在某一时刻关闭空气，则氧的传递速率为零，上式中右面第一项为零，溶解氧浓度将不断下降，则图 4-33 的斜率为 $-r$，即摄氧率。如果在某一时刻恢复通气，溶解氧浓度会逐渐上升，最后恢复到原先的浓度，式 4-56 可改写为

$$C_L = C^* - \frac{1}{K_L a} \left(\frac{dC_L}{dt} + r \right) \tag{4-57}$$

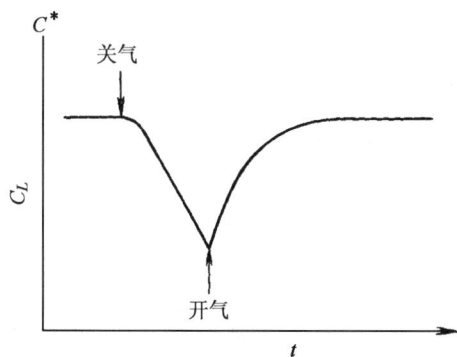

图 4-33 停气和开气后溶解氧浓度的变化　　　图 4-34 利用动态过程的数据求 $K_L a$ 和 C^*

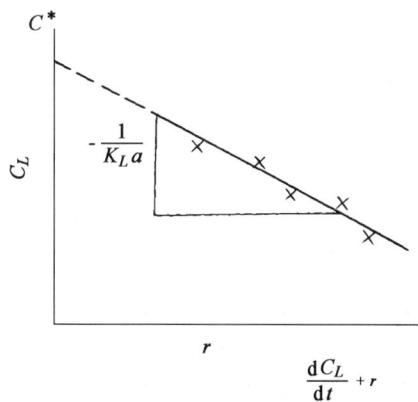

根据关气时溶解氧浓度曲线中的直线部分斜率求出 r 值，再根据恢复通气后过程中的溶氧浓度曲线用图解法求出不同时刻的 dC_L/dt 及 $dC_L/dt + r$ 值，将 C_L 对 $dC_L/dt + r$ 进行标绘，得一条直线，它的斜率为 $-1/K_L a$ 值，在 C_L 轴上的截距为 C^* 见图 4-34，此法称为动态法。动态法测定 $K_L a$ 值时只需要一个溶氧电极来记录测定过程中的溶解氧浓度变化曲线即可，方法简单，并且是在培养条件下进行，数据有针对性，这是其优点。用动态法测定 $K_L a$ 值时，要求溶氧电极应有很快的响应速度，否则得出的结果会误差很大，在停止供气阶段也要注意不能使溶解氧浓度低于临界溶氧浓度，避免影响细胞的生长和代谢。

（三）亚硫酸盐氧化法

这是在非培养条件下测定 $K_L a$ 值的方法，多用于新型反应器的研究。其原理是在 $1 kmol/m^3$ 的亚硫酸钠溶液中加入少量的铜或铜离子作为催化剂，进行通气搅拌，空气中的氧与亚硫酸钠会发生以下反应：

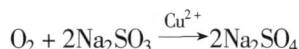

$$O_2 + 2Na_2SO_3 \xrightarrow{Cu^{2+}} 2Na_2SO_4$$

可以把此反应视为零级反应，其反应特征是速度很快，排除了氧化反应速度成为溶氧阻力的可能性，氧的吸收速率是由气-液相间的传递速率所控制。在一定的操作条件下每隔一定时间间隔取样，用碘量法测定亚硫酸浓度的变化速率，可求出 OTR 值。因为液相氧浓度 C_L 为零，只要知道 C^* 就可确定 $K_L a$ 值。该方法如何确定氧在亚硫酸钠溶液中的平衡浓度 C^* 成为关键（因无法测定）。一种方法是考虑到 25℃，1 个大气压下，空气氧的分压为 0.21 大气压，在纯水中与之平衡的氧浓度 $C^* = 0.24 mol/m^3$，在存在亚硫酸盐的条件下，取 $C^* = 0.21 mol/m^3$。另一种方法是有人测定了氮在 $0.5\ kmol/m^3$ 的亚硫酸钠及硫酸钠溶液中的溶解度，结果两者相同，因此，建议可用测定氧在硫酸钠溶液中的溶解度来代替在亚硫酸钠溶液中的溶解度，从而解决了用此法计算 $K_L a$ 值。

第六节 细胞生物反应器的放大

在第一章中提到，如果能获得较精确的反映过程本质的数学模型，就可用计算方法进行反应器的放大。但是建立数学模型要涉及到传递过程、流体流动过程和混合过程等多方面内容，再加上生化反应过程又非常复杂，到目前为止尚未得出一个十分有效正确的放大关联式。目前一个生物反应过程的开发，大多还是通过三个不同规模的实验阶段来解决。首先是利用实验室规模进行种子筛选和考察工艺条件；在中试规模的反应器中进行中试，确定最佳操作条件；最后在大型生产设备中投放生产。对于一个生物反应过程，在不同大小的反应器中所进行的生物反应是相同的，但在质量、热量和动量的传递上却会有明显的差别，导致在大小不同的反应器中生物反应速率就会有差别。生物反应器的放大，就是力求大型生物反应器的性能与小型反应器尽量接近，使大型反应器生产率达到小型反应器满意的结果，因此，目前放大技术仍处于凭经验或半经验状态。本节所述的放大是指常用的发酵罐从中试规模反应器与生产规模的反应器之间以几何相似为前提的放大。在发酵罐放大中，主要要解决放大后生产罐的空气流量、搅拌转速和功率消耗等三个主要问题。

一、几何尺寸放大

在发酵罐放大中，放大倍数实际上就是罐的体积增加的倍数，即放大倍数 $m = V_2/V_1$（下标 1 表示中试罐，下标 2 表示生产罐）。因为几何相似，所以筒身高和罐径之比相等，即 $H_1/D_1 = H_2/D_2 = A$，则：

$$\frac{V_2}{V_1} = \frac{\frac{\pi}{4}D_2^2 \cdot H_2}{\frac{\pi}{4}D_1^2 \cdot H_1} = \frac{\frac{\pi}{4}D_2^2 \cdot D_2 A}{\frac{\pi}{4}D_1^2 \cdot D_1 A} = \left(\frac{D_2}{D_1}\right)^3 = m \qquad (4-58)$$

即

$$\frac{D_2}{D_1} = m^{\frac{1}{3}} \text{ 或 } \frac{H_2}{H_1} = m^{\frac{1}{3}}$$

几何相似，搅拌器直径和罐径之比相等，即 $d_1/D_1 = d_2/D_2 = B$，则：

$$d_2 = BD_2$$

二、空气流量放大

发酵过程中的空气流量一般有两种表示方法。

（1）以单位培养液体积在单位时间内通入的空气流量（Q_0 标准状态）来表示，即 $Q_0/V_L = VVM \, \text{m}^3/(\text{m}^3 \cdot \text{min})$。

（2）操作状态下的空气直线速度，用 w_s 表示，其单位为 m/h，两者的换算关系为：

$$w_s = \frac{Q_0 \, (60) \, (273 + t) \, (1.033 \times 10^5)}{\frac{\pi}{4}D^2 \, (273) \, P} = \frac{28369.8 \, Q_0 \, (273 + t)}{PD^2}$$

$$= \frac{28369.8 \, (VVM) \, V_L \, (273 + t)}{PD^2} \qquad (4-59)$$

$$VVM = \frac{w_s PD^2}{28369.8 \, (V_L) \, (273 + t)} \qquad (4-60)$$

式中，D——罐径，m；

$\quad t$——罐温，℃；

$\quad V_L$——发酵液体积，m³；

$\quad P$——液柱平均绝压，Pa。

$$P = (P_t + 1.0133 \times 10^5) + \frac{9.18}{2}H_L\rho \qquad (4-61)$$

式中，P_t——罐顶压力表的读数，Pa；

$\quad H_L$——发酵液柱高度，m；

$\quad \rho$——培养液密度，kg/m³。

（一）以单位培养液体积通入的空气流量相等的原则放大

采用此法的依据是 $(VVM)_2 = (VVM)_1$，$V_L \propto D^3$，据式 4-59 可得

$$w_s \propto \frac{(VVM) \, V_L}{PD^2} \propto \frac{(VVM) \, D}{P}$$

因此可得出

$$\frac{(w_s)_2}{(w_s)_1} = \frac{D_2}{D_1} \cdot \frac{P_1}{P_2} \tag{4-62}$$

（二）以空气直线流速相等的原则放大

采用此法的依据是 $(w_s)_2 = (w_s)_1$，据式 4-60 可得

$$\frac{(VVM)_2}{(VVM)_1} = \left(\frac{P_2}{P_1}\right)\left(\frac{D_2}{D_1}\right)^2 \left(\frac{V_{L1}}{V_{L2}}\right) = \frac{P_2}{P_1} \cdot \frac{D_1}{D_2} \tag{4-63}$$

（三）以 $K_L a$ 值相等的原则放大

因为 $K_L a \propto \left(\dfrac{Q_g}{V_L}\right) \cdot H_L^{\frac{2}{3}}$，其中 Q_g 为操作状况下的通气量（m³/min）；H_L 为液柱高度（m）；V_L 为发酵液体积（m³），则

$$\frac{(K_L a)_2}{(K_L a)_1} = \frac{(Q_g/V_L)_2 \ (H_L)_2^{\frac{2}{3}}}{(Q_g/V_L)_1 \ (H_L)_1^{\frac{2}{3}}} = 1$$

因 $H_L \propto D, \quad Q_g \propto w_s D^2, \quad V_L \propto D^3$

故 $\dfrac{(Q_g/V_L)_2}{(Q_g/V_L)_1} = \dfrac{(H_L)_1^{\frac{2}{3}}}{(H_L)_2^{\frac{2}{3}}} = \left(\dfrac{D_1}{D_2}\right)^{\frac{2}{3}}$

$$\frac{(w_s)_2}{(w_s)_1} = \left(\frac{D_2}{D_1}\right)^{\frac{1}{3}} \tag{4-64}$$

又因 $w_s \propto (VVM) V_L / PD^2 \propto (VVM) \ D/P$

故 $\dfrac{(VVM)_2}{(VVM)_1} = \left(\dfrac{D_1}{D_2}\right)^{\frac{2}{3}} \cdot \left(\dfrac{P_2}{P_1}\right)$ (4-65)

若取 $V_2/V_1 = 125$，$D_2 = D_1 = 5$，$P_2 = 1.5 P_1$，用上述三种不同放大方法计算出的空气流量结果见表 4-10。

表 4-10   放大 125 倍情况下，用不同方法计算出来的 VVM 和 w_s 值

放大方法	VVM 值		w_s 值	
	放大前	放大后	放大前	放大后
VVM 相等	1	1	1	3.33
w_s 相等	1	0.3	1	1
$K_L a$ 相等	1	0.513	1	1.71

从表 4-10 可以看出，若以 VVM 相等的放大方法计算，在放大 125 倍后，w_s 值变为原来的 3.33 倍。由于变化过大，使搅拌处于被空气所包围的状态，无法发挥其加强气-液接触和搅拌液体的作用。若以 w_s 值相等的放大方法来计算，则 VVM 值在放大后仅为放大前的 30%，似乎有些过小。因此，空气流量放大一般取 $K_L a$ 相等的原则放大较为合适。但从表中可以看出，保持 $K_L a$ 值相等放大后，两种方法表示的空气流量与放大前都有较大的差别。上述讨论的目的是解决在放大过程中，不能简单取空气流量相

等，此外也不能说一定必须保持 $K_L a$ 值相等，最终检验的标准还是综合各种参数，以产率最高为准。

三、搅拌功率及搅拌转速的放大

搅拌功率及转速放大的方法较多，常用的有三种方法。

（一）按单位体积液体中搅拌功率相同的原则放大

单位体积液体所分配的搅拌功率相同这一准则，是一般化学反应器常用的放大准则。在湍流状态下单位体积液体所分配的搅拌功率为：

$$P/V \propto n^3 d^5 / D^3 \propto n^3 d^2 \tag{4-66}$$

在大设备和小设备几何形状相似条件下，由于 $P_1/V_1 = P_2/V_2$，根据上式可得出

$$\frac{n_2}{n_1} = \left(\frac{d_1}{d_2}\right)^{\frac{2}{3}} \tag{4-67}$$

$$\frac{P_2}{P_1} = \left[\left(\frac{d_1}{d_2}\right)^{\frac{2}{3}}\right]^3 \left(\frac{d_2}{d_1}\right)^5 = \left(\frac{d_2}{d_1}\right)^3 \tag{4-68}$$

对于有通气的搅拌反应器，也可取单位体积液体分配的通气搅拌功率相同的原则放大。根据密氏公式 4-29 可以得到

$$\frac{n_2}{n_1} = \left(\frac{d_1}{d_2}\right)^{0.745} \left[\frac{(w_s)_2}{(w_s)_1}\right]^{0.08} \tag{4-69}$$

$$\frac{P_2}{P_1} = \left(\frac{d_2}{d_1}\right)^{2.765} \left[\frac{(w_s)_2}{(w_s)_1}\right]^{0.24} \tag{4-70}$$

（二）以气液接触体积传质系数相同的原则放大

由于氧在培养液中的溶解度很低，生物反应很容易因反应器供氧能力的限制受到影响，因此，以大小反应器的 $K_L a$ 相等作为放大准则，往往可以收到较好的效果。由于气液接触过程中传质系数的关联式较多，下面采用式 4-49 作为放大基准得：

$$K_L a \propto (P_g/V)^{0.56} w_s^{0.7} n^{0.7}$$

通过密氏公式可以导出 $P_g/V \propto \dfrac{n^{3.15} d^{2.346}}{w_s^{0.252}}$，代入上式，整理后可得

$$K_L a \propto n^{2.46} d^{1.31} w_s^{0.56}$$

按 $(K_L a)_2 = (K_L a)_1$ 相等，则有

$$\frac{n_2}{n_1} = \left(\frac{d_1}{d_2}\right)^{0.533} \left[\frac{(w_s)_1}{(w_s)_2}\right]^{0.23} \tag{4-71}$$

$$\frac{P_2}{P_1} = \left(\frac{d_2}{d_1}\right)^{3.4} \left[\frac{(w_s)_1}{(w_s)_2}\right]^{0.69} \tag{4-72}$$

（三）以搅拌叶端速度相等的原则放大

以搅拌器叶端速度相等作为准则进行放大也有成功的实例，当大小反应器中搅拌器叶端速度相等时，则有 $n_2 d_2 = n_1 d_1$，因此则有

$$\frac{n_2}{n_1} = \frac{d_1}{d_2} \tag{4-73}$$

$$\frac{P_2}{P_1} = (\frac{d_2}{d_1})^2 \qquad\qquad (4-74)$$

四、放大方法的比较

将某一参数保持不变作为准则进行放大时，往往具有片面性，这是因为各个系数之间常有联系，照顾了一个方面，就会忽略其他方面的作用。例如取 P/V = 常数的原则放大，当 $V_2/V_1 = 125$ 时，虽然消耗于单位培养液体积的功率没有变，但搅拌器叶端的速度 nd 是模型罐的 1.71 倍，数值增加了。单位培养液体积的翻动量 Q/V 是模型罐的 0.34 倍，数值减少了，特别是单位体积动压头 H/V 下降的更多，是模型罐的 0.023 倍。若想达到有两个参数在放大前后都比较接近，那就必须采用几何不相似的反应器。

总之，反应器的放大现在尚未解决放大前后能保证多个参数相同的问题。放大时往往存在凭借经验的因素。有人统计，在生物反应器放大过程中多采用单位体积液体通气情况下搅拌功率相等或 $K_L a$ 相等原则放大。早期青霉素取单位体积液体中搅拌功率相等原则放大也有成功的实例。以搅拌叶端速度相等原则放大公式有易推导记忆的优点。在以 $K_L a$ 相等原则放大时，应注意，首先在不同大小的中试设备内得出 $K_L a$ 与操作条件的关系，并确定生物反应最佳 $K_L a$ 的范围。例如

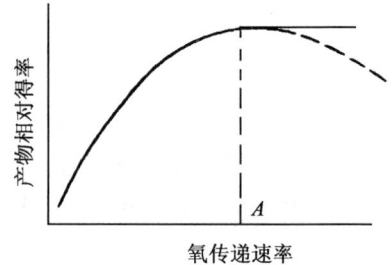

图 4-35 氧传递速率与产物得率的关系

见图 4-35 的情况可取 A 数值放大，因再提高 $K_L a$ 值对产品收得率并无益处（图中虚线所示的情况说明过高的剪切力作用也会损伤细胞，反会使收得率下降）。

第七节 圆筒体和搅拌轴强度的计算

在初步设计阶段和在设计项目的总投资概算中以及对非定型设备费的概算，都需要生物制药工程技术人员提供设备的重量。重量的计算是在确定设备外形尺寸后，计算出设备的壁厚，然后查出材料的密度，就可确定其重量。而设备的壁厚计算需要《化工机械》知识。下面根据工艺设计需要，简单介绍一些力学知识，其中去掉了公式推导过程，达到能理解有关公式，解决发酵工厂常用的非定型设备（大部分是圆筒体加椭圆形封头）和发酵罐搅拌轴直径的计算。

一、力学基础

(一) 力学的任务

对设备进行机械设计的目的是为了使设备在使用过程中，能够承受一定的外载荷（外力）而不破坏。如发酵罐在分批灭菌时，罐内要保持压力在 0.2MPa 以上，若罐壁厚过薄，在内压作用下就可能发生爆炸，产生严重的后果。但若盲目加大厚度，又会造成浪费材料使成本提高。在设备的设计中，应满足以下两个要求：

（1）强度　保证设备在外力作用下不致破坏，设备对外力的抵抗能力称为设备的强度；

（2）刚度　保证设备在外力作用下没有不允许的变形（变形不超过某个允许值），设备对变形的抵抗能力称之为设备的刚度。

总之，设备在使用过程中，要满足强度和刚度的要求。

（二）内力和应力

如果对一头固定的弹簧，另一头用手拉伸，它的形状与尺寸都会和原来不一样，称这种现象为"变形"。当用力不大时，放手后弹簧会恢复原来的形状和尺寸，这种变形称为"弹性变形"。若用力较大超过某一限度时，放手后弹簧不能完全恢复原状，而保留一部分变形，这种保留下来的变形，称之为"塑性形变"。若用力过大，弹簧就会拉断。对于一个圆柱形钢材，在受到一外力拉伸时，同样会产生弹性变形和塑性变形直到被拉断，只不过它的变形不像弹簧那么明显。

构件在外力的作用下可能有各种各样的变形形式。不过这些变形可分为五种基本形式。第一种是拉伸，例如拉杆、螺栓等；第二种是压缩，例如，设备的支架等；第三种是剪切，例如，固定轮的键、销等；第四种是扭转，例如，搅拌器的轴等；第五种是弯曲，例如，法兰连结的法兰盘等。这五种基本变形中，弯曲是最容易受一定外力而变形。一个复杂的变形可以视为某些基本变形的组合。

一构件在外力的作用下其所以产生变形甚至破坏，是由于在外力作用的同时，在构件内部会产生附加内力，通常称为内力。这个内力一方面起着抵抗作用，另一方面，它又使构件产生变形甚至破坏，这个内力随着外力的增加而增加，随着外力的消失而消除。对于任意一种具体材料来说，这个内力的增加不是无限度的，而是有一个极限值。当构件内部实际所产生的内力小于这个极限值时，构件仅产生变形而不会破坏，当内力达到这个极限值时，构件不但产生较大的变形而且将发生破坏。内力极限值的大小由构件的材质和工作条件（主要是温度条件）来决定的。例如，碳钢在高温 400℃ 以上时其内力极限值要比常温小。

由此可知，力学基础有两个重要任务，一个是通过实验的方法找出各种材料在各种条件下所能承受的极限值；另一个是通过实验或计算的方法求出构件工作时其内部实际产生的内力，并拿其值与构件的内力极限值相比较，来确定构件是否能安全可靠地进行工作。

为了判断构件在外力作用下是否安全，首先需要计算由已知外力所引起的内力大小。通常采用截面法求构件的内力。

以容器法兰连结的螺栓为例，当容器受内压作用时，会使螺栓受到一个拉力（受拉伸）P，构件就有内力 N，两力大小相等，方向相反且作用在一条直线上，使构件保持平衡。

在材料选定的条件下，构件的截面积尺寸越大则承载外力的能力也越大，也就是说它的强度也越大。所以，要确定一种材料的强度就应该消除构件尺寸对强度的影响，用单位面积上的内力来衡量，这个单位面积上的内力称为应力。对于简单的轴向拉伸和压缩情况下，横截面的应力为：

$$\sigma = \frac{S}{A} \qquad (4-75)$$

式中，σ——材料的应力，N/mm^2；

$\quad\quad S$——轴向拉力，N；

$\quad\quad A$——材料的截面积，mm^2。

用一圆柱形材料试件做拉伸实验，材料在弹性变形阶段（不留下任何塑性变形）的应力称为弹性极限，用 σ_e 表示。

如果外力增加到某一值，在外力不增加情况下而变形在继续增加，变形的程度要比弹性阶段发生的变形大的多，说明材料暂时失去抵抗变形能力的状态，称为"屈服现象"。此阶段的应力称为材料的屈服极限，用 σ_s 表示。

在屈服阶段，塑性变形增加到一定程度后，材料抵抗变形的能力又有了进一步的加强。这个阶段的特点是虽然变形随应力增加而增加，但较弹性阶段增加的快，它的主要部分为塑性变形。当应力达到最大值时，这个应力称为强度极限，以 σ_b 表示。

在应力达到强度极限 σ_b 之前，试件的变形是沿着整个长度均匀伸长，同时各横向截面收缩很小而且也是均匀的。当应力到达强度极限 σ_b 时，就会在试件的薄弱处开始产生局部的收缩，接着断裂。这个阶段称为局部变形阶段。

以上是对某一种材料进行拉伸实验会出现的几种现象以及材料的主要机械性能指标的介绍。如屈服极限 σ_s 和强度极限 σ_b，这两个极限应力是衡量某一材料的重要指标。

（三）危险应力、安全系数和许用应力

工程上常把屈服极限 σ_s 和强度极限 σ_b 叫做极限应力或危险应力，以 σ_0 表示。设备的构件必须必须小于危险应力，才能正常工作。

许用应力 $[\sigma]$ 就是将危险应力 σ_0 打一个折扣，即除上一个大于 1 的系数。这个系数称之为安全系数。对于低碳钢等塑性材料，一般取 σ_s 作为危险应力；对于铸铁等脆性材料则取 σ_b 作为危险应力。故有以下关系式：

$$[\sigma] = \frac{\sigma_s}{n_s} \qquad (4-76)$$

$$[\sigma] = \frac{\sigma_b}{n_b} \qquad (4-77)$$

式中，n_s、n_b——屈服极限 σ_s 和强度极限 σ_b 对应的安全系数。

安全系数具体数值的选择，要考虑到一系列的因数。例如，构件在设备中的重要性；要求的寿命；构件加工的质量；以及工作条件等等。一般取 $n_s = 1.5 \sim 2.0$，$n_b = 2.0 \sim 5.0$。下面举一实例说明强度计算过程。

例题 4-2 某染料厂有一高压反应釜，工作压力 $p = 4MPa$，釜的内径 $D = 1000mm$。顶盖与釜体用法兰连接，螺栓固定。螺栓的个数 $Z = 28$ 个，材料为普低钢 16Mn，查得其许用应力 $[\sigma] = 136N/mm^2$，求螺栓的直径。

解 法兰受的总拉力包括两部分：

（1）工作时抵抗内力而引起的轴向拉力，这个拉力等于釜的顶盖受到的内压力的合力，即：

$$S = p \times \frac{\pi}{4} D^2 = 4 \times 10^6 \times 0.785 \times 1^2 = 3.14 \times 10^6 \text{N}$$

而对于一个螺栓所受的拉力为

$$P_Z = \frac{S}{Z} = \frac{3.14 \times 10^6}{28} = 1.12 \times 10^5 \text{N}$$

（2）为保持法兰连接的气密性，螺栓在工作前要受到预紧力，而在工作时需要有剩余的锁紧力，这个剩余的锁紧力一般取工作拉力的 1.5 倍，即：

$$P' = 1.5 P_Z$$

由以上分析，每一个螺栓受到的总拉力为：

$$P = P_Z + P' = 2.5 P_Z$$
$$= 2.5 \times 1.12 \times 10^5$$
$$= 2.81 \times 10^5 \text{N}$$

螺栓的横向截面积 A 可由下式求出（轴向拉力 S 等于外拉力 P）

$$A \geqslant \frac{P}{[\sigma]} = \frac{2.81 \times 10^5}{136} = 2066 \text{mm}^2$$

则螺栓直径为：

$$d = \sqrt{\frac{4A}{\pi}} = \sqrt{\frac{4 \times 2066}{3.14}} = 51.3 \text{mm}$$

查螺栓标准，选用 M60 的螺栓 28 个。

二、圆筒体壁厚和搅拌轴直径的计算

（一）内压圆筒体壁厚计算

在计算螺栓直径时，材料只受到单一简单的轴向拉力。圆筒体在内压作用下发生变形，除了轴向拉伸之外，直径也稍有增大，所以，还有径向截面上的环向拉伸应力 $\sigma_{环}$。在有了力学基础知识后，可以理解圆筒体受内压力时其壁厚应与设计压力、内径和许用应力有关。具体强度计算公式为：

$$\delta = \frac{pD_i}{2 [\sigma]^t \phi - p} + C \tag{4-78}$$

式中，δ——圆筒体的计算壁厚，mm；

    p——圆筒体的设计内压力，MPa；

    D——圆筒体的内径，mm；

    $[\sigma]^t$——设计温度 t 下筒体材料的许用应力，MPa；

    ϕ——焊缝系数；

    C——壁后附加量，mm。

式 4-78 中，设计压力一般取稍高于最大工作压力。使用安全阀时，取 1.05~1.1 倍最大工作压力。使用爆破膜作为安全装置时，取最大工作压力的 1.15~1.3 倍。最大工作压力是指容器在工艺操作中顶部可达到的最大表压力。若设备内液体物料产生的静压力超过工作压力 5% 时，设计压力还应计入液体产生的静压。设计温度是指圆筒壁金属可能达到的最高温度和最低温度（指 -20℃ 以下）。不同材料的许用应力值可从设计手册中查出。公式中考虑焊缝系数是因为材料在焊接时在焊缝处材料的强度会有不同的下降。焊缝系数大小，是根据焊接形式和焊缝无损探伤检验要求选取不同数值。对单面焊不做无损探伤的焊缝系数取 0.6；双面焊，局部无损探伤的取 0.9。壁厚附加量是考虑钢板负偏差 C_1，腐蚀裕量 C_2 和加工减薄量 C_3 三部分之和。钢板负偏差与厚度有关，对于 8 ~ 25mm 的钢板取 0.8mm；26 ~ 30mm 取 0.9mm。单面腐蚀 C_2 取 1mm，双面腐蚀 C_2 取 2mm。对不锈钢，若介质腐蚀极微小时，可取 $C_2 = 0$。加工减薄量对于冷卷加工可取为零。对于热压成形的封头，可按计算壁厚（不包括附加量）的 1%，但不大于 4mm 来确定。

发酵罐所用的材料目前多用 1Cr18Ni9Ti 不锈钢板。不锈钢是铬镍含量较高的合金钢。通常把耐大气腐蚀的合金钢称为不锈钢，把在酸及其他强腐蚀介质中耐腐蚀的合金钢称为耐酸纲。人们常把上述不锈钢与耐酸钢统称为不锈耐酸钢或简称不锈钢。不锈钢的种类很多，按化学成分可分为铬钢、铬镍钢、铬锰钢、铬锰镍钢等。按显微组织可分为马氏体不锈钢、奥氏体不锈钢、铁素体不锈钢等。1Cr18Ni9Ti 不锈钢是为了提高铬镍钢耐腐蚀性，通常再加入钛、铌、铜、和硅等元素，构成各种不同型号的奥氏体不锈钢，它应用最广泛，约占不锈钢使用量的种类 70% 左右。铬镍奥氏体不锈钢的最大缺点是在氯化物溶液、碱溶液等介质中都会发生应力腐蚀破裂。

在发酵罐设计时，1Cr18Ni9Ti 不锈钢板取 $[\sigma]$ = 135N/mm^2，焊缝系数 $\phi = 0.7$（钢板未经刮边及补焊），腐蚀裕量 $C_2 = 0.5$ mm。此外，也有用 A$_3$、A$_3$F（普通碳钢型号）制做发酵罐，其许用应力 $[\sigma]$ = 93N/mm^2，C_2 通常取 2 ~ 6mm（对大型发酵罐取 6mm 为宜）。

在利用式 4 – 78 计算发酵罐受内压圆筒壁厚时，p 是最大工作压力。但发酵罐在加工后要做水压实验（通水加压到 0.3MPa，该压力大于最大工作压力）观察其加工效果，所以设计时应取 $p = 0.3$MPa。

（二）最小壁厚

对于设计压力很低的容器，按强度公式计算出的壁厚会很小，不能满足制造、运输和安装时的刚度要求。因此，要对容器规定一个最小壁厚。

对于内径小于 3800mm 的碳钢容器，取 $\delta_{min} = \dfrac{2D}{1000}$mm，且不小于 3mm。对于不锈钢容器最小壁厚不得小于 2mm。

（三）外压圆筒壁厚的计算

外压容器是指容器外面的压力大于容器里面压力的容器。例如，在发酵工厂某设备内抽真空，种子罐用夹套加热灭菌等设备就是处于外压操作。

容器受到外压作用后，在筒壁内将产生环向压缩应力，其值与内压圆筒一样。理论上在这种压缩应力增大到材料的屈服极限或强度极限时，将和内压圆筒一样会引起强度破坏。然而实际上这种情况是极为少见的，实际是受外压圆筒壁内的压缩应力经常是当它的数值还远低于材料屈服极限时，圆筒壁就已经突然压瘪，筒体的环向截面在一瞬间变成曲波面，见图 4 – 36 所示。这种在外压作用下，会突然发生的筒体失去原形，发生压瘪的现象叫做"失稳"。这种现象如同垂直拉一个塑料尺，一个人很难拉断，但若把

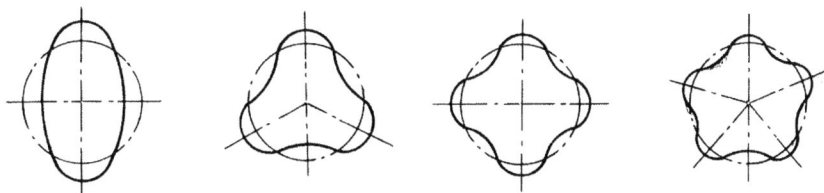

图 4 – 36　外压圆筒失稳后的形状

尺垂直放在桌上用手在尺上端向下按压就会很容易使其压弯变形。外压圆筒在失稳前，筒壁内只有环向压缩应力 $\sigma_{环}$。失稳后，伴随着突然的变形，在筒壁内会产生以弯曲为主的复杂附加应力。这种变形与附加应力会一直迅速发展到筒体被压瘪为止。所以，外压容器的失稳，实际上是容器从一个平衡状态向另一个平衡状态的跃变。导致筒体失稳的外压称为该筒体的临界压力。

临界压力与筒体尺寸的关系可观察下面的实验数据分析得出。试件是四个赛璐珞制的圆筒，筒内抽真空，将它们失稳时的真空度列于表 4 – 11。根据表中数据，可作出如下分析对比：

表 4 – 11　外压圆筒失稳定性实验（圆筒材料：赛璐珞）

实验序号	筒径毫米	筒长毫米	筒体中间有无加强圈	壁厚毫米	失稳时真空毫米汞柱	失稳时波形数
①	90	175	无	0.51	500	4
②	90	175	无	0.30	300	4
③	90	350	无	0.30	120 ~ 150	3
④	90	350	有一个	0.30	300	4

（1）比较①和②可见：L/D 相同时，δ/D 大者临界压力高（L 和 D 分别表示圆筒长和直径）。

（2）比较②和③可见：δ/D 相同时，L/D 小者临界压力高。

（3）比较③和④可见：δ/D、L/D 相同时，有加强圈者临界压力高。

总之，设备受外压，虽不能爆炸，但就变形破坏来说，比受内压更有危险性。即当工作压力一定时，受到外压时容器的壁厚一定比受内压值大。若某一设备间断地有时受内压有时受外压，两种情况要分别计算壁厚，取其大值。一般种子罐多为夹套加热，此时罐体就受外压，设计时取外压为 0.45MPa（水压实验要求）。

由于受外压容器内产生的应力比较复杂，计算较为繁琐，有人将受外压圆筒按其公称直径、长径比及设计外压不同，将其壁厚算出，列成表格，给工程设计人员带来很大方便。真空筒体壁厚查表 4 – 12，夹套壁厚可查表 4 – 13。

表 4-12　真空筒体壁厚（毫米）

容器的长与直径之比	工程直径，D_g												
	400	500	600	700	800	900	1000	1200	1400	1600	1800	2000	2200
	筒体壁厚，δ												
1	3	3	4	4	4	5	5	6	6	8	8	10	10
2	3	4	4	4.5	5	6	6	8	8	10	10	12	12
3	4	4	5	5	6	8	8	8	10	10	12	14	14
4	4	4.5	5	6	8	8	8	10	10	12	14	14	16
5	4	5	6	6	8	8	8	10	12	12	14		16

（四）搅拌轴直径的计算

发酵工厂的发酵罐搅拌轴消耗的功率较大，并且轴较长，是消耗钢材较多、加工要求较高的一个构件。工艺设计人员应该掌握对搅拌轴直径的计算方法，便于在工艺改革和自加工设备时提供数据。

搅拌轴的材料常用 45 钢，有时还需进行适当的热处理，以提高轴的强度并减少轴旋转时的磨损。没有条件进行热处理且轴径允许裕度较大时，可选用 A_5 钢甚至 A_3 钢。当耐磨损要求较高或不允许有铁离子污染时，应当选用不锈耐酸钢或采取防腐措施。

表 4-13　夹套壁厚（毫米）

容器的长与直径的比	公 称 直 径																										
	600			700			800			900			1000			1200			1400			1600			1800		
	夹套内压力，公斤/厘米^2（容器内压力≤10公斤/厘米^2）																										
	2.5	4	6	2.5	4	6	2.5	4	6	2.5	4	6	2.5	4	6	2.5	4	6	2.5	4	6	2.5	4	6	2.5	4	6
	筒 体 壁 厚																										
1	6	6	6	6	6	8	6	8	8	6	8	8	8	8	10	8	10	10	10	10	12	10	12	12	12	12	14
2	6	6	8	6	8	10	8	10	10	8	10	12	10	10	12	10	12	12	12	12	14	14	14	16	14	16	18
3	8	8	10	8	10	10	10	10	12	10	12	12	10	14	14	12	14	16	14	16	18	14	16	20	16	18	22
4	8	10	10	8	10	12	10	12	12	12	12	14	12	14	16	14	16	16	16	16	20	16	18	18	18	20	24
5	8	10	12	10	12	12	10	12	14	12	14	16	14	16	18	16	18	20	16	18	20	18	20	22	18	22	26

　　注：1. 本表适用工作温度 ≤150℃，适用材料为 $\sigma_s = 2100 \sim 2700$ 公斤/厘米^2 的 A_3、A_3F、15g、20g、0Cr13、1Cr13 等。

　　2. 本表是按图算法算得后调整为常用钢板规格。

　　表 4-13 是采用工程单位制（1 公斤/厘米^2 = 0.098MPa）

搅拌轴转动时，要承受扭转和弯曲的组合作用，其中以扭转作用为主，若严格按公式计算比较麻烦，所以，工程上常用近似方法进行强度计算。它的依据是假定轴只承受扭矩的作用，然后用增加安全系数以降低材料的许用应力来弥补由于忽略弯曲作用所引起的误差。其估算式（估算式单位不要求统一，力求使用方便）为：

$$d \geqslant A\sqrt{\frac{N}{n}} \qquad\qquad (4-79)$$

式中，d——轴的最小计算直径，cm；

  N——轴功率，马力（1kW = 1.36 马力）；

  n——轴的转速，r/min；

  A——随材料许用应力 $[\sigma]$ 变化的系数。

A 随 $[\sigma]$ 变化数值可从表 4 - 14 中查取。

表 4 - 14　常用轴材料的 $[\sigma]$ 值及 A 值

轴的材料	A_3、20	A_5、35	45	1Cr18Ni9Ti
$[\sigma]$，N/mm²	12 ~ 20	20 ~ 30	30 ~ 40	15 ~ 25
A	14.34 ~ 12.41	12.1 ~ 10.6	10.6 ~ 9.64	13.4 ~ 11.3

注：$[\sigma]$ 是考虑了弯曲的影响而降低了许用应力，若轴上弯矩影响较大以及还有其他不利因素（轴很长，运转不平稳等），则 $[\sigma]$ 应取较小值。

　　由强度计算出轴直径后，还必须考虑轴上会因固定要求要开有键槽或孔等所造成的轴横截面的局部减小，因此，直径计算后还应适当给予增大。按照一般经验，开一个键槽时，直径应增大 4% ~ 5%；在同一截面若开两个键槽，要增大 7% ~ 10%；若轴上开有对穿销孔，孔径/轴径 = 0.05 ~ 0.25 时，轴径至少要增加 15%。

　　应该指出的是，以上求得的轴径仅是根据强度要求所需的最小直径，还必须根据具体操作情况考虑轴的腐蚀裕度和因结构变化后所应增加的附加量。在一般情况下，腐蚀裕度可取直径增加 2 ~ 4mm。最后还要按标准直径系列加以圆整。对于发酵罐多用滑动轴承，其标准轴径分别为：18、20、22、25、28、30、32、35、38、40、45、50、55、60、65、70、75、85、90、95、100、110 等毫米。

主 要 符 号 表

符　号	意　义	法定单位
a	比表面积	m²/m³
A	材料横截面积	mm²
B	下搅拌距底间距离	m
C	冷却水容热	kJ/（kg·℃）
C	壁厚附加量	mm
C_L	液相主体氧浓度	mol/m³
D	发酵罐内径	m
D	扩散系数	m²/s
d	搅拌器直径	m
F	发酵罐传热面积	m²
g	重力加速度	m/s²

符号	意义	法定单位
H	发酵罐筒身高	m
H_L	液位高度	m
H_0'	气液混合物中气体的体积分数	
h_a	封头凸出部分的高度	m
h_b	封头的直边高度	m
K	稠度系数	$Pa \cdot s^n$
K_G	总传质系数	$mol/(m^2 \cdot s \cdot Pa)$
K_L	总传质系数	m/s
m_b	挡板个数	个
m	搅拌器层数	层
N_a	通气准数	无因次
n	搅拌器转速	r/s
n	流动特性指数	
P	搅拌器轴功率	W
$P_1 、 P_0$	进出口空气压力	Pa
P_m	多层搅拌器功率	W
p	气泡内压力	Pa
p	圆筒的设计压力	MPa
p^*	与 C_L 平衡的分压	Pa
W	挡板宽度	m
W	冷却水用量	kg/s
w	液固相对速度	m/s
X	细胞浓度	kg（干重）$/m^3$
$y_1 、 y_0$	进出口空气中氧摩尔分数	
δ	圆筒的计算厚度	mm
η	刚度系数	$Pa \cdot s$
μ	黏度	$Pa \cdot s$
ρ	液体密度	kg/m^3
σ	表面张力	N/m
$[\sigma]$	许用应力	MPa
τ	剪切力	N/m^2
τ_0	屈服应力	N/m^2
φ	焊缝系数	

习　题

1. 有一罐径为 3m，装料液为 36m³ 的发酵罐（通用式发酵罐），装料系数为 0.75，罐底直边高度为 0.04m，凸出部分高度为 0.75m，求罐内液体层深度 H_L 和高径比 H/D 各为多少？

（答：$H_L = 5.35$m；$H/D = 2.1$m）

2. 在第一题的发酵罐内装有三层六弯叶涡轮搅拌器，其直径为 1m，搅拌转速为 120r/min。采用以下指标，通气量为 25m³/min（标准状态），罐压为 0.4 个大气压（表压），液体密度为 1055kg/m³，黏度为 50cP（1cP = 10⁻³Pa·s）。求不通气时的搅拌功率 P 和用密氏公式计算通气时的搅拌功率 P_g 各为多少？

（答：$P \approx 118$kW；$P_g \approx 49$kW）

3. 若使发酵罐内搅拌器的动压头 H 和翻动量 Q 各增加 20%，问搅拌器转速 n，直径 d 及搅拌器功率 P 将发生什么变化？若搅拌器直径 d 减少 10%，转速 n 增大 20%，相应的 P、H、Q 会发生什么变化？

（答：n 和 d 各增加 5%，P 增加 44%；P 增加 1.9%，H 增加 17%，Q 减少 12.5%）

提示：利用 $P \propto n^3 d^5$；$H \propto n^2 d^2$；$Q \propto nd^3$，用其中两式之比消去一个变量。

4. 实验罐装料体积为 600L，罐径 0.8m，筒高 1.6m，装料系数为 0.75，搅拌器直径 0.27m，转速为 300r/min，通气比为 1:1.2（标准）（即 $VVM_1 = 1.2$），罐温为 28℃，罐压为 0.3 大气压（表压），液体密度 ρ 近似取 1000kg/m³，不通气搅拌功率为 3kW/m³（液体），通气时为 1.6kW/m³（液体），现放大 125 倍。试求：生产罐主要尺寸；空气流量；转速及功率。

注：空气空气流量放大用 $K_L a$ 相等方法，转速与功率用 P_g/V 相等方法。

（答：$D_2 = 4$m；$H_2 = 8$m；$VVM_2 = 0.438$；$n = 94.4$r/min；$P = 175$kW）

提示：$P = 3 \times 0.6 = 1.8$kW

利用公式 $H_L = \dfrac{V_L - V_b}{\dfrac{\pi}{4} D^2} + h_a$ 求出：$H_{L1} = 1.24$m；$H_{L2} = 6.2$m。

利用公式 4 - 61 $P = (P_t + 1.0133 \times 10^5) + \dfrac{9.81}{2} H_L \rho$ 求出：$P_1 = 1.36$ 大气压；$P_2 = 1.6$ 大气压。

利用公式 4 - 59 $w_s = \dfrac{2836.8 (VVM)(V_L)(273 + t)}{PD}$ 求出：$w_{s1} = 69.7$m/h。

利用公式 4 - 64 $\dfrac{(w_s)_2}{(w_s)_1} = (\dfrac{D_2}{D_1})^{\frac{1}{3}}$ 求出：$w_s = 119.2$m/h。再代入所求公式可求出答案结果。

5. 通用式发酵罐设计（对于已正常生产的品种只是产量不同）。已知设计参数：年产量（代号取 G）为 40t 青霉素，年工作日 $m = 330$ 天（每年留出一个月大修时间），成

品效价 $U_P = 1580$ 单位/mg，总收率为 60%（指发酵液在液 – 固分离后进入提炼岗位前的收率 η_m 和提炼收率 η_p 的乘积），发酵水平 $U_m = 15000$ 单位/ml，发酵周期 $t = 7$ 天，每天放一罐，罐总台数 $n = 7$，装料系数 $\eta_0 = 0.75$。设计内容：

（1）发酵罐的公称容积 V_0 及罐径 D；（答：$V_0 = 28.4\text{m}^3$，取整数 30m^3，$D = 2.6\text{m}$）。

提示：此题不是放大设计问题，求公称容积 V_0 时，可采用物料衡算式 $G = V_0 \cdot \eta_0 \times$

$10^6 \cdot U_m \cdot \eta_m \cdot \eta_p \dfrac{1}{U_P} \cdot \dfrac{1}{10^9} \cdot \dfrac{n}{t} \cdot m$，得公式 $V_0 = \dfrac{1000\,G \cdot U_P \cdot t}{m \cdot n\,(\eta_m \eta_p)\ \eta_0 \cdot U_m}$。

（2）确定发酵罐各部主要尺寸（取高径比 $H/D = 2$，$D/d = 3$，$W = 0.1D$，$(s/d)_3 = 1.3$，$B/d = 0.9$）；

（答：$H = 5.2\text{m}$，$W = 0.25\text{m}$，$d = 0.85\text{m}$，$B = 0.77\text{m}$，$s = 1.2\text{m}$）

（3）取发酵液密度 $\rho = 1050\text{kg/m}^3$，黏度 $\mu = 100\text{cP}$，采用六箭叶涡轮搅拌器，转速 $n = 150\text{r/min}$，通气比为 1:0.6（标准状态），发酵罐温为 28℃，罐压为 0.3 大气压。求搅拌（三层）功率和通气管内径（管内气速取 20m/s）。（答：$P = 85.1\text{kW}$，通气管内径为 0.1m）

提示：由公式 4 – 61 求出 $P = 1.51$ 大气压，再利用公式 $Q_g = \dfrac{VVM \cdot V_L \cdot (273 + t)}{273} \cdot$

$\dfrac{1}{P}$（P 的单位是大气压）求出工作条件下空气流量 $Q_g = 9.9\text{m}^3/\text{min} = 0.165\text{m}^3/\text{s}$，再根据流量公式就可求出通气管内径。

（4）已知发酵热 $Q_发 = 16784\text{kJ/}(\text{m}^3 \cdot \text{h})$，蛇管换热器传热系数 $K = 523\text{W/}(\text{m}^2 \cdot ℃)$，发酵温度为 28℃，冷却水进、出温度分别为 $t_1 = 20℃$，$t_2 = 24℃$，求换热器传热面积 F。（答：33.4m^2）。

（5）取碳钢 $[\sigma] = 93\text{N/mm}^2$，壁厚附加量 $C = 6.8\text{mm}$，设计压力 $p = 0.3\text{MPa}$，系数 $A = 10.6$ 求发酵罐厚度 δ 和搅拌器直径 d。（答：$\delta = 13\text{mm}$，$d = 95\text{mm}$）

第五章

固定化酶系统中的传质及酶反应器

与微生物一样，酶也是生物反应中常用的一种生物催化剂，它是一类由活细胞产生的具有催化功能的蛋白质。酶的催化作用，在人类还不知酶是何物时，就已经凭丰富的实践经验用酶来为人类服务。到目前为止，工业上大量生产的酶已有几十种，广泛应用在食品、纺织、制革、医药、和三废治理等各方面。由于利用酶反应代替化学反应可以简化工艺和设备，提高生产质量，降低原料消耗，改善劳动条件，节约能源，减少环境污染等，有很多优点，所以，人们认为在工业上开发利用酶是 21 世纪生物技术领域中最重要的技术革命之一。

酶反应历来多是在水溶液中进行，其中酶催化反应又称酶促反应，属于均相反应。酶促反应动力学是研究酶反应速度的规律。它是生化工程的基础，在研究酶反应器的设计、操作性能以及了解产物的数量、质量等诸方面问题时，均少不了酶促反应动力学的知识。

1913 年，Michaclis 和 Menten 把单底物酶促反应的总反应式表示为：

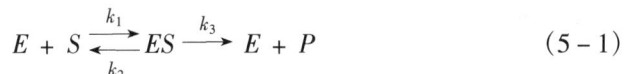

$$E + S \underset{k_2}{\overset{k_1}{\rightleftharpoons}} ES \overset{k_3}{\longrightarrow} E + P \tag{5-1}$$

式中，E 为酶、S 为底物、ES 为酶 – 底物的络合物、P 为产物，k_1、k_2、k_3 为动力学常数。并导出米氏方程（Michaclis – Mente equation）

$$r = \frac{k_3[E]_0[S]}{K_m + [S]} \tag{5-2}$$

或

$$r = \frac{r_{mak}[S]}{K_m + [S]} \tag{5-3}$$

式中，$[E]_0$ 为初始加入酶的总浓度；$K_m = \dfrac{k_2 + k_3}{k_1}$，称为米氏常数；$r$ 为反应速度。

米氏方程定量地关联了反应速度与底物浓度的关系，具有双曲线型。在底物浓度很低时，则 $K_m \gg [S]$，于是式 5 – 3 可简化为：

$$r = \frac{r_{max}}{K_m}[S] \tag{5-4}$$

米氏方程提供了一个极为重要的酶催化反应的动力学常数 K_m。K_m 表达了酶催化反应的性质、反应条件和酶催化反应速度之间的关系（K_m 是各速度常数的函数，而各速度常数又决定于反应性质、反应条件等）。动力学参数一般都可根据动力学实验求得。

酶催化剂具有很多的优点，但是，均相酶也有众多的弱点。第一，游离的溶液酶在反应过程中会随着产品一起流失，这不仅造成了酶的损失，增加了生产费用，而且随着产品流出的酶，又会影响产品的质量；第二，溶液酶在反应后，分离困难，无法重复使用；第三，溶液酶十分脆弱，会因机械力、流体流动产生的剪切力和流体表面张力等作用，使酶的活性降低，往往使用不久就会变性甚至失去活力。但自20世纪60年代固定化酶技术问世之后，就基本克服了溶液酶在这些方面的缺陷。酶经过固定化后，不会再流失，也不会污染产品质量。固定化酶经过滤或离心分离后，可以长时间重复使用，而且酶的稳定性也得到提高，见图5-1所示。进入20世纪70年代以来，固定化酶受到各国学者的瞩目，纷纷开展固定化酶的研究，并有"固定化生物催化剂"之称。在实际应用中，固定化酶可以装在某一反应器内，使生产以连续运转方式进行，有利于生产的自动化和连续化，有利于生产率的提高。固定化酶的出现，是酶技术的一大进步。但是，酶固定化后，老的问题解决了，新的问题又随之产生。这些新问题主要是酶的活性受到了一定的影响。本章将简要讨论酶在固定化后，所表现出来的与溶液酶不同的特性及有关影响因素，最终目的是达到正确分析和选用酶反应器。

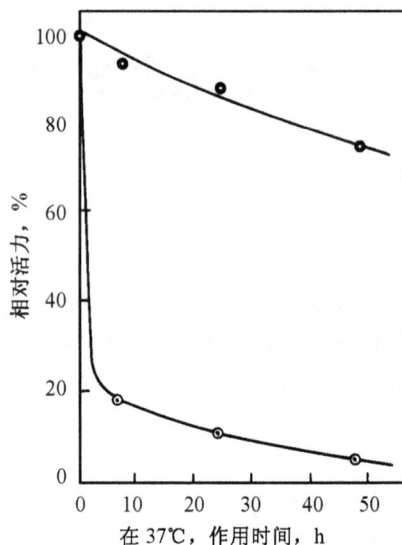

图 5-1 葡萄苷酶经固定化◎后，稳定性比溶液酶⊙大为提高

第一节 固定化对酶促反应动力学的影响

一、影响固定化酶动力学的因素

溶液或游离酶，在固定化后，酶的性质会发生很大的变化；其反应的特性往往也会有很大的改变。许多研究证明，在一定的底物浓度下，固定化酶的活力要比等量的游离酶的活力要低。造成酶活性变化的因素很多，但研究证明，固定化引起酶行为的改变，主要可认为由于如下两种因素造成。第一，由于酶分子本身结构的改变，或者由于酶分子邻近空间的情况发生变化，使底物进入酶活性部位受到阻碍，而引起酶活性的降低。上述因素乃属于结构、空间因素。第二，由于酶周围局部区域的不均匀性，例如，酶邻近处与主体溶液中底物和产物浓度的差异，也会影响酶的动力学特性。下面对这两个主要因素作分析与讨论。

（一）结构、空间因素－酶分子结构改变和屏蔽效应

研究固定化对酶活性的影响，主要是把与载体结合的酶与溶液中游离酶的活性进行比较。酶固定化后活性降低，通常是由于酶的结构发生了改变，或者由于酶分子的邻近

造成空间阻碍所引起。这两种效应可用图5－2阐明。因为，酶分子与载体之间一般是由共价键结合的。所以，在键力的作用之下，整个酶分子的结构就有可能被扭曲或拉长，从而改变了酶活性部位的三维构象。由于酶的活性与其三维构象的特殊形态关系十分密切，因此，这种酶分子空间结构发生变化，就会显著地影响酶的催化活性。

屏蔽效应是由载体的遮蔽作用所引起。当酶与载体结合后，载体会阻碍底物进入酶分子的活性部位。因而可以认为，酶固定化后的活性降低与这种遮蔽或空间效应也有关系。例如，在葡聚糖凝胶上共价交联的胰蛋白酶和木瓜蛋白酶，其活性低于结合在琼脂糖时的活性。究其原因，就是因为交联在葡聚糖凝胶上时的遮蔽要大于交联在琼脂糖载体所致。又如，增大载体的交联程度，也会使底物不易接近酶，从而造成酶活性的减退。此外，屏蔽效应还可以说明，为什么非水溶性胰

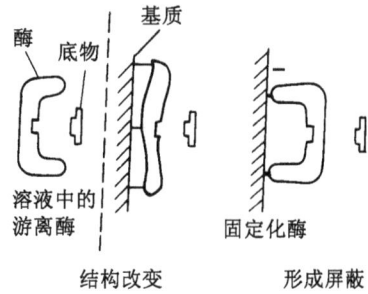

图5－2　固定化酶的结构改变和屏蔽效应

蛋白酶的抑制作用与抑制物的分子量大小成反比的关系。也就是说，抑制物愈大，愈不易接近酶分子，因而造成的抑制作用愈小；反之，抑制作用愈大。

酶的固定化，虽然影响了酶的活性，但是，也增加了酶的稳定性。这是因为酶经固定化后，它的蛋白质结构变得稳定，避免了自溶作用；同时，化学试剂的损坏和微生物的侵袭也将大大减弱。

（二）酶周围浓度的不均一因素－分隔效应和扩散阻力

造成固定化酶活性降低的原因，除上述结构和空间效应之外，还有浓度的不均一因素。

当酶促反应在搅拌良好的均一溶液中进行时，系统中各物质的浓度均匀一致。但是，当反应在含有固定化酶的非均一系统进行时，情况就不一样。此时，由于种种因素影响，使在固定化酶邻近（称微环境）与主体溶液（宏观环境）之间出现浓度的差异，见图5－3所示。在一般条件下，测得的数据是宏观环境中的浓度，而真正反映该反应本来特征的行为却是微环境的浓度。因此，鉴于这些差异，便导致非均相固定化酶系统的动力学行为是有别于溶液酶的情况。而造成这种浓度差异的原因，即是分隔效应和扩散阻力。

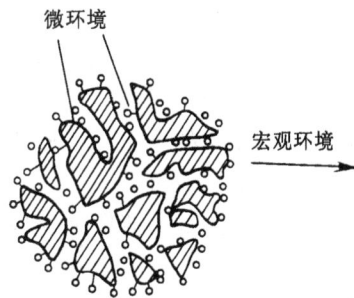

图5－3　含有固定酶的多孔载体示意图

一般来说，分隔效应是由于固定化载体与底物之间的疏水性、亲水性以及静电作用等原因所引起的。分隔效应造成微环境与宏观环境之间物质浓度的不均匀分布。例如，非极性的底物附着于疏水性的载体上要比溶解于水溶液中更容易些。因此，这种底物在疏水性载体上的浓度就要比周围溶液中浓度要大。同样，当载体与底物都负有电荷时，这些物质在微环境及宏观环境中的浓度也将不同。

在非均相酶系统进行反应时，还将遇到底物和产物的扩散传递问题。鉴于扩散阻力与物质的分子大小及扩散系数值大小有关，一般而言，分子愈大、扩散系数愈小，传递阻力就愈大。而酶促反应中涉及的生物物质分子量一般都很大，而扩散系数又很小，见表 5-1。由此可见，固定化酶系统中的扩散阻力必然十分显著。又因为酶的催化活性往往又很高，所以，在大多数固定化酶系统中，微环境内底物的枯竭会相当严重，这也是造成固定化酶活性降低的一个重要原因。

表 5-1　某些物质的分子量及在水中的扩散系数 D（20℃下）

物　　质	分　子　量	扩散系数 D（$\times 10^8 m^2 \cdot s^{-1}$）
葡萄糖	180	6.7
蔗　糖	342	4.5
核糖核酸酶	5200	2.3
血清蛋白	66 500	0.6
血纤维蛋白原	330 000	0.2
肌球蛋白	440 000	0.105
脱氧核糖核酸	600 000	0.013
H_2	2	51.3
CO_2	44	15.0

图 5-4 表明了酶固定于某些多孔膜内时，底物（S）和产物（P）可能出现的几种浓度分布。如果是由于静电、疏水性或亲水性的作用，使这些物质在载体与液相之间形成浓度差，那么，此时界面处的浓度变化就非常突然，犹如中间有屏障分隔一样。但是，若是因扩散阻力造成主体溶液与多孔载体之间的浓度差异，那么，这种变化将是逐渐变化的。通常，扩散阻力和分隔效应的作用是同时发生的，于是，底物和产物的浓度的分布就如图 5-4 所示。

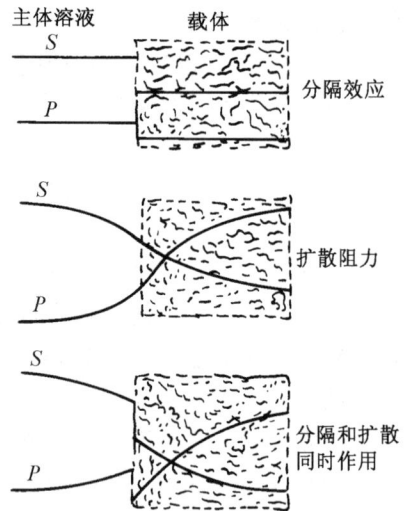

图 5-4　几种可能的浓度分布

由于生物物质在液体和凝胶载体中的传质相当缓慢，所以，扩散阻力常常是降低固定化酶活性的重要因素。

在考虑扩散与酶促反应之间的相互作用时，还应注意外扩散和内扩散之间的重要区别。因为内扩散与酶反应一般是同时发生或平行进行的，因此，两者是相互偶合的。而外扩散则通常是先于反应发生，与反应过程是串联进行的。由此，在分析酶反应与外部传递及酶反应与内部传递之间的相互作用时，所用的数学方法就不同。

在研究外扩散的单独影响时，一般是考察结合与不透性表面上酶的行为；而研究内扩散影响时，则是考察当酶包埋于多孔载体，且溶液主体给予充分搅拌时的情况。

二、外扩散过程对反应的影响

如欲单纯地考察外扩散作用，则一般宜把酶固定于无通透性能的载体表面上，以排除内扩散的影响，研究外扩散对米氏动力学的影响。当酶分子所依附的无通透性能载体表面与含有底物的溶液接触时，总的反应将由下列三个相互串联的过程组成：①底物从主体溶液传向表面；②底物在表面上转化为产物；③产物从表面传向主体溶液。

图5-5显示了靠近固体表面处底物和产物的浓度分布情况。此时底物的消耗以及产物的积累量取决于表面上酶的活性和溶液中物质的传递速率。酶的活性愈大，物质传递速率愈慢，则底物在表面愈易枯竭，产物的积累也愈大；反之产物的积累愈小。

酶的活性可由米氏公式表示，物质的传递速率则可由传质公式获得。设底物和产物在整个载体的外表面上均匀一致，则底物和产物的传递速率可表示为：

$$J_s = k_s(S - S_0) \tag{5-5}$$

$$J_P = k_P(P_0 - P) \tag{5-6}$$

式中，J_s 和 J_P 分别为底物与产物的传递速率；k_s 和 k_P 各为底物和产物在液相中的传质系数；S、P 各为液相主体中底物和产物的浓度；S_0 和 P_0 为载体表面上的浓度。

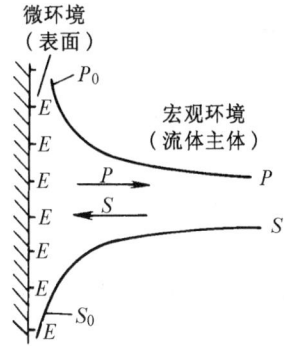

图5-5　固定化酶催化时的底物和产物浓度分布

由于反应的总过程是外部传递和表面反应两者的集中反映，因此，由于受扩散限制作用，所表现出来的反应速度（即有效速度 r）就既与底物的传递系数有关，同时又与反应动力学参数 r_{max} 及 K_m 有关。但是，有效速度受外部传递和表面反应两者的影响程度并不均等。例如，如果底物传递的速率相当快，而酶促反应的速率又相对很慢时，那么，此时过程的有效速率就取决于表面反应，而与传递无关。这种情况称为动力学控制，过程有效速率即由最大的表面反应速度反映。反之，如果酶的活性极高，表面反应极快而底物的传递速率相对很慢时，则此时过程的有效速度只受底物传递速率快慢的支配，而与表面反应无关。这种情况称之为扩散控制，过程的有效速率将由底物的最大传递速率给出。如果情况介于上述两者之间，那么，有效速率将受到反应和传递两者的限制。

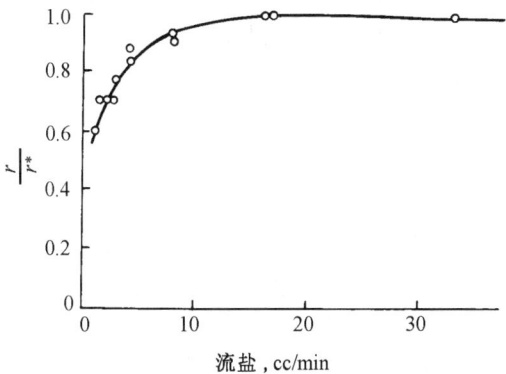

图5-6　外扩散影响的实验结果

许多研究者都已证实了固定化酶系统中，外扩散阻力的存在，例如，发现了反应速度与反应器中的搅拌速率以及与流动反应器中的流速有关。图5-6即揭示了固定化胰蛋白酶在填充床反应器内液体流量对反应速度的影响。图中 r^* 是在高液体流量操作条件下（外扩散影响可忽略时）获得的反应速度。

三、内扩散过程对反应的影响

在液相主体中，若混合良好，外扩散阻力通常很小，可以忽略不计。然而，对包埋或吸附于多孔性载体中的酶而言，内扩散阻力却往往是影响非均相酶反应动力学行为的重要因素，因而，对反应和内扩散的相互作用，必须重视。

描述反应和内扩散之间相互作用的固定化酶模型，主要有均匀分布酶分子的多孔性模片模型和多孔球形颗粒模型两种。同时，假定反应服从米氏动力学规律。

当酶包埋或吸附于多孔性载体中时，必须考虑底物与产物在孔内的传递问题。例如，膜片模型是假定酶分子在膜内均匀分布，并且膜片的一边暴露于浓度均一的底物溶液内，而另一边封闭；或者两边都暴露与同样的底物溶液中。对固定化酶系统而言，外扩散的影响通常可用增加搅拌速率或流体流速的措施加以消除，而获得仅有内部传递影响的固定化酶系统。对于这类较为简单的模型来说，最常用的处理方法是取微元体进行物料衡算，建立微分方程，先用数值法求解微分方程，然后用无因次量归纳计算结果和用无因次模数描述扩散和反应之间的相互作用。

研究者证实了胰凝乳蛋白酶经固定在多孔性球形载体后内扩散阻力的存在。并且得出了当颗粒直径较小时（$R = 10\mu m$），内扩散阻力可以忽略；当颗粒直径较大时，$R = 60\mu m$ 时内扩散阻力就开始起作用

以上只是简单定性的介绍了扩散对酶反应的影响，目的是对后面介绍的固定化酶反应器能有一定的分析其各自特征的能力。实际情况下，两种扩散阻力往往是同时存在的，还存在扩散阻力引起的扩散抑制作用和抑制物引起的化学抑制作用等，是个较为复杂的过程。

第二节　酶　反　应　器

用于酶催化反应的装置称为酶反应器。酶反应器也是生物反应器的一类，它可以是溶液的酶，也可以是固定化的酶起催化剂作用。由于固定化细胞与固定化酶在许多方面均极为相似，故以下讨论的固定化酶反应器的有关内容，同样适用与固定化细胞。

在酶制剂工业中，目前使用较多的还是价格便宜的水解酶类。使用游离酶为催化剂，反应结束后催化剂很难回收，但应用游离酶进行催化反应一般可获得较高的产物收率。同时，在工业上有些场合不得不使用游离酶，如溶液黏度太大，水解反应很难在固定化酶的固定床中进行等场合；对于纤维素、果胶、壳质等固体底物，必须将这些底物预先粉碎成粉末，再与溶液中的游离酶进行反应。所以，目前游离酶还是被广泛采用。固定化酶的出现，是酶技术的一大进步，但是，固定化酶能否应用于工业生产，在很大程度上还取决于酶反应器的设计和选用。因此，近些年来，各界对酶反应器的研究越来越重视。

一、酶反应器的类型

酶反应器主要有间歇反应器、连续搅拌釜式反应器、填充床反应器及流化床反应器等。除此之外，还有一些特殊型式的反应器。如连续搅拌与超滤膜相结合的反应器、酶膜反应器、中空纤维管反应器、开启管式反应器以及螺旋卷绕膜式反应器等。本节将对其中一些酶反应器做简单的描述和讨论。表 5-2 列出了溶液酶、固定化酶反应器的型式及操作方式。某些酶反应器的类型见图 5-7。

表 5-2　溶液酶、固定化酶反应器型式

型式名称		操作方式	说　明
均相酶反应器	搅拌罐超滤膜反应器	分批、流加 分批、流加、连续	机械搅拌 通过反应器内的膜将酶保留在反应器内
固定化酶及固定化细胞反应器	搅拌罐	分批、流加、连续	机械搅拌、固定化酶悬浮于反应液中，并保持在罐内，不排出
	固定床	连续	广泛用于固定化酶与固定化细胞中
	流化床	分批、连续	靠流体流动使固定化酶悬浮在流体中
	膜式反应器	连续	通过反应器内的膜将固定化酶保留在反应器中
	鼓泡床	分批、连续	适用于有气体参加的反应

（一）间歇式反应器

间歇式酶反应器通常为带有搅拌器的罐式反应器，设置有夹套或盘管用于加热或冷却罐内物料来控制温度。这类反应器主要用于游离酶反应，操作方法是将酶与底物一起加入反应器内，待达到预期的转化率后随即放料。在这种情况下一般不回收游离酶，通常被用于食品工业和饮料工业。如将固定化酶用于此类反应器，则每批反应都要通过过滤或离心分离从流出液中分离出固定化酶，但酶经反复循环回收会失去活性，故间歇反应器用在固定化酶的情况很少。

（二）连续流动搅拌釜式酶反应器（CSTR）

连续流动釜式反应器在结构上与间歇釜式反应器基本相同，只不过前者以恒定的流速流入新的底物溶液，与此同时，反应液则以同样的流速流出反应器。在理想的 CSTR 中，由于激烈的搅拌作用，釜内各点浓度均匀一致（等于出口浓度）。敞式 CSTR 便于更换固定酶，易于控制温度和 pH 值，能处理胶态和不溶性的底物。缺点是 CSTR 是在底物浓度下进行反应，其平均反应速度低于 PFR，由于搅拌桨产生的剪切力较大，常会引起固定化酶的破坏。

为了使酶催化剂保留在反应器内，需在反应器出口处设置一过滤装置。近来有一种改良的 CSTR，这就是将载有酶的圆片聚合物，固定在搅拌轴上或放置在与搅拌轴一起转动的金属网框内,这样既能保证反应液搅拌均匀,又不损坏固定化酶。另一改良措施是采用螺杆或螺带式搅拌器来减少剪切力。CSTR 适用于底物抑制的场合。

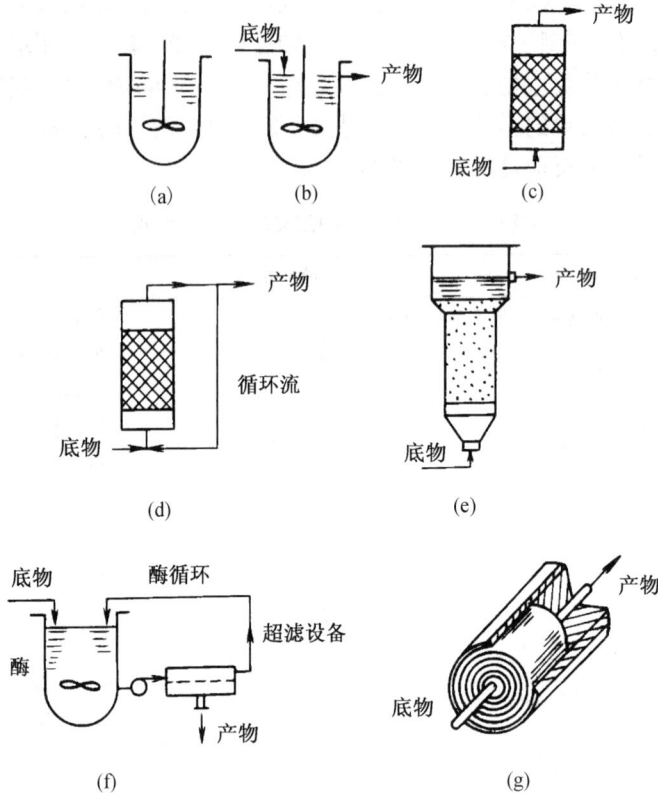

图 5-7 几种酶反应器

a. 间歇反应器;b. 连续式搅拌反应器;c、d. 固定床;

e. 流化床;f. 全混搅拌釜 – 超滤膜反应器;g. 螺旋卷绕膜式反应器

(三) 填充床反应器 (Packed bed reactor , PBR)

这种反应器使用最为普遍,迄今已发表的固定化酶反应器的研究工作主要也集中在填充床反应器。当原料通过固体催化剂床层时,催化剂颗粒静止不动,这种反应器称为填充床反应器或称固定床反应器。填充床反应器可以是塔式,也可以管式。固定化酶可以各种状态,如球形、碟形、薄片、小珠、丸粒等填充于床层内。它使用的载体有多孔性玻璃珠、珠状离子交换树脂,如二乙胺乙基 – 葡聚糖凝胶、圆片状聚丙烯酰胺凝胶、薄片形聚合物、胶原蛋白薄膜片等。近年来,新型的球形微囊体也已开始用于填充床。

填充床反应器内流体的流动形态,接近平推流 (又称活塞流) 流型 (PFR)。此反应器的优点是,单位反应器体积的催化剂颗粒装填密度高,结构简单,建造费用低,适用于易磨损的固定化酶。由于接近平推流,当有产物抑制时,采用这种反应器可获得较高的产率。缺点是传热、传质系数相对较低 (加上循环装置后可适当改善)。固定化酶颗粒的大小会影响压力降和内扩散阻力 (颗粒大小应尽量均匀)。当反应液内含有固体物料时不宜采用此反应器。因为,固体物质会引起床层的堵塞。近些年来,填充床反应器也有了一些新的发展。例如，水平填充床反应器、气相填充床反应器和多柱串联填充床反应器等。

（四）流化床反应器（Fluidized bed reactor，FBR）

在流化床反应器内，底物溶液以足够大的流速向上通过固定化酶床层，使固定化酶颗粒在流体中保持悬浮状态，即流态化状态进行反应。这种流动方式，使反应液的混合程度介于 CSTR 的全混流和 PFR 的平推流之间。在 FBR 中，由于混合程度高，所以传热、传质情况良好，可用于处理黏性大和含有固体颗粒的底物；也可以用于需要供应气体或排放气体的反应。对于要求停留时间较短的反应也可用 FBR。但 FBR 中混合均匀，故不适合有产物抑制的反应。为了减轻产物抑制引起的不良影响，一般可采用多个 FBR 串联或将 FBR 分成几个不同区域在不同进口处加入反应液的结构。近些年来，为了提高固相和液相密度差，以利于提高传质速率，又发展了在固定酶（细胞）内添加微小的沙粒、不锈钢微粒等惰性物质的方法。以及通过加入磁性物质，使床层可在磁场操纵下运行的新技术。在水解乳清中的乳糖、水解淀粉以及葡萄糖异构化等，都采用了流化床反应器。

（五）膜式酶反应器

酶是一种高分子化合物，因此，可以用适当孔径的膜将酶堵在反应器内，只让产物和未反应的底物通过并排除。膜式反应器是一种利用膜的分离功能，同时完成反应和分离过程的生化反应器。

膜可根据其分离的粒子大小进行分类。按膜的孔径由小到大依次分为：反渗透膜、超滤膜、微滤膜及普通过滤膜。膜的材料多为合成高分子材料，但陶瓷材料最近也越来越受到重视。作为膜，目前常见的有微孔聚丙烯、聚乙烯、聚四氟乙烯及聚砜膜等，这些膜耐热性强，可以用蒸气灭菌，并可以做成各种形状。

将含有酶的膜片和支承材料，交替地缠绕于中心棒上可制成螺旋卷绕膜式反应器。所用的膜片一般是胶原蛋白，支承材料则是一惰性聚合网状物。支承材料的作用是把相邻的两层酶膜分开，以防止酶层相互重叠。螺旋元件具有许多的流动分隔空间，能为底物与固定化酶之间的传质提供很大的表面积。把螺旋元件装配入圆筒内后，再在筒的两端配以盖板及进出口接管后，便可制成螺旋卷绕膜式反应器。这种结构的反应器具有很多优点。例如，螺旋元件可把流体流动的单元分隔成很多独立的空间。当底物流经这些独立空间并与酶接触时，都具有相同的流体动力学条件和相同的停留时间，可改善接触效果，消除短路的发生。并且，膜状的网孔支承物，能增加每一流动间隔的混合效果，增强物质传递过程。它的作用类似于板式换热器中增强局部湍流程度的结构。

把酶结合于半透性中空纤维中，可以制成类似于培养动物细胞的中空纤维膜式反应器。反应器中的中空纤维半透膜只许底物和产物等小分子量的物质通过，而分子量较大的酶则不能通过。用这种固定化酶填充的反应器，可以提供较大的催化表面，它的结构类似于列管换热器。在这种反应器中，酶与中空纤维可按不同的方式安排。例如，酶可以包埋于中空纤维内腔，然后，再把纤维束放置于反应器内。操作时，底物流经纤维外表面，并扩散进入纤维内腔，再在腔内发生酶促反应。另一种方式是把酶保留在纤维的外侧，而底物则流经纤维内腔。这些体系的缺点是，中空纤维的制造极为困难，难以保证纤维束内流体流动的均匀性及有较大的物质传递阻力等。

将溶液中的高分子酶和低分子化合物进行分离最合适的是超滤膜。一种称为全混搅拌釜－超滤反应器（CSTR/UF）。它是由一个全混釜反应器与一个超滤膜分离器相连构成。膜只允许产物和未曾反应的底物通过，大分子量的酶则被截留。膜还可实现把小分子量产物和大分子量的底物分开把酶继续留在反应器中。对这类反应器在技术上的可能性已得到了证实。例如，用酶连续糖化纤维素、用 α－淀粉酶和葡萄糖淀粉酶水解淀粉、用转化酶水解蔗糖、用青霉素酶把青霉素 G 转化成 6－氨基青霉烷酸等生化过程都是利用了这类反应器。由于酶不能通过超滤膜，可以一边反应一边把生成的产物分离出来，因此，这类反应器的产率很高。但是，还有一些技术难题尚未彻底解决。主要是不容易得到长时期稳定操作的酶及需要解决由于酶很容易吸附在超滤膜上，并在膜上浓缩防碍了产物透过的问题。

除了上述酶反应器之外，若当底物是不溶性物质时，可以采用循环反应器。这种反应器是把部分流出物与加料流混合，然后再令其进入反应器。其特点是可以提高液体的流速和减少底物向固化酶表面传递的阻力。尽管此时高的流速将减少每次底物通过反应器的停留时间，但总的来说，循环操作仍能为底物提供足够的接触机会，以达到所需要的转化率。此外，还有旋桨反应器、转盘式反应器、筛板式反应器以及不同类型反应器的组合等。

总之，目前虽然已有多种不同类型的酶反应器可供使用，但是，并不存在一种通用的反应器。在实际生产中，必须根据具体情况、针对系统的特点，选择使用合适的反应器。

二、酶反应器的选择

影响酶反应器选择的因素很多，但一般认为可从如下几方面进行考虑：固定酶的形状；底物的性质；酶反应动力学的性质；酶的稳定性；操作要求及反应器本身的造价等。

（1）固定化酶的形状　一般而言，颗粒状或片状固定化酶，对 CSTR 和 PBR 类型的反应器均可适用；膜状和纤维状的固定化酶则不适于 CSTR，而适用于 PBR。另一方面，如果固定化酶易变形、易黏结或颗粒细小时，将其填充于 PBR 后，往往会引起高的压力降或堵塞床层，并且在大规模生产中无法实现高的流率，此时如采用流化床反应器则较适宜。

（2）底物的物理性质　底物的性质也是考虑选择反应器的另一重要因素。底物通常有三种情况：溶解性物质、颗粒物质与胶状物质。溶解性物质显然对任何类型的反应器均不会造成困难。颗粒状和胶状底物则往往导致床层堵塞，对此可选用循环反应器或流化床反应器获得解决。CSTR 只要搅拌速度足够高，能维持底物和固定化酶在釜内有良好的悬浮状态，可以用于颗粒状底物。可是高的搅拌速度会导致固定化酶从载体上被剪切下来，所以，搅拌速度也不能太高。

（3）酶反应动力学特性　选择酶反应器，必须考虑酶反应动力学的特性。通常，接近平推流特性的填充床反应器，在固定化酶反应器中占主导地位，它适合于产物抑制的场合。在底物抑制的系统中，CSTR 具有的特性优于填充床。流化床反应器因其流动特性接近 CSTR，故也适用底物抑制的反应。

（4）酶的稳定性　在反应器操作过程中，由于搅拌桨或液体流动的剪切作用，常会使固定化酶从载体上脱落下来或由于磨损引起粒度的减小而影响固定化酶的操作稳定性，其中尤以 CSTR 最为严重。为了解决这一问题而改进的反应器设计中，是把酶直接粘在搅拌轴上或把固定化酶放置在与轴相连的金属网篮内。这些措施均可使酶免遭剪切作用的影响，为提高酶的稳定性起到一定的作用。

（5）操作要求及反应器成本　有些酶反应器要不断调整 pH，有的则需要经常供应氧气，有的需要间断地加入或补充反应物，此外，有时还要更换或补充酶等。所有这些操作在 CSTR 中可无需中断运行而进行，但在其它反应器中则较困难。

考虑反应器的价格方面，CSTR 是最便宜的，它结构简单，具有良好的操作弹性，而其他类型的反应器则都需要为特定的生产过程进行专门设计和制造。在讨论反应器成本的同时，还应考虑固定化酶本身的费用及在各种反应器中的稳定性。

综上所述，可见酶反应器的选择没有一个简单的法则或标准可以遵循，只能根据具体情况进行全面的分析和权衡，比较各方面的利弊，才能最后做出正确的选择。

第六章

液－固分离的设备与计算

经发酵后获得的发酵液是一种混合物，其中除含有需要的产品外，还含有未曾转化的底物、不能转化的物质、大量水、微生物体以及各种微量杂质。因此，要想获得合乎要求的生物产品，还必须对需要的生物产品进行分离和提纯。这个过程与前述的生物培养和酶反应过程同样重要。目前称这一过程为"下游加工"、"下游工程"，国内工厂称之为分离提取（提炼）过程或分离与纯化过程。

在生物技术产品的生产成本中，下游加工费用（包括设备折旧费、人工费和材料费）一般能占总成本的一半。所以，通过创新与改革下游加工，可明显提高生物技术产业化的经济效益。例如，在发酵生产氨基酸的下游加工过程中，用树脂吸附取代直接结晶，由于收率提高，可使生产成本显著降低，使下游加工费用降低了一半多（其中动力费用和原料费用均减低 60%）。此外，传统的减压浓缩法和盐析法比较，使用超滤法分离纯化食品工业用酶，可使产品纯度提高了 3~5 倍、收率提高 1~2 倍、污水减少了 2/3~3/4，使工厂的建设费减少高达 5/6。可见没有下游工程的发展，就没有生物技术的发展。大力发展下游工程对于生物技术的产业化具有至关重要的意义。

下游加工可以说是由一些化学工程的单元操作组成，但由于生物物质的特性，有其特殊的要求，而且其中某些单元操作在一般化学工业应用较少。但是，不论何种培养液，它的产品分离，大致要经过固体物质的移除、初步纯化、产品提纯和产品的最终分离等几个阶段。表 6-1 是某典型生物制品分离过程的示例。从表中可看出，在经过上述几个阶段后，才能最终达到产品的浓度和质量要求。

表 6-1　典型生物制品分离过程示例

阶　　段	产品浓度（g/L）	产品浓度（质量%）
获得的培养液	0.1~5	0.1~1.0
过　　滤	0.1~5	0.1~2.0
初步分离	5.0~10	1.0~10
产品提纯	50~200	50~80
结　　晶		90~100

分离发酵液中的细胞或其他固体物质（液－固分离），是下游工程的第一步。随着科技发展，新的液－固分离设备如超滤膜技术、倾析式离心机、层析和电泳等被不断用于工业生产。但工业上常用方法还是沉降和过滤两种。沉降有重力沉降和离心沉降之

分，过滤有常压、加压、真空及离心过滤等不同形式。重力沉降和常压过滤效率过低，很少用于工业生产。为叙述方便起见，将液－固分离设备分成加压过滤设备、真空过滤设备及离心液－固分离设备三大类分别加以介绍。超滤只作简单介绍。

第一节 液－固分离设备

根据菌体的大小和发酵液的理化性质，在液－固分离的设备选型也应有所不同。

一、加压过滤设备

常用的加压过滤设备有压滤机、棒式过滤机、滤板（盘、叶）式过滤器等类型。压滤机有板框式、凹腔板式等不同结构。

（一）板框式压滤机

板框式压滤机是较古老、较笨重的过滤设备。它虽然有不能连续操作，劳动强度大、设备占地面积大，生产能力低，辅助时间长等缺点，但由于其结构简单，造价较低，过滤面积大，耐受压力高，材质若用聚丙烯可耐酸、碱腐蚀，可耐 $80 \sim 90 \text{℃}$ 的较高的温度，过滤收率也较高等优点，故目前国内对于放线菌和真菌发酵液的液－固分离及小规模生产仍在广泛应用。由于其劳动强度大，在国外已趋淘汰。

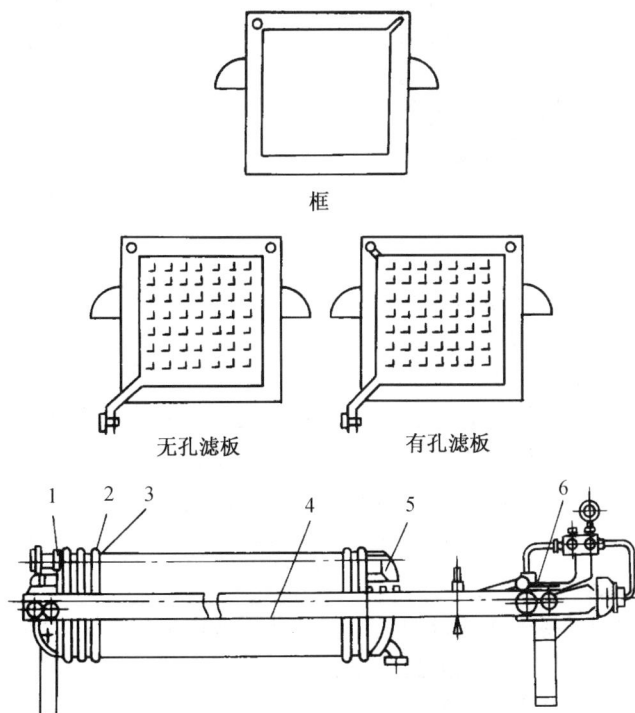

图 6－1 板框压滤机结构
1. 尾板；2. 滤框；3. 滤板；4. 主梁；5. 头板；6. 压紧装置

板框过滤机（见图 6-1）主要是由若干滤板和滤框间隔排列而组成，滤板和滤框的材质除用聚丙烯外还可用铸铁，无菌过滤时一般用不锈钢制造。为了组装时的方便，一般在滤板和滤框的上外缘做出标记表示是板或框的结构。例如，材质是铸铁的板框压滤机就在外缘上方铸有圆钮。有一个圆钮表示为无孔板，也称为过滤板；二个圆钮表示为滤框；三个圆钮表示有孔板，也称为洗涤板。洗涤板有孔与洗涤通道相通，专门为洗涤滤渣时使用。在组装时应按尾板，2、1、2、3、2、1、……2（钮的个数）头板的顺序组装。在板与框之间夹滤布，当板与框压紧后，即形成若干个滤室和料液通道及洗涤通道。料液由离心泵或齿轮泵打入料液通道进入框内（此时只有滤框有孔与料液通道相连），滤液经滤布由滤板下方流出（滤板下方有流出口），滤渣则被截留在滤框中（滤框下方无流出口），最后形成滤饼，见图 6-2。

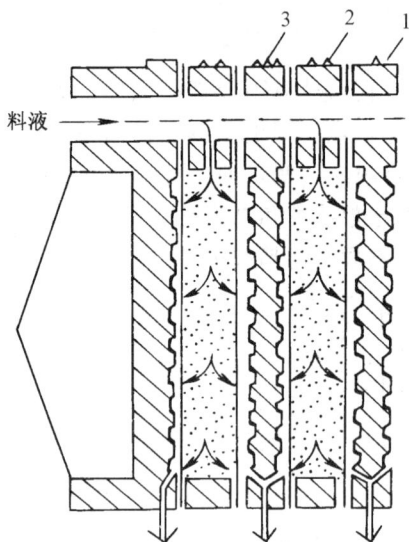

图 6-2 板框压滤机过滤操作时的情况
1. 无孔滤板（一钮）；2. 滤框（二钮）；
3. 有孔滤板（三钮）

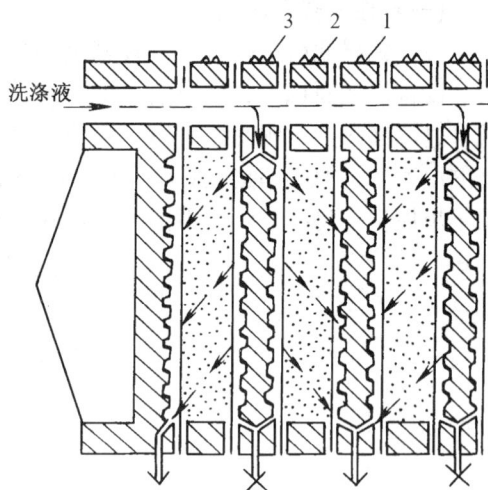

图 6-3 板框压滤机洗涤操作时的情况
1. 无孔滤板（一钮）；2. 滤框（二钮）；
3. 有孔滤板（三钮）

板框压滤机在滤液引出方式上有明流和暗流之分。采用明流时，流出液是由每块板的下出料口直接流出至滤液槽内，其优点是可直接观察每组板框的工作情况，一旦出现流出液有浑浊现象就知道该组滤布已有破损，可立即关闭该板出口处的阀门，使其停止工作，这样不影响全机的正常运行。在拆洗板框时，更换已破损的滤布。在抗生素生产中多用明流板框压滤机。

当采用暗流时，是将滤液通过滤板下方开孔组成通道集中到尾板出料管流出，可使滤液做到密闭，防止污染。暗流的缺点是，一旦发生过滤介质破损，滤液出现浑浊无法及时发现，而且也无法确定是哪块过滤介质破损，只能停止过滤，拆洗板框逐一检查。因此，一般只用于料液要求无菌过滤和成品的精制过滤。

对于从液体中提炼产品，如抗生素、有机酸、氨基酸、胞外酶等，在滤饼中还有大量的产品组分，所以，要用洗涤水把滤饼中的产品组分充分洗涤出来，以提高提取收率。一般板框压滤机都设有专用洗涤水口通道。洗涤水是从专供引入洗涤水的有孔滤板上方进入（有孔板与无孔板间隔排列），洗涤时有孔板下方阀门应关闭见图6-3。洗涤水将在整个滤布范围内通过，再通过整个滤饼层，然后通过另一层滤布，最后从无孔板的下方引出洗涤液。由于洗涤水通过滤饼厚度为过滤操作时的一倍，故阻力大一倍，而过滤面积减少了一半，所以，洗涤速度仅为最终过滤速度的四分之一。这样的方法进行洗涤滤渣，虽然洗涤速度较慢，但滤饼洗涤充分。

虽然用洗涤通道洗涤滤饼层效果好，但由于阻力大、速度慢、操作麻烦（要关闭全部有孔板下方阀门），特别是抗生素生产中洗涤水的用量又相当大，操作时间就会很长。所以，大部分抗生素生产单位都没有采用洗涤通道进行洗涤，而是还用过滤通道洗涤滤渣，以提高洗涤速度，简化操作。实际操作中，多采用"快进料"（过滤时间尽量短），"慢顶水"（洗涤时间要长于过滤时间）的方法。"快进"，目的是减少时间防止产物变化；"慢顶"，目的是增加水与滤饼接触时间，对滤渣有一个浸泡、溶解过程，提高洗涤效果，达到提高收率的目的。

板框压滤机设计时的最大操作压力可达6~10个大气压，加大压力可使滤速提高。但是，生物技术的发酵液滤渣多为可压缩性（大量菌丝体等）物质，增加过滤操作压力会使滤饼严重压缩，结果滤饼中孔道会变小或堵塞，速度反而会迅速下降。因此，生物技术发酵液过滤往往采用恒压过滤方法，并且压力控制在0.3~0.4 MPa之间。若需要提高过滤速度可采用稀释发酵液、加助滤剂、加热等方法。一般发酵液的平均滤速为15~25 L/（m^2·h）。

常用的板框压滤机的型号有BMS、BAS、BMY、BAY等型式，其中B表示板框压滤机、M表示明流、A表示暗流、S表示手动压紧、Y表示用液压机压紧，代号后面的数字表示过滤面积、内框尺寸及框的厚度，例如，板框压滤机上标牌写有BMY60/80-25表示是明流液压机压紧的板框压滤机，过滤面积为60m^2，内框尺寸为810×810mm，框厚度为25mm。常见的内框尺寸除810×810mm外，还有635×635mm等，框厚除25mm外，还有40mm。

作为过滤介质的滤布，可用棉制纤维或合成纤维编制。其中合成纤维制成的滤布吸水性极小、耐磨性强、过滤阻力小，但价格较高。棉制滤布有帆布和细布，根据不同编制法有平纹、斜纹和缎纹之分。用石棉和纸浆用抄纸方式制成厚度为3~5mm的滤板和绸布一起作为过滤介质可进行无菌过滤。用高分子材料做成微孔滤膜，如聚四氟乙烯微孔滤膜，可用于超滤操作。

发酵液的滤渣颗粒一般是可压缩性的，有些还带有胶体粒子，在加压过滤中容易把滤布孔道堵塞而影响过滤速度。若在料液中加入3%~5%的助滤剂，在滤布上先铺上一层助滤剂，架起一层疏松的骨架就可以提高过滤速度。

助滤剂一般是由细小、不可压缩的惰性粒子组成，这种颗粒应具有多孔不规则表面，质地轻而硬等性质。因为助滤剂使用后不能回收，故要求价格应选择低廉的。常用的助滤剂有硅藻土、石英沙、珠光岩粉、石棉粉、活性炭、白土等。其中活性炭作为助滤剂时还有吸附色素和热源的作用，但其对抗生素吸附能力也较大，吸附后解脱困难，所以，较理想的助滤剂是硅藻土。在抗生素生产中，也有就地取材，利用正常批号的滤渣作为助滤剂，进行异常批号的过滤。

(二) 凹腔板式压滤机

凹腔板式压滤机见图 6－4，也称厢式压滤机，是工业生产中常用的压滤机之一。它是在板框式压滤机的基础上改进而成。其特点是没有专门的滤框，而在滤板的两侧各有一凸出的边框，使滤板形成两面都具有凹腔（滤板也可为圆形）。当两块滤板合拢时，中间的内腔即成滤室。料液一般从滤板中央的进料孔引入，为了使中间开孔的滤布能与滤板中央的进料口密切紧固，可用塑料制成的紧固圈加以对扣。

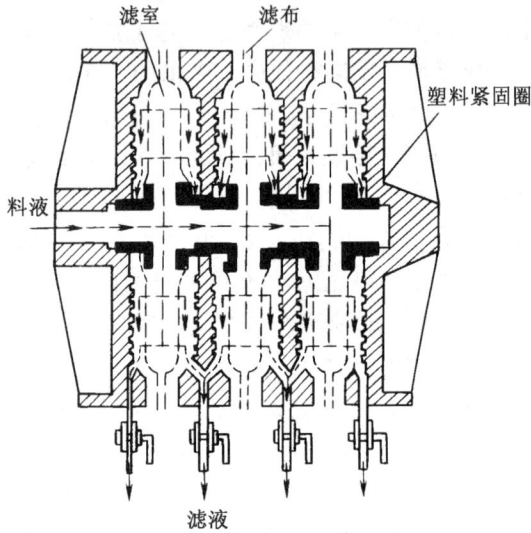

图 6－4　凹腔板式压滤机的操作情况

近些年来，很多工厂采用增强聚丙烯为材质制造厢式压滤机。因其化学性能稳定，可耐酸、碱、盐溶液及极性溶剂，使用温度短时间可高达 120℃，而且有重量轻、韧性好、不易泄漏等优点，被广泛用于石油、化工、制药等行业。

厢式压滤机的型号编制方法，以 XM50/ 800－U 为例。其中，X 表示厢式压滤机，U 表示塑料滤板，其它代号相同于板框压滤机。

由于压滤机设备笨重，特别是拆板框、排除滤渣、清洗滤布等，要花费大量劳动力和增加生产周期。为此，对压滤机进行改进，使之能进行半自动或全自动操作，现已有定型产品生产。所谓半自动压滤机是指板框的压紧和拉开系自动化操作。它一般是通过液压机或机械传动装置对尾板进行水平方向的左右位移，同时通过平行四边形的联动装置使所有的滤板和滤框压紧和拉开。滤板被拉开时，滤饼可靠重力自行卸出。全自动压滤机除上述要求外，还要求滤布能自动洗涤，滤渣能较彻底的从滤布上脱落并自行集中。此类设计中，滤布一般为环合的长带状，当滤板被拉开时，传动装置将环形滤布绕着一系列转轴旋转，以达到清除滤渣和洗涤滤布的目的。由于全自动压滤机的结构复杂，价格昂贵，所以，在一定程度上限制了它的应用和发展。目前，从改变工作原理的角度开发新型过滤机以达到全自动化操作，如倾析式离心机就解决了全自动液－固分离，还可以在一机中完成液－固分离和萃取两个单元操作。

加压过滤除板框压滤机和厢式压滤机外，还可用硅藻土或百陶土制成滤棒，制成棒式过滤机，用于无菌操作等小规模的生产。多孔性滤棒材料也可以用镍铜粉末合金烧结制成或用石棉及天然或合成纤维等制成。

二、真空过滤设备

真空过滤设备是采用大气与真空之间的压差作为过滤操作推动力的设备，其形式很多。最简单的真空过滤设备，其结构类似于实验室的布氏漏斗与抽滤瓶组成的过滤装置，称为抽滤器，主要用于生产规模较小的场合。大规模的发酵过程，如果采用连续操作，真空转鼓过滤机就是一种常用的连续过滤设备。其流程见图6-5。

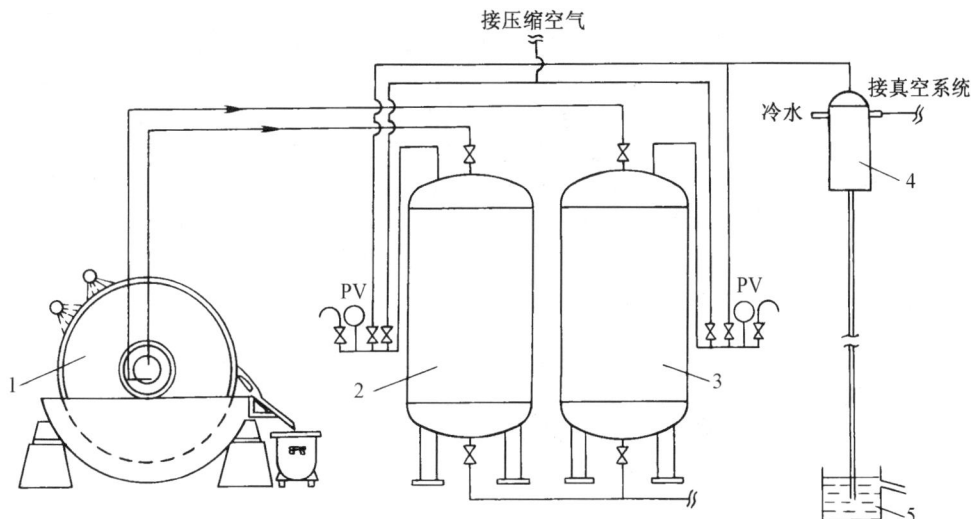

图6-5 鼓式过滤机流程示意图

1. 鼓式过滤机；2. 洗涤液贮罐，3. 滤液贮罐，4. 混合冷凝器；5. 水池

真空转鼓过滤机主要有一个水平旋转的转鼓，转鼓外表面镶有若干块长方形的筛板，在筛板上依次铺设金属丝网和滤布，形成过滤机的过滤面。筛板下面的滤鼓空间被径向筋片分隔成若干过滤室，每一个过滤室都有单独的管道通至轴颈端面，分配头平压在此端面上，见图6-6。分配头内被径向筋片（隔离块）分成三个室，分别与真空和压缩（或蒸汽）管道相连通，见图6-7。如此结构，使滤鼓运转时，每转一周，过滤室都将相继与分配头内的1、2、3区相通，使整个操作分为三个区域进行。

第1区（过滤区，Ⅰ~Ⅴ），在此区域内过滤室外表面浸入料液槽内，一般浸入角约为90°~130°。由于在此区中过滤室通往轴颈端面的通道皆与分配头1区相通，1区又与真空系统相通，故此区域内的过滤室具有负压，于是料液中的滤渣被截留在滤布表面，形成滤饼，滤液通过滤饼层和滤布进入过滤室内导管再流向分配头，最后进入滤液贮罐（滤液贮罐也在同一负压系统中）。为了防止料液槽内固体沉淀，通常在料液槽内装有摆式搅拌器。

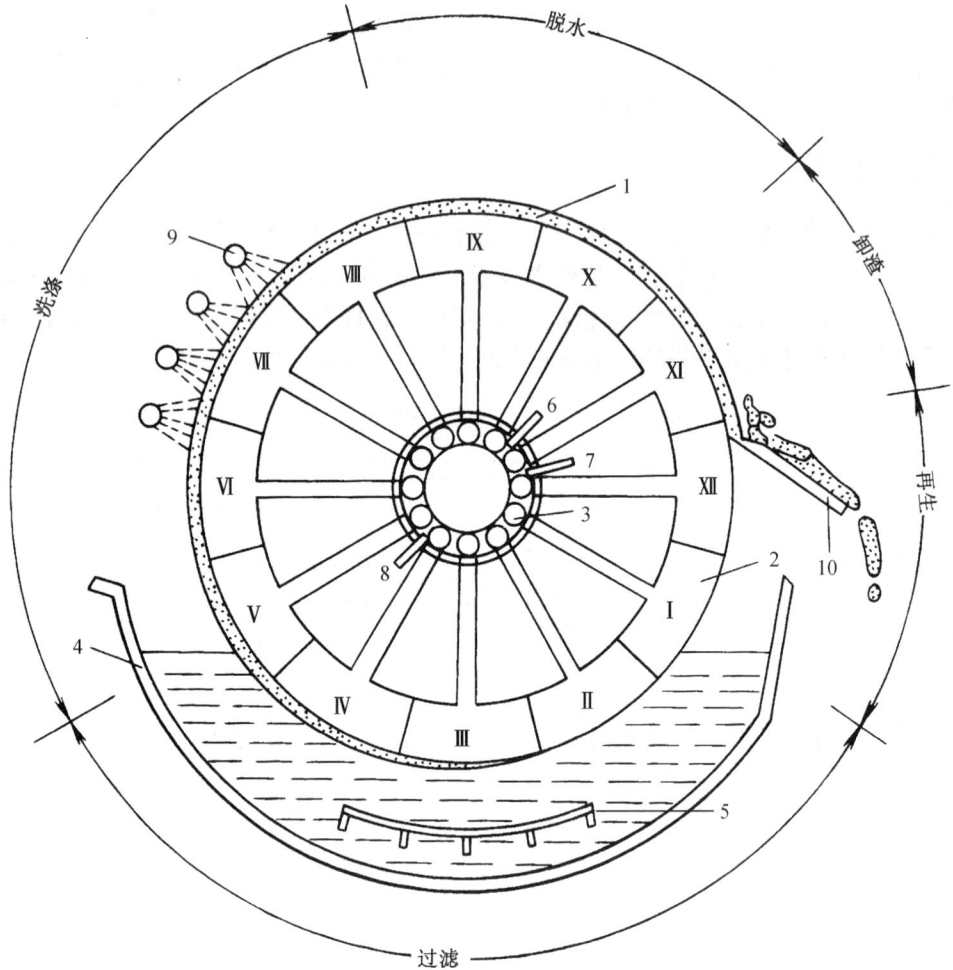

图 6-6 鼓式过滤机操作示意图

1. 滤鼓；2. Ⅰ～Ⅹ过滤室；3. 分配头；4. 料液槽；5. 搅拌器；6. 洗涤液排出管；
7. 压缩空气导入管；8. 滤液排出管；9. 洗涤水管；10. 刮刀

第2区（洗涤及脱水区，Ⅵ～Ⅹ），此区内的过滤室与分配头2区相连，分配头2区与另一真空管相通，使该区域内仍维持负压。洗涤水通过喷嘴均匀喷洒在滤饼层上，在滤室内真空作用下，洗涤水均匀地穿过滤饼层经滤室通道、分配头、流入洗涤贮罐中。为了避免滤饼层开裂，可在此区上方接一滚压轴，防止空气从滤饼裂缝处大量流入鼓内使真空下降，影响洗涤效果。

第3区（卸饼及再生区，Ⅺ～Ⅻ），经过洗涤和脱水的滤饼层进入此区后，在此区内通入压缩空气使滤饼松散脱离滤布，随后用刮刀将其刮下。刮下滤渣的滤布继续由压缩空气或蒸气尽量吹下附在滤布上的残余固体，使得滤布得以再生。

目前国产 G 型鼓式过滤机面积有 1 m²、2 m²、5 m² 及 20m² 四种，各转鼓直径分别为 1 m、1.75 m 及 2.6 m。耐酸型的鼓式过滤机通常用不锈钢等材料制成，也有用钢板

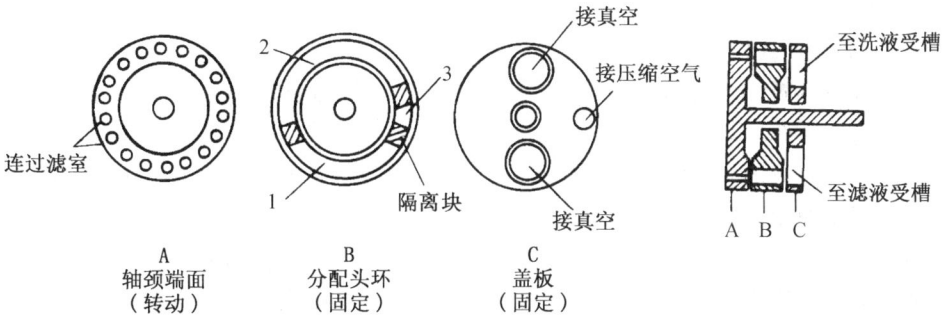

图 6－7　分配头结构图

贴耐酸橡胶制成。鼓式过滤机型号编制方法，以 G5/1.75－X 为例，G 表示鼓式过滤机，5 表示过滤面积单位 m²，1.75 表示转鼓直径（单位：m），X 表示衬胶。

鼓式过滤机可直接用于丝状真菌发酵液的液－固分离。例如，青霉素生产中的发酵液过滤就可采用真空转鼓过滤机，由于该设备是连续操作，其平均滤速可达 1000L/(m²·h)，远大于板框压滤机。当用于放线菌发酵液时，由于菌丝体黏稠，可于过滤前在鼓面上先预铺一层助滤剂（如硅藻土），厚度约为 50～60mm。在过滤时，使用一种缓慢向鼓面移动的刮刀将滤渣连同一小薄层助滤剂一起刮下，每转一周助滤剂将只被刮下 0.1mm 左右的厚度，鼓式过滤机的转速很慢，可维持相当长的过滤时间。这样可使过滤面不断更新，保证了持续正常的过滤速度。据报道，当用硅藻土进行预涂转鼓的转速为 0.5～1.0r/min 时，过滤链霉素发酵液（pH＝2～2.2，温度为 25～30℃），其过滤速度为 90L/(m²·h)。

真空转鼓过滤机有机械化程度高，能自动操作，处理量大，滤饼洗涤良好，劳动强度低等优点。其主要缺点为辅助机械设备复杂，耗电量大，由于过滤推动力小，最大压差仅为 0.1MPa，故不能用于颗粒较细或黏性物料的过滤。

三、离心式液－固分离设备

利用离心力来达到液－液分离、液－固分离或液－液－固分离的方法统称为离心分离。离心分离设备可分为两大类：一类是离心过滤设备；另一类是离心沉降设备。这两类设备的主要区别从结构上看，前者的转鼓有圆孔。圆孔是悬浮液经过过滤介质后滤液的通道，而滤饼被截留在过滤介质上；后者的转鼓是无圆孔结构。从作用原理上看，两者的分离过程是截然不同的，离心过滤是属于过滤过程，而离心沉降是属于沉降过程，所以，计算方法也不同。

在选择离心机类型时，首先要根据物料的性质是选择沉降式还是过滤式。如果悬浮液中固相粒子的密度大于液相时，可选择沉降式（两者的密度差只有大于 3% 时，才易分开）也可选用过滤式。反之，固相颗粒密度小于或等于液相时就只能采用过滤式。颗粒小于 $1\mu m$ 时要采用高速离心沉降机（如管式离心沉降机）。而对于 $10\mu m$ 左右的颗粒可采用普通的离心沉降机。$100\mu m$ 以上的颗粒两类离心机都可采用。对于结晶操作，因为颗粒一般多呈松散状态，常采用离心过滤方法。原因是该法脱水效率高，设备简单。

对于有毒的物料要采用碟片式离心机或有螺旋卸料式等有密闭型号的离心机。

（一）离心过滤机

离心过滤机简称离心机，最常用的是篮式离心机。这种设备有一个上面开口的转鼓，转鼓壁上开有均匀而密集的小孔，鼓内要贴放滤布袋，转鼓外部四周有护壳，上有护盖，护壳一侧下部有滤液出口，护壳底部有皮带轮用三角皮带与电机相连，护壳与三个机足之间用弹簧缓冲，因此，称为三足式离心机。操作时，将悬浮液连续不断地注入转鼓中，转鼓以 1000r/min 以上的转速旋转，转鼓内的液体在离心力作用下穿过滤布，通过鼓壁上的孔泄出集中在滤液出口排出。而固体截留在滤布上，待滤饼厚度接近装满转鼓时停止进料。再旋转一定时间，看滤液出口不再流液体时，停机取出滤饼，完成液 - 固分离操作。

三足式离心机操作平稳，占地面积小，故在制药生产中得到广泛使用。其使用范围主要是分离中等粒度（0.1～1.0mm）和较细粒度（0.01～0.1mm）的悬浮液，以及分离粒状和结晶物料，要求物料容易过滤和洗涤。这种离心机可获得含水量较低的滤饼。转鼓材质有碳钢、钢衬胶、钛钢和不锈钢等。在制药生产中应选用不锈钢，若要求耐腐蚀性大的可选用钛钢（钛钢价格较贵）。

普通三足式离心机的主要缺点是人工卸料，生产能力低，劳动强度大。目前已在卸料方式等方面进行了不断改进，并加入了自动控制装置。出现了自动卸料和连续生产的离心机。如卧式刮刀卸料离心机，它可在全速运转下自动循环进行过滤、洗涤、分离、卸料等工序的操作。具有处理量大、分离效果好、劳动强度低等优点。可用于分离颗粒直径大于 0.01mm 的悬浮液，其缺点是不易保持原来的晶型，结构复杂，设备震动严重等，使其在制药生产中占有比例较少。

离心过滤机的型号字母含义是：SS 表示三足式上卸料，SX 三足式下卸料，N 表示不锈钢材质，Z 表示自动卸料，A 表示新型。转鼓直径最小为 300mm，最大可达1500mm，制药工业常用的型号是 SS - 450（450 表示转鼓直径为 450mm）、SS - 600、SS - 800、SS - 1000 等。

（二）离心沉降设备

离心沉降设备从操作方式上看，有间歇操作和连续操作之分；从型式上看则有管式、碟片式等；从出渣方式上看，有人工间歇出渣和自动出渣等方式。此外，旋风分离器也属于离心沉降设备，它主要是用于气 - 固和气 - 液的分离，此内容在空气预处理一节中已做了介绍。

1. 管式高速离心机

管式高速离心机，其结构主要特点是有一细长的转鼓，直径为 50～150mm，转鼓高度为直径的 6～7 倍。由于直径很小，所以可在高转速下工作（转速可达 15000r/min 以上）。管式离心机可用于液 - 液分离，也可用于液 - 固分离。用于液 - 液分离时可以连续操作，而用于液 - 固分离时则为间歇操作（液体可连续进出，但固体是沉积在转鼓表面上，当积累到一定量后，需定期人工清除）。这种离心机因转鼓容积很小，故不适宜用于含固量高的悬浮液（一般处理含固量应小于 1%）。若含固量大，拆洗太频繁容易损坏机件。

管式离心机的结构见图 6－8a（图下标号说明是指液－液分离操作，在液－液萃取时还要提到该设备）是由顶盖和带空心轴的底盖及管状转鼓作为主要部件。转鼓内沿轴向装有对称的三叶翅片。它的作用如同挡板一样使进入转鼓的液体能很快的达到转鼓的转动角速度。转鼓顶盖上靠近中心处有轻液出口，靠近转鼓壁处有重液出口。当用于分离液－固相时，可将重液出口孔用石棉垫堵塞，见图 6－8b。

常用的管式离心机的转鼓直径有 105mm 和 150mm，其型号表示为 GF－105 及 GF－150。转鼓容积分别为 6.3L 和 12L，生产能力分别为 750L/h 和 200L/h，分离因数分别为 13 000 和 15 000。

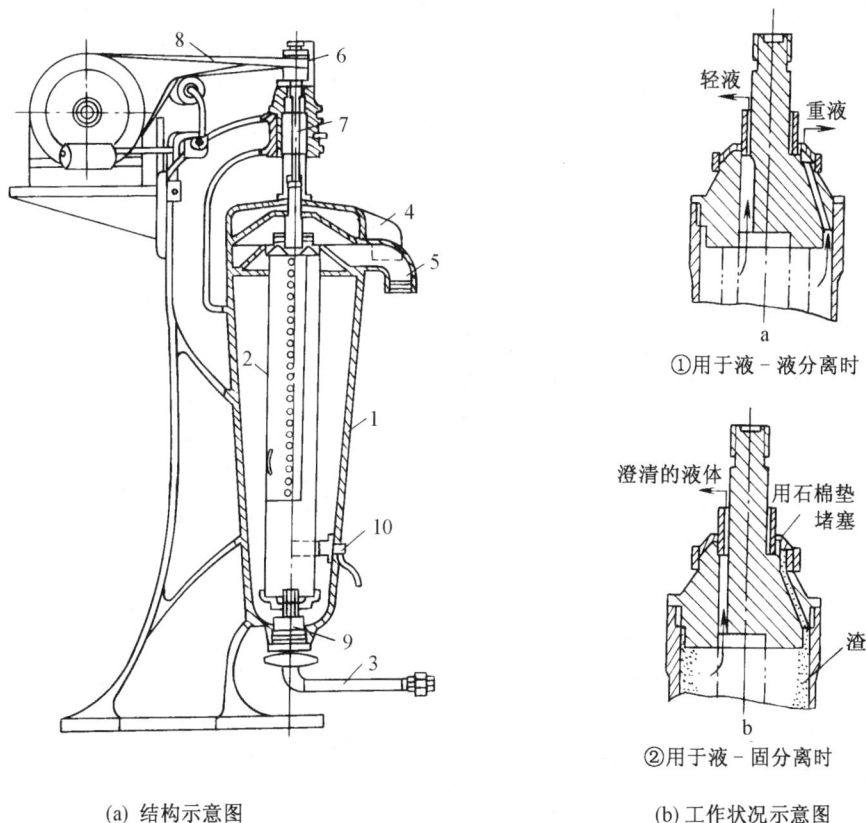

轻液　重液

①用于液－液分离时

澄清的液体　用石棉垫堵塞

渣

②用于液－固分离时

(a) 结构示意图　　　(b) 工作状况示意图

图 6－8　管式高速离心机
1. 机座；2. 转筒；3. 乳浊液进管；4. 轻液排出管；5. 重液排除管；
6. 皮带轮；7. 挠性轴；8. 平皮带；9. 支撑轴承；10. 掣动器

2. 碟片式分离机

碟片式分离机是发酵工业中应用最广泛的分离机，和管式分离机一样既可用于液－固分离也可用于重液和轻液的分离。它是在套筒式离心机的基础上发展起来的。由于该机在转鼓内加入许多重叠的碟片，增加了沉降面积，使分离效率大为提高。初期设计的碟片式分离机需要定期拆卸碟片，用人工方法排除转鼓中沉积的固体。所以采用此种设备时，悬浮液中的含固量最好不超过 1%，以免经常拆卸清渣。自从解决了自动排渣问题后，使整个操作达到了连续化和自动化，设备性能日趋完善。但是，设备性能越多，结构就越复杂，造价就高，维修也难。所以，目前我国大部分厂家还是选用一般的碟片离心机，用于分离含固量较少的场合。总之，与一般压滤相比，它具有分离速度快（生物技术产品需要生产周期愈短愈好，时间过长容易变性），效率高，操作时卫生条件好等优点。处理量可达 $4 \sim 5 m^3/h$，远大于管式离心机的处理能力，因此，适合于大规模的分离过程。

碟片式分离机主要结构（参见图 6 – 9）是外形为一圆柱筒，上封头一般为半球形，机中有转鼓，转鼓托架上叠放 50 ~ 120 个锥行盘，称为碟片。碟片之间有一定距离，锥顶角为 60° ~ 100°。碟片由 0.3 ~ 0.4mm 的不锈钢片冲压制成，碟片上要冲压出凸起的筋条，可保证片与片有 0.5 ~ 2.5mm 的间距作为分离室。当用于液 – 固分离时，碟片上是无孔的。转鼓以 4 000 ~ 8 000r/min 的转速转动使碟片处于离心力场中。料液从中央导管加入，充满转鼓（即充满了碟片之间的空间）。在离心力作用下，因固体粒子密度一般大于液体，则固体会沉降在碟片的内腹面（如同在重力场中，悬浮液中的颗粒会沉降在底面一样）并连续向鼓壁方向沉降；澄清的液体则从鼓颈部的排液口排出，完成了液 – 固分离的操作。

碟片式离心机自动出渣的方式有两种，即喷嘴式和活门式出渣方式。喷嘴式出渣装置是在特殊形状内壁的转鼓上开设若干喷嘴见图 6 – 9。喷嘴数一般为 12 ~ 24 个，由于喷嘴始终是开启的，因此排除的残渣含液量相当高，若将这样的湿渣弃去，将影响产品收率。因此，在实际使用时，往往采用两台离心机串联使用，将第一台分离机出来的湿渣加水混合洗涤，混合液进入第二台离心机进行分离，将分离出来的洗水并入第一台的悬浮液中，可以提高收率。该类机器可用于含固量较高的场合（可大于 60%）。活门式出渣碟片式离心机又可分为两种形式：一种是具有活门的喷嘴，平时喷嘴中的活门是关

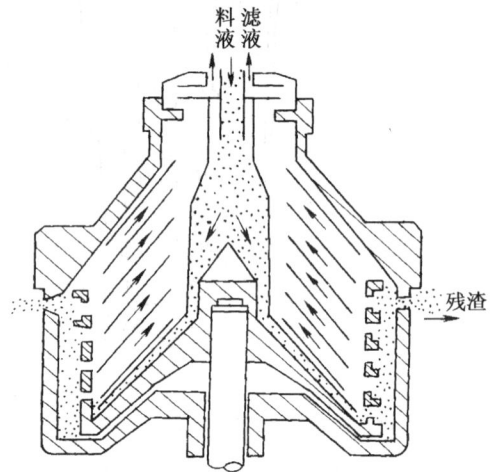

图 6 – 9　用喷嘴排出残渣的碟片式离心机

闭的，当鼓壁上积累了一定量的沉渣后，活门的水力平衡破坏，迫使活门打开卸出沉渣。为了避免澄清或未沉降完全的料液被沉渣带出，要求活门开启的时间十分短暂，最好控制在 0.5 秒内，这样可使鼓内始终保留一定量的沉渣，防止液体的外流。另一种活门式出渣装置中的活门是通过转鼓内层底可上下位移来进行关闭和开启。这种分离机的转鼓具有两层底，内层底可以用液压使其上下自由滑动。当液压下降时，内层底下沉，喷嘴活门即被打开并进行出渣。内层底的动作一般用程序控制，也可以利用沉渣对壁面的离心力来自行控制。目前国内生产的活门式自动出渣离心机的型号为 DH – 500。选用一台自动出渣离心机，可代替多台板框压滤机，大大减少占地面积。

3．卧螺离心机

卧式沉降螺旋卸料离心机（简称卧螺离心机），又称为倾析离心机，它是近些年来研制出的一种可连续操作的液－固分离设备。其优点是各工序可在同一时间内连续进行，无须控制装置。它是一种效率高、适应性强（可直接处理含固量较高的发酵液）、应用范围广的离心机，因此，在有条件（设备投资费当然要比板框压滤机大）的情况下，应加以采用的分离机。

卧螺离心机分为两大类。第一类是用于液－固两相分离操作，在发酵工业中可用于分离霉菌发酵液、单细胞蛋白发酵液，也可用来分离活性污泥等。第二类是用于轻液－重液－固体三相的分离操作。可向分离机中直接进入发酵液和萃取剂完成液－固分离和萃取，使液－固分离和萃取两个单元操作在一机内完成。

用于液－固分离的卧螺离心机见图6－10。该设备的结构主要是由卧式圆柱－圆锥形（或卧式圆锥形）的转鼓及装在转鼓中的螺旋传送器组成。螺旋与转鼓内壁之间有微量的间隙，并用一差动变速器使两者维持约1%的转差。例如，螺旋的转速为3535r/min，转鼓为3500r/min，两者转差为35r/min。料液由中心管加入，进料位置约在螺旋的中部，其前面部分为沉降区，后面部分为甩干区。在离心力作用下，固形物被沉降在转鼓壁上，液体由左侧溢流孔排出，固体则因螺旋作用从大端（圆柱）推到小端（圆锥），在此过程中同时被甩干，落入外壳的排渣口排出。固体在甩干区可洗涤。调节溢流挡板上的溢流口位置、转鼓转速和进料速度可以改变固体物的含湿量和液体的澄清度，生产能力也随着进料速度而改变。

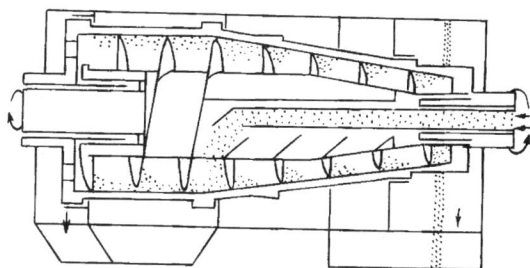

图6－10　卧螺离心机

卧螺离心机的规格很多，WL型离心机有多种规格：如200、300、450（转鼓直径，单位mm），锥角为22°，转速为2 000～4 000r/min。高速卧螺机可用于黏性大、较难分离的物料（如活性污泥），其转速为3000～6 000r/min。

除了卧式螺旋卸料离心机外，还有立式螺旋卸料离心机，立式用于耐压和高转速的场合。卧式的转鼓除圆柱－圆锥形外，还有圆柱形（用于液相澄清）、圆锥形（用于固相脱水），而圆柱－圆锥形既能用于澄清，又能用于脱水，所以是一种最常用的形式。

四、超滤装置

在以细菌为生产菌种，生产氨基酸等的发酵液中，由于培养液大多是水溶性的物料配置而成，故发酵液中含固量很少。而细菌的大小多为1μm左右，用一般的液－固分离方法是不能完全除去发酵液中的菌体，也很难得到澄清液。上述介绍的液－固分离设

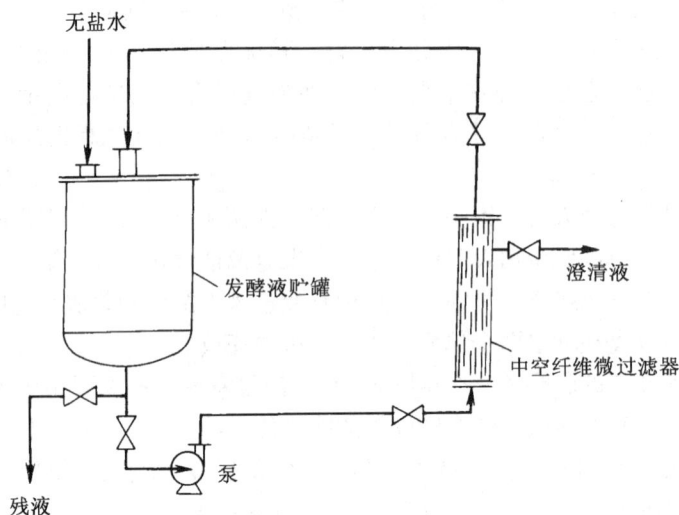

图 6-11 中空纤维微滤装置示意图

备中，只有管式高速离心机才能从发酵液中分离出细菌菌体。

超滤是近些年来新发展起来的装置，是属于膜分离过程。该装置除能分离细菌外，还可以用于血浆制品、疫苗、酶产品和一些注射剂的去热源场合。市场上销售的超滤装置大致有管式、中空纤维式、平板式和螺旋卷绕式四种。工厂目前使用较多的是中空纤维式，该流程见图 6-11。在操作时，当发酵液过滤到贮罐内液体体积为原来十分之一时，需加一倍水，再进行循环过滤。这样反复加水 1~2 次，使残留液中的有效成分浓度减少到一定程度时停止操作，用清水反向冲洗达到再生过滤器的目的，并用 10% 的碱液浸泡，以防止膜表面长菌。这类装置的缺点是，一旦其中有一根中空纤维管损坏故障时，整个装置就面临报废。

超滤也应用于生物技术的最新发展领域，如基因工程产品和单克隆抗体的回收中。这些产品的浓度通常很低，伴随的杂质又很多，超滤能够起到有效的浓缩和纯化作用。

第二节 液－固分离的计算

以上介绍了各种液－固分离设备的结构、特点和适用场合。液－固分离的计算是要解决在已知生产任务（每日料液处理量），根据每日生产班次（是工作 8 小时、16 小时、24 小时），回答需要多少台设备。

一、板框压滤机需用台数的计算

（一）根据板框压滤机平均滤速选择台数

一般抗生素发酵液平均滤速为 15~25L/（m²·h）。如果已知发酵液体积，每台板框压滤机的过滤面积，生产要求过滤时间，则可用下式求出所需该型号板框压滤机台数。

$$N = \frac{V_F \times 1000}{W \cdot A \cdot \tau} \tag{6-1}$$

式中，N——板框压滤机台数；

V_F——发酵液体积，m^3；

W——平均滤速，$L/(m^2 \cdot h)$；

A——过滤面积，m^2；

τ——过滤时间，h。

此法的缺点是没有考虑滤框是否充满滤渣。

（二）根据每台滤框允许容渣量来选择台数

先选定使用某型号、规格的板框压滤机，容渣量可通过设备说明书查得，也可通过下式计算：

$$V_p = n \cdot a \cdot b \cdot c \qquad (6-2)$$

式中，V_p——滤框容渣量，m^3；

a、b、c——分别为滤框的内框的长、高、厚，m；

n——滤框数目。

所需板框压滤机台数可用下式求得：

$$N = \frac{V_F \cdot i}{K \cdot V_P} \qquad (6-3)$$

式中，i——料液含湿滤渣的体积百分数，通常由实验测得（一般为$10\% \sim 30\%$）；

K——滤框填充系数，一般可取 $0.6 \sim 0.85$。

此法的缺点是没有考虑过滤时间，实际选用时是两种方法相结合，同时考虑洗涤时间和卸料时间。

在选用板框压滤机时应注意下列几点：首先要尽量选用较薄的滤框。因为，滤框厚度愈大，液体经过滤渣的路程就愈长，阻力就愈大，过滤速度就相应减少，同时往往得不到含水量较低的滤饼。还会引起填充系数减小，增加洗涤的困难，使收率下降。此外，从单位滤框体积所占有的过滤面积来看，滤框愈厚，过滤面积愈小，过滤时间也相应增加。如若选用 $635 \times 635 \times 25$（$a \times b \times c$）的滤框充满 $0.1\ m^3$ 的滤饼，需要滤框 10 块；而选用 $635 \times 635 \times 40$ 的滤框则需要 6.2 块。结果前者过滤面积是后者的 1.6 倍。其次，确定板框压滤机台数要以设备投资、厂房布置、劳动力安排等因素全面加以考虑，合理确定。通常选用较大规格（较少台数）的产品。

例题 6-1 现有料液 $4m^3$，已知湿滤渣与料液体积之比为 20%。取滤框内填充系数为 0.8，已知平均滤速为 20L（滤液）/（$m^2 \cdot h$）。试选用合适的板框压滤机台数，并求出过滤时间。

解：$$V_F \cdot i = 4 \times 20\% = 0.8m^3$$

若选用 BAS8/450-25，查得滤框内总容积 V_p 为 100L。选 $K = 0.8$。

$$N = \frac{V_F \cdot i}{K \cdot V_P} = \frac{0.8}{0.8 \times 0.1} = 10(台)$$

若选用 BAS20/635-25，查得滤框内总容积 V_p 为 260L。则

$$N = \frac{V_F \cdot i}{K \cdot V_P} = \frac{0.8}{0.8 \times 0.26} = 3.07(台)，取 4 台$$

过滤时间 τ 可用式 6－1 求得，若选用 BAS8/450－25，10 台时。

$$\tau = \frac{V_F}{N \cdot W \cdot A} = \frac{4 \times 1000}{10 \times 20 \times 8} = 2.5\text{h}$$

若选用 BAS20/635－25，选用 4 台时。

$$\tau = \frac{V_F}{N \cdot W \cdot A} = \frac{4 \times 1000}{4 \times 20 \times 20} = 2.5\text{h}$$

若采用一班（8h），再考虑装卸板框和卸渣时间（假定不需要洗涤），每次过滤周期为 4h，则每班可操作两批次，那么选用二台 BAS20/635－25 型板框压滤机就可满足生产。实际设计时还应考虑备用台数。前已说明，在抗生素生产中的特点是顶水用量大（有时大于发酵液量），过滤和洗涤流经同一管道。往往顶水（洗涤）时间要大于过滤时间，在考虑过滤周期时应注意。

二、过滤方程式

对于各类加压过滤设备最后台数的确定，都要遇到平均滤速问题，对于不同物料平均滤速的准确数值，可由过滤方程式求得。

液体通过过滤介质和滤饼层的流动，可视为流体通过无数个不规则毛细管的流动。流体通过毛细管中的流动一定是层流流动（根据雷诺准数 $Re = du\rho/\mu$，因管径很小），因此，可借助层流阻力计算公式（式 6－4）来分析过滤问题。

$$\Delta P = \frac{32\mu u l}{d^2} \tag{6－4}$$

式中，Δp——两点间阻力（对于过滤可认为是滤饼加过滤介质两侧的压差），N/m^2，

μ——流体的黏度，Pa·s

u——流体的速度，m/s；

l——管长（可视为毛细管长），m；

d——管径（可视为毛细管管径），m。

每根毛细管内的流量可用式 6－5 分析：

$$v = \frac{\Delta p d^2}{32\mu l} \cdot \frac{\pi}{4} d^2 = \frac{\frac{\pi}{4} d^2 \cdot \Delta p}{32\mu \frac{1}{d^2}} \tag{6－5}$$

式中，v——通过毛细管的流量，m^3/s。

上式是分析每一根毛细管的流动情况。而实际过滤过程里毛细管在滤饼层中是无规则的。因此，数量和长度也是不可知量，可视为 l/d^2 与阻力有关的参数，其单位是 $1/\text{m}$。把式 6－5 结合过滤因素可写成以下的公式为：

$$v = \frac{A\Delta p}{\mu(R + R_m)} \tag{6－6}$$

式中，A——过滤器的总过滤面积，m^2；

R——滤饼的阻力系数，$1/\text{m}$；

R_m——过滤介质及其他阻力系数，$1/\text{m}$。

由于阻力系数 R 是随着滤饼厚度变化而变化，因此，提出了一个新的表示过滤过程中滤饼阻力的参数，称为比阻，用 Z 表示。它表示单位滤饼厚度的阻力系数，即 $Z = R/L$，L 表示滤饼厚度 m。对于不可压缩的滤渣，Z 为常数（滤饼增加，厚度增加）。滤饼厚度 L 等于滤饼的体积 V_c 除以过滤面积 A，即 $L = V_c/A$，而滤饼的体积可间接用得到滤液体积 Vm³ 表示，其关系为 $V_c = cV$，$c = V_c/V$，c 为滤饼和滤液体积之比，如同 Z 一样也是常数，于是；

$$R = ZL = \frac{Z \cdot V_c}{A} = \frac{Z \cdot c \cdot V}{A} \qquad (6-7)$$

上述变换的目的是显示滤饼阻力 R 与滤饼厚度 L 和滤渣体积 V_c 有关，但两参数是不易测量的数值（都在设备内）。而提出常数 Z 和 c（通过实验解决），使阻力 R 和容易观察测量的滤液体积 V 相关联，使问题得到解决。

过滤介质及其他阻力系数 R_m 与滤液和滤渣量无关，只与采用不同的过滤介质和流体通过设备的阻力等因素有关，对某一特定的设备而言，R_m 可视为常数。将式 6－7，代入式 6－6 可得到：

$$v = \frac{\mathrm{d}V}{\mathrm{d}\tau} = \frac{A\Delta p}{\mu\left(\dfrac{ZcV}{A} + R_m\right)} = \frac{A^2\Delta p}{\mu(ZcV + AR_m)} \qquad (6-8)$$

式中，$\dfrac{\mathrm{d}V}{\mathrm{d}\tau}$——过滤速率，m³/s；

τ——过滤时间，s。

式 6－8 为过滤基本方程式。

过滤操作可在恒压或恒速条件下进行，在恒压操作时，过滤推动力（压差）维持不变，但对间歇生产的过滤机，滤渣是不断增加，因此，滤饼阻力系数 R 不断增加，过滤速率则逐渐下降。若要求恒速过滤操作，必然要不断提高压力或不断去除滤饼，以维持滤饼一定的厚度。一般板框压滤机和不能连续卸料的离心过滤机多为恒压操作，只有连续卸料的离心过滤机和真空转鼓过滤机才能做到恒速操作。

（一）恒压操作下的过滤方程式

在恒压操作时，Δp ＝ 常数。由式 6－8 得

$$\mathrm{d}\tau = \frac{\mu ZcV\mathrm{d}V}{\Delta pA^2} + \frac{\mu R_m\mathrm{d}V}{\Delta pA}$$

积分得
$$\tau = \frac{\mu ZcV^2}{2\Delta pA^2} + \frac{\mu R_mV}{\Delta pA}$$

若令
$$\frac{\mu Zc}{2} = a\,;\mu R_m = b$$

则
$$\tau = \frac{aV^2 + bAV}{\Delta pA^2} \qquad (6-9)$$

或
$$\frac{\tau}{V} = \frac{aV + bA}{\Delta pA^2} \qquad (6-10)$$

从式 6－9 可以看出，在恒压操作下，若已知常数 a 和 b 值，则 τ、V、Δp、A 四个变量中，已知其中三个，就可求出第四个。从式 6－10 可以看出，获得单位体积滤液

所需要的时间与滤液体积 V 成正比，即随着滤液量的增加，滤速会不断下降，其倒数即为过滤的平均滤速。

（二）过滤方程式中常数 a 和 b 值的计算

过滤方程式中的常数 a 和 b 值包括着流体性质 μ，滤液的含渣量 c 及过滤介质的性质等因素，很难通过计算得到，只能通过实验方法测得。若在恒压操作中，已知操作压差 Δp 和设备过滤面积 A，只要测得两组对应的 τ 对 V 的实验数据，将其数值代入式6 –9或6 –10中，可用解联立方程式的方法求出 a 和 b 值。

例题6 –2　在面积为 $0.08\ \mathrm{m^2}$ 的小板框压滤机上，压差为 $10^5\mathrm{Pa}$ 进行恒压操作，当操作1800s后，可得滤液 $3.9 \times 10^{-4}\mathrm{m^3}$；3600s后得滤液量为 $6.7 \times 10^{-4}\mathrm{m^3}$。若在过滤面积为 $40\mathrm{m^2}$，滤框总容渣为 $0.5\mathrm{m^3}$ 的大型板框压滤机，恒压下操作，操作压力为 $4 \times 10^5\mathrm{Pa}$，处理同一料液，所用滤布与实验相同。取滤框的填充系数 K 为0.8，求欲过滤 $2\mathrm{m^3}$ 发酵液，最终滤渣体积，滤液体积，过滤时间及平均滤速？

解：

$$滤渣体积 = KV_p = 0.8 \times 0.5 = 0.4\mathrm{m^3}$$

$$滤液体积\ V = 2 - 0.4 = 1.6\mathrm{m^3}$$

将实验数据

$$A = 0.08\mathrm{m^2}；\ \Delta p = 10^5\mathrm{Pa}$$

$$\tau_1 = 1800\mathrm{s}；\ V_1 = 3.9 \times 10^{-4}\mathrm{m^3}$$

$$\tau_2 = 3600\mathrm{s}；\ V_2 = 6.7 \times 10^{-4}\mathrm{m^3}$$

代入式6 –10可得

$$3.9 \times 10^{-4}a + 0.08b = 2.95 \times 10^9$$

$$6.7 \times 10^{-4}a + 0.08b = 3.44 \times 10^9$$

解上两式得

$$a = 1.75 \times 10^{12}$$

$$b = 2.83 \times 10^{10}$$

将 a 和 b 值及 $V = 1.6\mathrm{m^3}$ 代入式6 –9得

$$\tau = \frac{1.75 \times 10^{12} \times 1.6^2 + 2.83 \times 10^{10} \times 40 \times 1.6}{4 \times 10^5 \times 40^2} = 9.83 \times 10^3\mathrm{s} = 2.73\mathrm{h}$$

平均滤速可由下式求得

$$W = \frac{1.6 \times 1000}{40 \times 2.73} = 14.7\mathrm{L}（滤液）／（\mathrm{m^2 \cdot h}）$$

或

$$W = \frac{2.0 \times 1000}{40 \times 2.73} = 18.3\mathrm{L}（发酵液）／（\mathrm{m^2 \cdot h}）$$

三、真空转鼓过滤机生产能力的计算

下面内容只是对真空转鼓过滤机进行定性的讨论，主要了解其工作特性。对连续操作的转鼓过滤机，若略去过滤介质等阻力，式6 –8可改写为

$$\frac{dV}{d\tau} = \frac{A^2\Delta p}{\mu Z c V}$$

经积分后得

$$V = (\frac{2A^2\Delta p\tau}{\mu Zc})^{1/2} \tag{6-11}$$

对于鼓式过滤机，若料液对转鼓的浸入角为 α 见图 6 – 12，则滤鼓的浸没率 $\varphi = \frac{\alpha}{2\pi}$，滤鼓每转一周所需时间 $T = \frac{60}{n}$ s（n 为转鼓的转速 r/min），则滤鼓每转一周真正过滤时间 $\tau = \varphi T = \frac{30\alpha}{n\pi}$。将其代入式 6 – 11 得

$$V = (\frac{60A^2\Delta p\alpha}{\mu Zcn\pi})^{1/2} \text{m}^3/\text{r} \tag{6-12}$$

过滤机的生产能力为 $Q\text{m}^3/\text{h}$，则

$$Q = 60nV = 60n(\frac{60A^2\Delta p\alpha}{\mu Zcn\pi})^{1/2} = (262.2A\sqrt{\frac{\alpha\Delta p}{\mu Zc}}) \cdot \sqrt{n}$$

根号 n 前面各项为常数，合并用 C 表示，则

$$Q = C\sqrt{n}\,\text{m}^3/\text{h} \tag{6-13}$$

由式 6 – 13 可定性的看出，连续鼓式过滤机的生产能力 Q 与 $n^{1/2}$ 成正比。要想增加 Q 值，可以用增加转速的方法。但在实际操作中，为了保证滤液质量，n 不易取过大。因为，当 n 取过大时，每转一周的过滤时间会缩短，滤饼的厚度就减薄，滤饼过薄会松散解体，这样一方面会影响真空度，另一方面会降低洗涤效果，同时也会增加耗电量。所以，

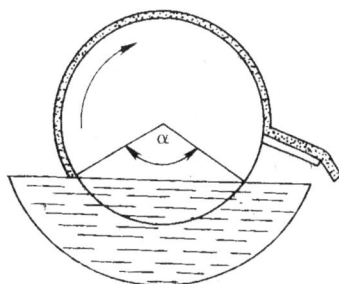

图 6 – 12 转鼓的浸入角

真空转鼓过滤机在实际工作中，要根据物料的性质，选择合理的转速十分重要。

四、离心液 – 固分离设备的计算

（一）离心分离因数

离心液 – 固分离设备是利用颗粒（条件是颗粒的密度大于流体的密度）和液体在做圆周运动时，所产生的径向惯性离心力将悬浮液中固体颗粒进行离心沉降或过滤。离心操作的强度与分离因数有关。

离心分离因数的定义是：物体在离心力场中受到的离心力与其在重力场中所受到的重力之比，也是离心加速度和重力加速度之比。

$$f = \frac{mw^2}{R \cdot mg} = \frac{m(2\pi nR/60)^2}{R \cdot mg} = \frac{Dn^2}{1800} \tag{6-14}$$

式中，f——分离因数；

$\quad R$——旋转半径，m；

$\quad D$——旋转直径，m；

$\quad n$——转速，r/min；

$\quad w$——线速度，m/s。

离心分离因数是表明离心机的重要参数之一，它表明离心力场的大小，f 值愈大，

愈有利于分离。增加转速及转鼓直径均可增加分离因数。但转鼓材料受力也与 D 及 n^2 成正比。在材料强度一节中，已介绍了受内压（离心力场转鼓受力相当于受内压）圆筒壁厚和直径 D 成正比。因此，不能无限制地增大转鼓直径。由式 6－14 可以看出，分离因数 f 与 n^2 成正比，因此，提高分离因数，增加转速比增加转鼓直径更有效的多。这就是为什么高速离心机都采用小直径高转速的缘故。

根据分离因数 f 值的大小，可将离心机分为：

常速离心机　$f < 3000$（一般为 $600 \sim 1200$）

高速离心机　$f = 3000 \sim 50\,000$

超速离心机　$f \geqslant 50\,000$

三足式离心机 $f < 450 \sim 1170$；卧螺离心机的分离因数为 $3000 \sim 4600$；碟片式分离机的 f 值约为 $6000 \sim 11\,000$；管式离心机的 f 值约为 $15\,000 \sim 50\,000$；有些用于分子生物学研究的小型离心机的 f 值可高达 10^6。分离因数的极限，取决于制造离心机转鼓材料的强度及设备对高转速的承受能力。

（二）离心沉降的计算

在选用离心沉降操作时，已知被处理的料液量，再根据要求算出分离机的生产能力，就可确定分离机的台数。离心沉降机的生产能力是单位时间可进的料液量（$Q\mathrm{m}^3/\mathrm{s}$），为了确定 Q 值，对离心机做如下分析：

首先讨论在重力场中，若固体微粒在流体中沉降，其自由沉降速度（小颗粒多为层流）可按如下公式计算：

$$w_g = \frac{d_p^2(\rho_p - \rho_f)g}{18\mu} \tag{6-15}$$

式中，w_g——沉降速度（等速沉降），m/s；

　　　d_p——固体微粒直径，m；

　　　ρ_p——固体微粒密度，kg/m³；

　　　ρ_f——流体的密度，kg/m³；

　　　μ——流体的黏度，Pa·s；

　　　g——重力加速度，m/s²。

求出沉降速度，若已知垂直到底的距离，就可求出沉降时间（重力沉降池收集微粒所需的最短时间）。

在离心力场中，考虑同一微粒在流体中沿离心半径沉降时，其沉降速度同样可导出类似在重力场的公式，只是把其中的重力加速度改为离心加速度即可。

$$w_t = \frac{d_p^2(\rho_p - \rho_f)\omega^2 R}{18\mu} \tag{6-16}$$

式中，w_t——离心沉降速度，m/s；

　　　ω——圆周角速度，弧度/s；

　　　R——旋转半径，m。

由式 6－16 可知，离心沉降速度是随着旋转半径的改变而变化的量，不是一个常数，这一点是和重力沉降不同，所以，只能取微粒在径向经过 $\mathrm{d}R$ 距离所需要的时

间 $\mathrm{d}t$。

$$\mathrm{d}t = \frac{\mathrm{d}R}{w_t} = \frac{18\mu}{d_p^2(\rho_p - \rho_f)\omega^2} \cdot \frac{\mathrm{d}R}{R} \tag{6-17}$$

微粒在离心沉降中是否能被沉降至转鼓（筒）壁上，同重力沉降考虑一样，取决与其沉降时间 t 小于微粒在转鼓（筒）内的停留时间，如微粒沉降到壁面需 1s，而连续流动的悬浮液中微粒在器内停留 1.5s，微粒一定可收集。已知离心沉降设备装液体的有效容积为 $V\mathrm{m}^3$，流体流量 $Q\mathrm{m}^3/\mathrm{s}$，则微粒在器内的停留时间为 V/Q，$t < V/Q$，微粒沉降被收集，当 $t > V/Q$ 时微粒被液体带出分离机。微粒在鼓内的沉降时间 t 由式 6 - 17 决定，若取液、固相的物理性质（密度和黏度）不变，沉降距离 $\mathrm{d}R$ 不变，转鼓的角速度 ω 不变，沉降时间仅与微粒 d_p 有关。d_p 大的需要沉降时间短，d_p 小的需要时间长。同时也可看出，在有限的停留时间内，沉降设备不可能把料液中所有不同直径的微粒都能被沉降到鼓壁。

为了解决沉降设备的生产能力，方法是假定某一微粒其直径为 d_{50}，当其以某一停留时间通过转鼓时，正好有一半被沉降，另一半被带出，称此微粒直径为临界微粒直径。于是料液中的微粒直径大于 d_{50} 的大部分被沉降，而小于 d_{50} 的微粒则大部分被带出。在研究离心分离问题时，一般以临界微粒直径为计算标准。

取料液从转鼓底部加入，均匀向上流过转鼓，假设转鼓内靠近外圈（见图 6 - 13 中的面积 A_2）料液中直径 d_{50} 的微粒全部被沉降（因路径短，需要沉降时间短），而内圈（见图中的面积 A_1）中直径 d_{50} 的微粒全部被带出，并假设内圈和外圈的面积 $A_1 = A_2$。分界圈的

图 6 - 13 离心沉降原理

半径可推导出为 $\left(\dfrac{R_1^2 + R_2^2}{2}\right)^{1/2}$，其中 R_1 为料液在鼓内的内半径，R_2 为料液在鼓内的外半径，也就是转鼓的内半径。因此，直径为 d_{50} 的微粒由 $\left(\dfrac{R_1^2 + R_2^2}{2}\right)^{1/2}$ 沉降到 R_2 处所需要的时间 t（即可沉降收集的时间，其定义是在整个区域内全部被沉降。）可由式 6 - 17 积分求得：

令 $$R_m = \left(\frac{R_1^2 + R_2^2}{2}\right)^{1/2}$$

则 $$\int_0^t \mathrm{d}t = \frac{18\mu}{d_{50}^2(\rho_p - \rho_f)\omega^2}\int_{R_m}^{R_2}\frac{\mathrm{d}R}{R}$$

$$t = \frac{18\mu}{d_{50}^2(\rho_p - \rho_f)\omega^2}\ln\frac{R_2}{R_m}$$

将 $t = V/Q$ 代入上式得

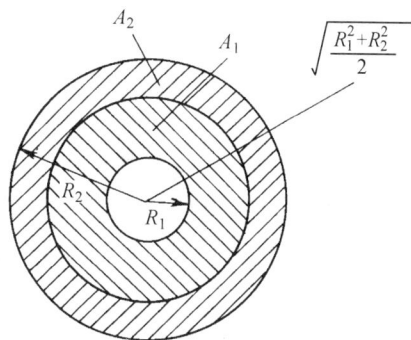

$$Q = 2\left[\frac{d_{50}^2(\rho_p - \rho_f)g}{18\mu}\right] \cdot \frac{V\omega^2}{2g\ln\frac{R_2}{R_m}}$$

令：$\dfrac{V\omega^2}{2g\ln\dfrac{R_2}{R_m}} = \sum$（表明离心沉降机大小、转速和结构，其单位是 m^2）

则 $Q = 2(w_g)_{50}\sum$ (6－18)

以上分析的结果是可保证 d_{50} 的微粒可全部沉降的生产能力 Q 的计算公式。经变换的公式 6－18 结果是：$(w_g)_{50}$ 变为重力场的临界微粒自由沉降速度，它是容易计算的物理性质参数（也是为什么要变换的目的）；而 $\sum$ 值是表示离心沉降设备特性的技术参数，称其为当量沉降面积。其物理意义是：当量沉降面积 $\sum$（不是实际沉降面积）的离心沉降机能与实际沉降面积为 $\sum$ 的重力沉降槽具有相同的效果。

式 6－18 也可写成如下形式

$$Q = (w_g)_c \cdot \sum \tag{6－19}$$

此处的 $(w_g)_c$ 表示进入分离机实际能全部沉降的最小微粒直径 $(d_p)_c$ 计算出来的自由沉降速度。利用 $(w_g)_c = 2\ (w_g)_{50}$，可得出 $(d_p)_c = 2^{1/2}d_{50}$。到此为止，解决了在离心力场，欲沉降 $(d_p)_c$ 的微粒（生产上的要求），查取物性（密度和黏度），再计算出分离机的 $\sum$，就可计算生产能力 Q，然后根据在已知单位时间要处理的物料总量就可选择台数。也可利用式 6－19，在先确定 Q 的条件下，求出可分离的最小微粒直径 $(d_p)_c$。

不同型式的分离机 $\sum$ 值有不同的数学表达式可以计算。例如，管式离心机（见图 6－14a）的计算式如下式：

$$\sum = \frac{\pi\omega^2 h(3R_2^2 + R_1^2)}{2g} \tag{6－20}$$

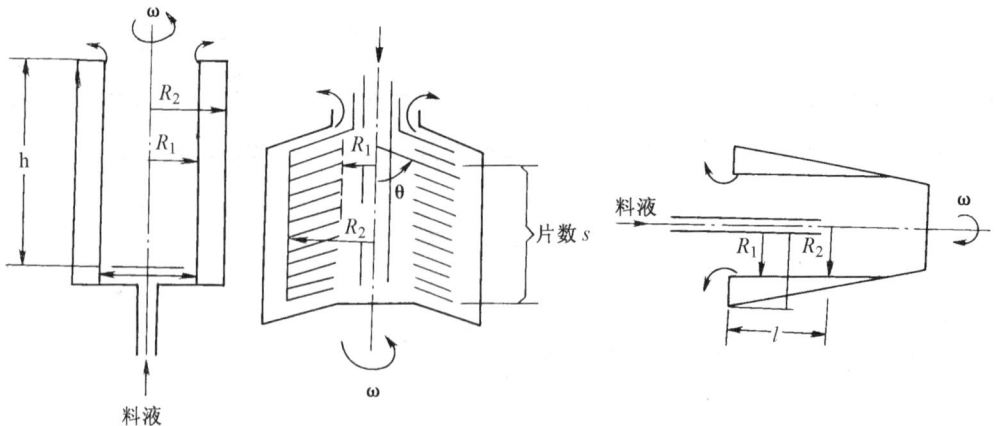

(a) 管式离心机转鼓尺寸   (b) 碟片式离心机转鼓   (c) 卧螺机转鼓尺寸（圆锥形）

图 6－14   各种沉降机的转鼓尺寸

式中，h——转鼓内部有效长度，m；

R_1——料液内半径，m；

R_2——料液外半径，m。

碟片式离心沉降机见图 6－14b

$$\sum = \frac{2\pi\omega^2(s-1)(R_2^3 - R_1^3)}{3g\tan\theta} \qquad (6-21)$$

式中，s——碟片数目；

R_1、R_2——碟片的内、外径，m；

θ——碟片的半锥角。

圆锥形转鼓卧螺机见图 6－14c

$$\sum = \frac{\pi l\omega^2(R_2^2 + 3R_2R_1 + 4R_1^2)}{4g} \qquad (6-22)$$

式中，l——料液的轴向长度，m。

例题 6－3 有一管式离心沉降机，其转鼓内径为 105mm，清液出口 30mm，高为 750mm，转速为 15 000r/min，求分离直径为 1μm 以上微粒时的最大流量 Q。已知微粒密度 ρ_p 为 1400kg/m^3，流体的密度 ρ_f 为 1000kg/m，流体的黏度 μ 为 0.001Pa·s。

解：根据式 6－19、6－20 得：

$$(w_g)_c = \frac{d^2(\rho_f - \rho_f)g}{18\mu}$$

$$= \frac{(10^6)^2 (1400 - 1000) \times 9.81}{18 \times 0.001}$$

$$= 2.18 \times 10^{-7}\text{m/s}$$

$$\omega = \frac{2\pi n}{60} = \frac{3.14 \times 15000}{60} = 1570 \text{ 弧度}/s$$

$$h = 0.75\text{m} \quad R_1 = 0.015\text{m} \quad R_2 = 0.0525\text{m}$$

$$\sum = \frac{3.14(1570)^2 \times 0.75(3 \times 0.052^2 + 0.015^2)}{2 \times 9.81}$$

$$= 2513\text{m}^2$$

最大流量为：

$$Q = (w_g)_c\sum = 2.18 \times 10^{-7} \times 2514 = 0.548 \times 10^{-3}\text{m}^3/\text{s} = 32.9\text{L/min}$$

而转筒的实际沉降面积 $= h2\pi rR_2 = 0.75 \times 2 \times 3.14 \times 0.0525 = 0.247\text{m}^2$

通过上面的例题可以看出，高速离心沉降比重力沉降有极大的优越性。例题说明，用一台占地面积很小设备，可完成几千平方米重力沉降的效果。

离心液－固分离计算中，除上述离心沉降外，还有离心过滤的计算。例如，常用的三足式离心过滤机。该机在运行时，悬浮液加入圆筒形转鼓中，离心力使滤液通过滤渣、过滤介质和多孔鼓壁，滤渣截留在鼓内，厚度不断增加，因此，不论是离心力还是过滤面积，均随着半径的增加而增加，并且滤鼓中的滤渣厚度上下也是不一样的，总是底部的厚度大于上部，因此，现象十分复杂。虽然也有推导出的公式可以计算，但都有一定的误差。所以，实际选用时很少采用计算的方法。对于常用间歇式操作的三足式离心机，通常是先选定型号（大型生产一般选用 SS-800 或 SS-1000），查取该设备的最大装料量（kg）或转鼓有效溶剂（L），再凭经验，确定台数。

主 要 符 号 表

符　号	意　义	法定单位
A	过滤面积	m^2
d_p	固体微粒直径	m
D	旋转直径	m
f	分离因数	
g	重力加速度	m/s^2
h	转鼓内部有效长度	m
i	料液含滤渣的体积百分数	
K	滤框填充系数	
l	料液的轴向长度	m
N	板框压滤机台数	
n	转速	r/min
n	滤框数目	
Δp	过滤压差	N/m^2
R	滤饼阻力系数	$1/m$
R	旋转半径	m
R_m	过滤介质及其他阻力系数	$1/m$
R_1	料液内半径	m
R_2	料液外半径	m
s	碟片数目	个
t	沉降时间	s
u	流体流速	m/s
V	滤液体积	m^3
V	转鼓中可装料体积	m^3
V_F	发酵液体积	m^3
V_p	滤框体积	m^3
v	过滤速率	m^3/s
W	平均滤速	$L/（m^2 \cdot h）$
w	圆周线速度	m/s
w_g	重力沉降速度	m/s
w_t	离心沉降速度	m/s
θ	碟片的半锥角	
μ	流体黏度	$Pa \cdot s$
ρ_f	流体密度	kg/m^3
ρ_P	固体微粒密度	kg/m^3
τ	过滤时间	h
ω	角速度	弧度$/s$

习　题

1. 现有一台过滤面积为 60m² 的板框压滤机，在操作压力为 0.38MPa（表压）下进行恒压过滤。已知在经过 30min 时，可得滤液 0.58m³，到 60min 时可得滤液 0.95m³。若欲过滤 3m³ 发酵液（已知发酵液中滤渣的体积百分数为 20%）。

试求：

（1）最终滤渣体积。（答：0.6m³）

（2）最终获得滤液体积。（答：2.4m³）

（3）所需过滤时间。（答：4.3h）

（4）平均滤速。（答：9.3L（滤液）／（m²·h）或 11.6L（发酵液）／（m²·h））

2. 现有一台管式离心沉降机，转鼓内径为 105mm，清液出口直径为 30mm，转速为 15 000r/min，微粒的密度为 1400kg/m³，液体密度为 1000kg/m³。若现取进料量为 40L/min，试求：可沉降的最大微粒直径为多少（μm）。（答：1.1μm）

提示：解法相同与例题 6–3，例题是已知直径求流量，该题是已知流量求直径。

第七章

溶媒萃取的设备与计算

从发酵液中分离出固体通常是下游工程首先必做的工序。经液－固分离或细胞破碎及碎片分离后，一般活性物质存在于液体中。生物制药中一般滤液体积很大，浓度又很低，对滤液进行浓缩和纯化，通常需要多步操作，而其中第一步最为重要，称之为初步纯化或提取。其主要目的是使有效成分体积变小，当然也起一定的纯化作用。而后几步操作处理的体积已很小，称之为高度纯化或精制。初步纯化方法很多，特别是近些年来出现的很多新技术和新材料已得到推广使用。但是，用溶媒萃取法进行初步纯化，仍是我国多数厂家常采用的方法之一。

由于蛋白质遇到有机溶媒会引起变性，故溶媒萃取法一般仅用于抗生素等小分子生物物质的提取（也称为抽提）。溶媒萃取法具有提取质量好，收率高和速度快的优点。但也有其缺点，如耗用大量有机溶媒，需要配备分离机或萃取机，产生大量的废溶媒需要塔器回收，厂房也要符合防爆要求等，因此，投资较大。

溶媒萃取法的原理是：当抗生素以不同的化学状态（游离状态或成盐状态）存在时，在水及与水不互溶的溶媒中有不同的溶解度。例如，青霉素在酸性下成游离状态时，在醋酸丁酯中溶解度较大，因而有效成分会从水中转移到醋酸丁酯中，可去掉大部分杂质。而在中性条件下会成盐状态，又会在水中溶解度较大，因而又从醋酸丁酯中转移到水中，又会去掉水不溶性杂质。经此过程达到浓缩和提纯的目的。有时一次转移并不能将杂质充分除去，例如，红霉素提炼就要采用二次萃取。

抗生素生产中，也有用溶媒萃取菌丝体中的有效成分，称为液－固萃取。例如，用丙酮从菌丝体中提取灰黄霉素就是一例，不过这种情况不多。液－固萃取所用设备的结构和操作方法都比较简单。可将溶媒和菌丝体一起置于搅拌罐内，进行充分的搅拌，使有效成分从菌丝体中转移到溶媒中，最后再将提取过的菌丝体分离出去，间歇进行操作。生产中多数情况是利用溶媒从发酵液中分离抗生素，称为液－液萃取。

液－液萃取是化学工程中重要操作单元之一，在萃取过程中，要求设备内能使两相（水相和溶媒相）得到密切接触并应伴有液体的高度湍流，以实现两相间的质量传递，之后要求两相能很快分离。但是，由于液－液萃取往往两相的密度差较小，实现两相的密切接触后又要快速分离，要比气－液系统困难的多。为了适应这种特点，出现了多种结构型式的萃取设备，目前，已被工业所采用的各种设备已超过 30 余种，而且还不断开发出新型萃取设备。但是，由于生物物质生产过程中有其特性，如杂质较多，有时还有细小的微粒，很难保证对多数设备要求无固体微粒的要求。此外，生物物质一般是不稳定物质,特别是在萃取过程中 pH 值有较大变化时更为突出,因此,要求快速混合和分离。发酵液中常含有大量可溶性蛋白和糖类,在萃取过程中会产生严重的乳化现象会影响分离,使很多靠重力分离的萃取设备,例如,各种萃取塔就不能用于生物产品的萃取,而是多采用分离因数较高的分离机和萃取机。

第一节　溶媒萃取设备

生产应用最简单的萃取设备,称为萃取罐(上部为圆柱形,下部为圆锥型)。其应用于分配系数较大的场合。其操作方法实际就是实验室用的分液漏斗做萃取操作的放大。将溶剂和溶液按一定比例一起加入萃取罐,多数还要加入消沫剂,经搅拌后静止,靠重力分离(一般时间要很长)分出水层(一般水层为重相)完成萃取操作。一般情况下(分配系数不是很大时)根据两相的接触方式、设备结构和操作特性,萃取设备可分为分级萃取设备(两级以上)和微分萃取设备两大类。在微分萃取设备中,相的组成是沿着流动方向在整个设备内连续的变化。

一、分级式萃取设备

分级式萃取设备,也称分段式萃取设备。分级式萃取设备是由混合设备(提取)和分离设备(分层)组成。这种设备是目前抗生素工业生产中常用的设备。

(一)混合设备

在液 - 液萃取中,首先要为进行两相充分混合接触创造良好的传质条件。其设备有混合罐、混合管、喷射器和离心泵等。

1.混合罐

混合罐实际为一带有搅拌装置的反应罐。因为混合是目的,一般采用螺旋桨式搅拌器,转速约为 400～1000r/min,也可用涡轮式搅拌器,300～600r/min。为了避免液面中心的下凹,应在罐壁安装挡板。混合罐一般为封闭式,以减少溶媒的挥发,罐顶上有溶媒、料液、调节 pH 的酸液(或碱液)和去乳化剂等进口管。一般液体在罐内的平均混合停留时间控制为 1～2min。

在混合罐中,由于搅拌器的混合作用,可使罐内两相液体的平均浓度几乎与出口乳浊液中两相的浓度相同,因此,在罐内相间的传质推动力(浓度差)就显得较小。为了改善这种情况,可用中心开口的水平隔板把混合罐分隔成若干上下连通的"混合室"。在每个混合室内都装有一个搅拌器,物料从罐顶进入,罐底排出,这样仅在下面一个室的混合液才具有与出口乳浊液相同的浓度,从而可提高传质的推动力,强化了萃取的速率。

2.管式混合器

学过流体动力学知识可知,流体在管道中呈湍流时,流体质点不仅沿轴向方向流动,而且在管截面上还有径向的无规则的脉动,可引起质点间相互激烈地交换位置,相互碰撞。管式混合器就是利用液体在管内形成湍流状态而达到萃取剂与物料及少量的酸或碱的充分混合。

管式混合器,通常采用 S 形长管,必要时可在管外加置套管用以进行换热。溶媒与物料等经泵在管的一端导入，混合后的乳浊液在另一端流出。为了使两相能充分混合，一般要求雷诺准数 $R_e = 5 \times 10^4 \sim 10^5$，确保管内流体的流动呈完全湍流。流体在管内的平均停留时间控制为 $10 \sim 20s$ 即可。管式混合器具有混合效果好，生产能力大，容易制造，价格便宜等优点，但若出现堵塞，清洗较难。

3．喷射式混合器

喷射式混合器是一种体积小，效率高的混合装置，特别适用于两相液体的黏度和界面张力很小，即易分散的场合。这种混合器分为两类：一类是两液相由各自导管引入器内混合；另一类是在器外两相已进行汇合，在器内通过喷嘴或孔板后，加强了湍流程度，从而提高了萃取效果。这种设备投资费用不大，但应用时需用较高的压头泵才能使液体送入器内，因为混合器的阻力大，所以操作费用较大。

4．泵

在两相较容易混合的情况下，可直接利用离心泵来混合料液和溶媒。其原理是利用离心泵的叶轮在一定转速下旋转时，液体通过叶轮产生的强烈的搅拌混合作用将萃取剂和料液达到混合。

（二）分离设备

分级式萃取过程，在混合设备中完成混合提取后，分层分离则在另一设备中进行。前面已介绍，因发酵液中含有一定量的蛋白质等表面活性物质，致使两相间产生相当稳定的乳浊液。虽然在萃取过程中可加入某些去乳化剂，但仍难将两者靠重力在短时间内加以分开。离心分离机是有效地分离乳浊液的设备。目前工厂常用的分离设备有管式及碟片式分离机等。

1．管式离心机

管式离心机，在介绍液－固分离设备时，已将其结构和工作原理阐明。在这里强调说明的是：管式离心机用于萃取分离时，两相都是连续的流动（液－固分离时只是澄清液是连续流动）。操作时，乳浊液从底部进入转鼓，因受惯性离心力的作用被甩向鼓壁，由于乳浊液中的重液（水相）具有比轻液（溶媒相）较大的密度，会获得较大的离心力，形成外层为重液层，乳浊液中的轻液相则会相对地往内层移动并形成轻液层。为了控制两层液层的厚度，转筒顶设有固定的轻液溢流环和可更换的重液堤圈。两液层厚度除了与重、轻液之间的密度有关外，还与堤圈的内径有关。堤圈内径愈大，重液层就愈薄，两相的分界面就往转鼓壁靠拢，轻液停留的时间就长，有利于轻液的分离（其原理，后面将详细介绍）。

一般管式离心机的分离因数较高，但处理量较小。国产 GF－105 型管式离心机的主要技术参数是：

转筒内径	105mm	转筒高度	750mm
工作容积	6L	溢流环内径	30mm
转速	1 5000r/min	最大分离因数	13 180
电机功率	1.5kW	生产能力	200L/h ~ 800L/h

转筒材质　钢或不锈钢（后者型号 GF－105B）

堤圈（共 5 片）

外径　74mm

内径　37.4mm　　39.0mm　　41.4mm　　43.8mm　　46.2mm

2. 碟片式离心分离机

碟片式离心分离机具有生产能力大，性能可靠等优点，使其得到广泛应用。其缺点是结构较复杂，因此价格较高，同时拆卸清洗也较为不便。

碟片式离心机与前面所介绍的碟片式离心沉降机结构相似。不同之处是每块碟片都开有内圈和外圈两排孔，当碟片叠齐后，这些开孔能上下串通形成若干垂直的通道，这些通道就是乳浊液进入每块碟片的进口。最下面的一块碟片只开有一排孔，并分为两种样式：第一种是只开内圈孔；第二种是只开外圈孔。在安装时，根据被分离的乳浊液中含重、轻液量不同来确定是选用那一种。当乳浊液中重液量小于50%时，选用第二种样式的碟片；当乳浊液中重液量大于50%时则选用第一种样式作为下面的碟片。在分离操作时，乳浊液从碟片支座上部中央进料管进入转鼓，在惯性离心力的作用下，乳浊液经过碟片支座底部进入碟片通道，在碟片上轻液沿碟片向内流向碟片中心，从轻液出口管排至机外。重液则沿碟片向碟片外围流动，从重液排出管排至机外，见图7－1。若含有少量固体微粒，将沉降在鼓壁上，停机后人工清除。

常用的国产碟片离心机型号 DRY－400 型。其最大生产能力为 4m³/h，进口设备生产能力可达 10m³/h。碟片式分离机除用堤圈调节鼓内轻、重液的分离半径（两相分界面）外，还可用向心泵来调节。向心泵在轻、重液出口处均应设置。向心泵的结构可见图7－2。它是用螺套固定在离心机盖上的静止叶轮，叶轮上下有遮板，中间有两个或多个，一般不超过8个叶片，叶片组成由边缘向中心逐渐扩大（这与离心泵叶轮相反）。当转鼓转动时，鼓内的流体也随之旋转，流体会有很大的动压头。当旋转的流体由向心泵的外缘经过逐渐扩大的叶片通道时，部分动压头可转化为静压头，因此，从向心泵中心引出的液体就具有一定压力，可以不用泵就能把流体排出，并可提高一定高度，可见采用向心泵有回收能量的优点。类似于堤圈一样，这种离心机的轻液向心泵直径是固定不变的，而重液向心泵的直径可以选择和更换。向心泵的正确选择应以轻、重液的相界面是经过碟片孔的中心（上升孔道）为准。确定方法可以采用计算，但简单准确的办法是用实验方法来观察。方法是适当取出几张碟片，可在碟片的内表面看出分界线，当分界线正好通过孔道时，说明向心泵选择正确；如果分界

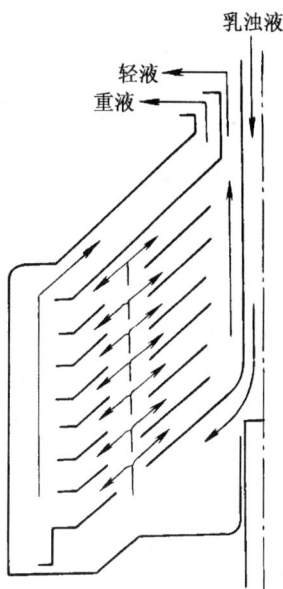

图7－1　碟片式分离机
工作原理图

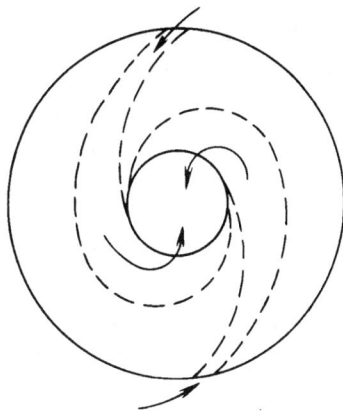

图7－2　向心泵示意图

线不经上升孔道，而是靠近碟片小的直径部分，则说明重液向心泵直径小。和管式分离机一样，相界面的位置除与重液向心泵直径有关外，还与轻、重液密度有关。一般定货时，可预先提供密度数据，则制造单位可根据要求安装适当的向心泵。

抗生素生产中多采用两台碟片式分离机组成两级逆流萃取流程。由于在萃取过程中水相的 pH 可能很低（如在萃取青霉素时，pH 为 2.5 左右）或很高（如在萃取红霉素时，pH 为 10 左右），因此，应采用不锈钢制造离心机的转鼓和碟片，另外，在酸性或碱性发酵液中，一些蛋白质会凝固沉淀，碟片间距不能选择过小。

二、多级离心萃取机

分级式萃取方法效率低，占地面积大，操作步骤多。而抗生素萃取有处理量大，要求时间短的特点，该设备有时就很难满足生产要求，离心萃取机的产生有效的解决了这个问题。离心萃取机的工作原理是，利用高速旋转产生的离心力作用，在一个设备内，可进行多次地混合与分离。它出现于 20 世纪 40 年代，随着抗生素的迅速发展，促进了萃取机在结构上不断改进。由于这种设备有萃取效率高，溶媒耗量少，结构紧凑，占地面积小，液体在机内停留时间短，并可处理高黏度，易乳化及密度差小的物系等很多优点，可以说是溶媒提取设备的发展趋势。但离心萃取机的结构复杂、制造困难、操作费用高，使其应用也受到一定的限制。

芦威式离心萃取机（Luwesta），它是立式逐级接触混合及分离的逆流萃取设备。图 7-3 为三级离心萃取机，其主体是固定在壳体上并可随之做高速旋转的环形盘。壳体中央有固定不动的垂直空心轴，轴上也装有圆形盘，盘上开设有若干个液体喷出孔。

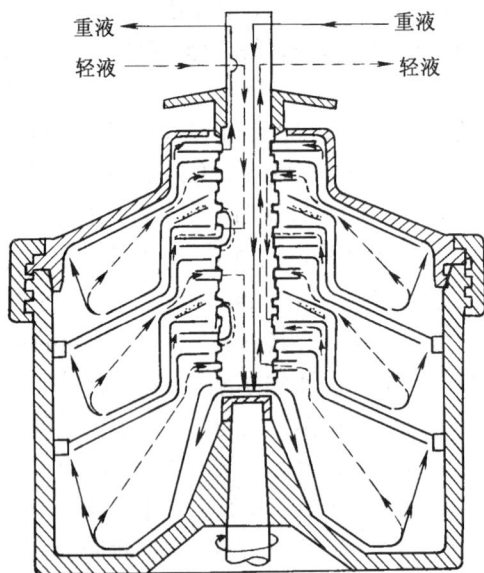

图 7-3　芦威式离心萃取机

其操作过程是，被处理的原料液和萃取剂均由空心轴的顶部加入，重液沿着空心轴的通道下流至底部进入第三级的外壳内，轻液相由空心轴的流道流入第一级。在空心轴内，轻液与来自下一级的重液混合，再经空心轴上的喷嘴沿转盘最后被甩到外壳四周，靠离心力作用使两相分开。重液（如图中实线所示），其流向为第三级经第二级再到第一级，然后进入空心轴的的排出通道由顶部排出。轻液则沿着图中的虚线所示的方向，由第一级经第二级再到第三级，然后进入空心轴的排出通道。

这种萃取机可简单理解为混合设备与碟片式离心分离机组合在一起的三级逆流萃取过程。

三、连续逆流离心萃取机

连续逆流离心萃取机是将溶媒与料液在逆流情况下进行微分接触的设备。这种离心萃取机有卧式和立式两种。

卧式离心萃取机国内外产品型号很多。有代表性的是美国生产的波德式离心萃取机，简称为 POD 离心萃取机，其基本结构可见图 7 – 4。在外壳内有一个由多孔长带卷绕而成的螺旋形转子，其转速很高，一般为 2000 ~ 5000r/min，操作时轻液被引至螺旋

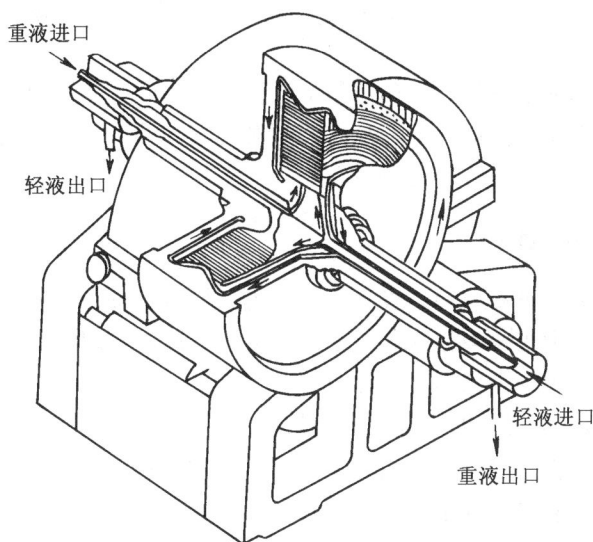

图 7 – 4　POD 离心萃取机

转子的外圈，重液由螺旋中心引入。由于转子转动时所产生的离心力作用，重液由中心部向外壳流动，轻液相则会由外圈向中心流动，两相在逆向流动过程中，在螺旋通道内会密切接触进行传质。重液相最后从最外层经出口通道流出机外，轻液相则由中心部经出口通道流出机外。该机适用于两相密度差小或易产生乳化的物系。根据转子直径大小不同，生产内力为 $0.225 ~ 17m^3/h$。

在进行青霉素萃取时，采用该机，最大理论级数可大于两级，当溶媒与料液之比为 1/6 时，收率可达 96%。

立式离心萃取机国内外型号很多，国产的 LC – 500 型离心机生产能力为 $5m^3/h$。

在提到连续逆流萃取机时，不能忘记在液 – 固分离时提到的卧螺机。当卧螺机配有向心泵时，可以进行轻液 – 重液 – 固体三相的分离。该机可用于直接从发酵液中进行萃取，在一机内完成液 – 固分离和萃取两个单元操作。

由于萃取剂多数是易燃溶媒，因此，在萃取过程中应十分注意流体在流动过程中或流体冲击容器壁面时，由于相对运动的摩擦和撞击产生的静电荷。当所产生的电荷无法导出时，电荷会积聚，从而产生电位差，当电位差达到一定值时（如 5000V）便会发生放电现象，静电产生的电弧（电火花）会引起溶媒的燃烧或爆炸。为防止静电的危害，必须采取有效措施，如选用设备材质一定要导电性良好或采取其他措施提高其导电性。

要正确选择和控制流体的适宜流速，减少摩擦。降低放料口的高度，减少冲击。进料若能沿罐壁流动可及时导出电荷。设备、管道安装后，应采取等电位措施。设计时要尽量使设备密闭，减少溶媒的挥发量。要保证厂房空气流畅，使车间空气中溶媒的含量控制在允许的范围之内。

当处理热敏性物料时，混合设备应设有冷却装置，如混合罐应有夹套，混合管为套管，务必使物料在萃取过程中处于低温状态。

第二节 液－液萃取过程的计算

液－液萃取的基本原理和计算在《化学工程》及一些专业课中都已介绍，这里针对生物制药的特点做必要的概括，重点是以经济观点讨论理论级与理论收率的正确选择，从工程的观点分析萃取过程传质的特性。

一、理论收率的计算

萃取过程可分为单级萃取和多级萃取两大类，后者又分为错流和逆流萃取两种。为了简化过程，在计算中假定两相液体完全不互溶，且溶质在两液相中的分配系数不随组成变化而变化（两相中皆为稀溶液），即在一定温度下是常数（可用实验方法测定或查手册获得）。同时假定溶质在两相混合时很快达到平衡，平衡后重液和轻液又能很快完全分离。实际萃取过程是溶质由一相转移至另一相的过程，属于相际间传质过程。如果要达到平衡是过程的极限，理论上需要无限长时间。

（一）单级萃取

单级萃取的操作是：溶媒和料液进行一次混合和分离。

根据分配定律得知：在一定温度和压力下，对于稀溶液进行萃取时，当操作达到相际平衡时，溶质在萃取相中的浓度与萃余相中的浓度之比为一常数。

$$K = \frac{C_2}{C_1} \qquad\qquad (7-1)$$

式中，K——分配系数；

C_1——萃余相中浓度，kg/m^3；

C_2——萃取相中浓度，kg/m^3。

在萃取操作中，溶质在萃取相或萃余相的平衡浓度的大小与萃取过程中加入萃取剂的量有关，或者说与浓缩倍数有关。浓缩倍数也称浓缩比，是指萃取操作中物料体积与加入溶媒体积之比。

$$m = \frac{V_F}{V_s} \qquad\qquad (7-2)$$

式中，m——浓缩倍数；

V_F——料液体积，m^3；

V_s——溶媒体积，m^3。

浓缩倍数是设计者应首先确定的值。从上式可以看出：当料液量一定时，浓缩比小，则加入的溶媒量大，萃取相 C_2 减小。根据分配定律得知，此时萃余相 C_1 也相应减小，也就是说当萃取剂用量大时，萃余相中溶质剩余量减小，萃取收率高；反之，浓缩比大，溶媒用量少，C_1 和 C_2 都相应增大，萃取收率就低。可见，在液－液萃取中，不仅萃取剂的选择很重要，而且确定用量也十分重要。不能为了提高收率无限的增大溶媒用量，因为加大溶媒量虽然可提高收率，但溶媒量大，操作过程中损失也大，更主要的是增加了溶媒回收所需要的能量，要进行经济权衡合理选用。

在萃取计算中，常用萃取因素的概念，它的定义是：在萃取过程中，溶质在萃取相与萃余相中的数量（质量或摩尔）之比。

$$E = \frac{C_2 \cdot V_s}{C_1 \cdot V_F} \tag{7-3}$$

式中，E——萃取因素。

将式 7-1、7-2 代入式 7-3 得

$$E = K\frac{1}{m} \tag{7-4}$$

于是在单级萃取中的未萃取分率 φ 为

$$\varphi = \frac{C_1 V_F}{C_1 V_F + C_2 V_s} = \frac{1}{E+1} \tag{7-5}$$

单级理论收率 $1-\varphi$ 为

$$1 - \varphi = \frac{E}{E+1} = \frac{K}{K+m} \tag{7-6}$$

从式 7-6 可看出，K 值愈大，$1-\varphi$ 也愈大；m 愈大（溶媒用量少）$1-\varphi$ 则愈小。理论收率 $1-\varphi$，虽然是一个极限值，但其值对分析实际问题极为重要。当实际收率与理论收率相差较大时，说明设备或操作就有改进挖潜的可能。当实际收率与理论收率相差不大时，就不必在此进行过大的思考。

例题 7-1 若用醋酸丁酯萃取青霉素，料液与溶媒之比为 3，在低温度下，pH 为 2.2 条件下，已知青霉素在醋酸丁酯和水的分配系数为 35，试求单级理论收率。若溶媒用量增加一倍，其理论收率变为多少？

解：

$$m = \frac{3}{1} = 3$$

$$E = K\frac{1}{m} = \frac{35}{3} = 11.67$$

故　　　　　　　　$$1 - \varphi = \frac{E}{E+1} = \frac{11.67}{11.67+1} = 92.1\%$$

或　　　　　　　　$$1 - \varphi = \frac{K}{K+m} = \frac{35}{35+3} = 92.1\%$$

若溶媒增加一倍，则 $m = \frac{3}{2} = 1.5$

$$E = K\frac{1}{m} = \frac{35}{1.5} = 23.3$$

理论收率变为 $\qquad 1 - \varphi = \dfrac{E}{E + 1} = \dfrac{23.3}{23.3 + 1} = 95.9\%$

计算结果表明：溶媒增加一倍，只能使理论收率增加3.8%。

（二）多级错流

选用二组或多组混合、分离设备，就可组成二级或多级错流萃取操作。操作方法是：新鲜溶媒分别加入各级混合设备，料液是来自上一级的萃余相，经混合后进入分离设备，取得新的萃余相进入下一级。

如果每一级的新鲜溶媒用量相同，则每一级的 E 值相等，而每一级萃取中未被萃取分率均为 $\dfrac{1}{E + 1}$。于是，经过 n 级错流萃取后，未被萃取分率可用下式求取：

$$\varphi = \left(\dfrac{1}{E + 1}\right)^n = \dfrac{1}{(E + 1)^n} \qquad (7 - 7)$$

则理论收率为

$$1 - \varphi = \dfrac{(E + 1)^n - 1}{(E + 1)^n} \qquad (7 - 8)$$

若预先假定一收率（即已知 φ），可根据式7-8预测出所需要的级数 n。

$$n = \dfrac{\lg(1/\varphi)}{\lg(E + 1)} \qquad (7 - 9)$$

若每一级萃取中溶媒用量不同，并以 E_1、E_2、……E_n 表示各级的萃取因素，此时未被萃取分率为

$$\varphi = \dfrac{1}{(E_1 + 1)(E_2 + 1)\cdots\cdots(E_n + 1)} \qquad (7 - 10)$$

例题7-2 按例题7-1数据，在总溶媒用量不变的条件下，改为二级错流萃取，每级溶媒用量相同，则理论收率变为多少？若采用三级，理论收率又为多少？

解：因总溶媒量不变，改为二级错流时，每级 $m = \dfrac{3}{0.5} = 6$

则 $\qquad E = K\dfrac{1}{m} = \dfrac{35}{6} = 5.83$

由式7-8得

$$1 - \varphi = \dfrac{(5.38 + 1)^2 - 1}{(5.38 + 1)^2} = 97.9\%$$

若采用三级错流 $m = \dfrac{3}{1/3} = 9$

$$E = K\dfrac{1}{m} = \dfrac{35}{9} = 3.9$$

则 $\qquad 1 - \varphi = \dfrac{(3.9 + 1)^3 - 1}{(3.9 + 1)^3} = 99\%$

该例题与例题7-1比较得出：相同溶媒用量，增加一套混合设备和分离设备，由单级萃取变为二级错流萃取后，理论收率增加5.8%，如增加一倍溶媒比单级萃取的收率高出2%。若从二级错流变为三级，收率虽然仅提高1.1%，但又要增加一套混合设备和分离设备，并使操作费用增加。

（三）多级逆流萃取

如果假定在多级逆流或连续逆流萃取机中两相的体积流量不发生变化，再加上分配系数不变，于是在整个过程中分离因素 E 不变。若共有 n 级时，则未被萃取分率可推导出下式：

$$\varphi = \frac{E - 1}{E^{n+1} - 1} \tag{7-11}$$

理论收率为

$$1 - \varphi = \frac{E^{n+1} - E}{E^{n+1} - 1} \tag{7-12}$$

应注意的是：在抗生素生产中所用的连续逆流萃取机，一般物料的停留时间短暂（一般在 1min 左右），有效成分虽然破坏减少，但理论级数不大（一般为 2 级左右）。

例题 7-3　按例题 7-1 数据，在总溶媒用量不变的条件下，采用连续逆流萃取机进行萃取，若萃取机的理论级数为 2，则理论收率为多少？

解：

$$E = K \frac{1}{m} = \frac{35}{3} = 11.67$$

$$1 - \varphi = \frac{E^{n+1} - E}{E^{n+1} - 1} = \frac{11.67^3 - 11.67}{11.67^3 - 1} = 99\%$$

通过以上三个例题，从工程角度来看：萃取操作一般不采取单级萃取或过度增加溶媒的方法（当分配系数较高时，生产上也有采用单级萃取的操作，例如，若某物系分配系数 $K = 170$，也取浓缩比 $m = 3$，则萃取因素 $E = 56.7$ 代入公式 7-6，可得理论收率98.3%，接近例题 2 三级错流萃取的效果）。两级错流设备简单，容易操作，并有较高的收率，但级数过大不经济。连续逆流萃取机效果最好，但其设备价格昂贵，操作费用高（一般电机功率较高）。实际设备的选用应根据物系的特点、生产规模、经济条件、甚至劳动者素质等多方面加以考虑，才能得出正确的结论。

二、混合设备的计算

以上讨论的是萃取过程达到平衡时的结果。在分析实际萃取过程中，不管是分级接触式还是微分接触式设备，其中混合的目的是增强两液相间的传质。

为了获得较高的萃取效率，必须提高萃取设备内的传质速率。传质速率与两相之间的接触面积、传质系数及传质推动力等因素有关，当然，最终传质量还与接触时间有关。

在萃取设备内，相际接触面积的大小主要取决与分散相（溶媒）的占有率和液滴尺寸。显然，分散相占有率愈大，液滴尺寸愈小，则可提供的相际接触面积就愈大，对传质有利。但分散相液滴也不宜过小，液滴过小会难于再凝聚，使两相分离变得困难，也容易产生液滴被连续相夹带出去的现象。另外，太小的液滴会产生萃取操作中不希望出现的乳化现象，反到不利于传质效果。在各种萃取操作中，应采取各种措施促使液滴不断产生、分散再凝聚，使旧界面不断破裂，新界面不断形成，这样可加速传质过程。

液－液萃取过程中和气－液传质过程相类似，传质阻力主要包括一相中的液膜阻力，两相间阻力和另一相内的液膜阻力。如果忽略两相间的传质阻力，两液相内的液膜便成为萃取的主要阻力。在有外加能量的萃取装置内,外加能量主要是改变液滴外连续相的流动条件,减少连续相的液膜阻力,而不能造成液滴内的湍动。但是,液滴在连续相中相对运动时,由于界面的摩擦力会使液滴内产生环流,也能减少液滴内液膜阻力。此外,还有两个原因会使液滴产生抖动:一是液滴外的连续相处于湍动时,由于湍流运动所固有的不规则性造成;二是液滴表面传质的不规则变化,使液滴表面的不同位置的界面张力不同。由于界面张力不同,液滴表面上的受力会不平衡。液滴内的环流和液滴本身的抖动,均可减少液滴内的液膜阻力,总之,剧烈的湍动会增加传质系数。

传质推动力也是影响萃取速率的重要因素之一。和其他单元操作一样,在萃取设备内有返混会降低推动力;无返混的设备,如平推流传质推动力最大。此外,在萃取过程中采用逆流也是有效增加推动力的方法。

以混合罐为例,分析计算理想和实际情况下的浓度变化及为什么平均停留时间取 1 ~ 2min。

(一) 平衡时出口浓度

在一混合罐中见图 7 - 5,由于搅拌的作用,假定罐内两相液体的平均浓度等于出口乳浊液中两相的浓度。混合罐的计算内容是:已知进料速度,混合罐的体积的情况下(或已知进料速度和混合时间),计算混合后的乳浊液的流量、平均停留时间(混合罐体积)、混合后乳浊液中萃余相浓度、萃取相浓度。

对混合罐进行物料衡算,乳浊液流量为

$$Q = V_1 + V_2 \qquad (7-13)$$

式中,Q——乳浊液流量,m^3/s;

$\quad\quad V_1$——原料液流量,m^3/s;

$\quad\quad V_2$——溶媒流量,m^3/s。

$$\tau_0 = \frac{V}{Q} \qquad (7-14)$$

式中,τ_0——料液在罐内的平均停留时间,s;

$\quad\quad V$——罐内装料体积,m^3;

对罐内溶质作物料衡算

$$V_1 X_1 + V_2 Y_1 = V_1 X_2 + V_2 Y_2 \qquad (7-15)$$

式中,X_1——料液中溶质浓度,kg/m^3;

$\quad\quad X_2$——乳浊液萃余相浓度,kg/m^3;

$\quad\quad Y_1$——溶媒中溶质浓度,kg/m^3;

$\quad\quad Y_2$——乳浊液萃取相浓度,kg/m^3。

图 7 - 5 混合罐的物料衡算

连续操作萃取中 $\frac{V_1}{V_2} = m$ 为浓缩倍数,式 7 - 15 可改写为

$$mX_1 + Y_1 = mX_2 + Y_2 \qquad (7-16)$$

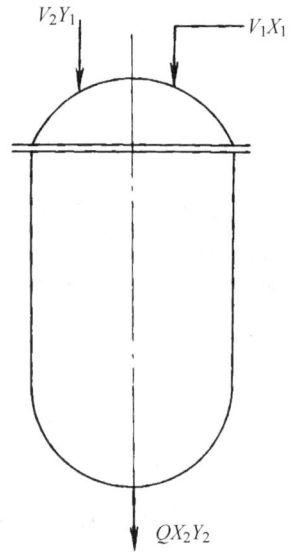

当采用新鲜溶媒（即 $Y_1 = 0$），取两相传质达到相际平衡，则 $\dfrac{Y_2}{X_2} = K$。式 7－16 又可改写为

$$X_2 = \frac{X_1}{1 + \dfrac{K}{m}} \qquad (7-17)$$

$$Y_2 = \frac{X_1}{\dfrac{1}{m} + \dfrac{1}{K}} \qquad (7-18)$$

（二）实际出口浓度计算

在实际情况下，由于两相在罐内的混合时间是有限的，达到平衡浓度理论上需无限长时间，加上在混合罐中存在返混及短路情况，使分散相实际在罐内的停留时间有可能部分超过平均停留时间，也有部分低于平均停留时间，因此，在较精确的计算中就不能采用式 7－17 和 7－18 进行计算。在考虑混合时间、传质系数及传质面积等因素时可用下式计算真实出口浓度。

$$X_2 = \frac{X_1}{1 + \dfrac{K}{m}\left(\dfrac{\varphi}{1 + \varphi}\right)} \qquad (7-19)$$

$$Y_2 = \frac{X_1}{\dfrac{1}{m} + \dfrac{1}{K} + \dfrac{1}{K\varphi}} \qquad (7-20)$$

式中，φ——大于 1 的无因次参数。

φ 值与所处理物系的物理性质和操作条件有关，可用下式计算。

$$\varphi = \frac{6\beta\tau_0}{Kd_p} \qquad (7-21)$$

式中，β——溶质在两相的传质系数，m/s；

$\quad d_p$——分散相液滴的平均直径，m。

β 值可由如下准数方程求得

$$\frac{\beta d_p}{D} = 2 + 0.55\left(\frac{d_p w_c \rho}{\mu}\right)^{0.5}\left(\frac{\mu}{\rho D}\right)^{1/3} \qquad (7-22)$$

式中，D——溶质在两相间的扩散系数，m²/s；

$\quad \rho$——连续相密度，kg/m³；

$\quad \mu$——连续相的黏度，Pa·s；

$\quad w_c$——液滴相对速度（环流速度），m/s。

分散相液滴直径可由下式求得：

$$d_p = 0.0142 \frac{\sigma^{0.6}}{\rho^{0.2}\left(\dfrac{P}{V}\right)^{0.4}} H^{0.5}\left(\frac{\mu_d}{\mu}\right)^{0.25} \qquad (7-23)$$

式中，μ_d——分散相黏度，Pa·s；

$\quad \sigma$——两相间的表面张力，N/m；

$\quad P/V$——混合罐中单位体积消耗的功率，kW/m³；

H——分散相在乳浊液中所占分率。

$$H = \frac{1}{1 + m}$$

若采用六平叶蜗轮搅拌器，且叶径与罐径比为1/3时，液滴直径也可用较简单的下式求得

$$\frac{d_p}{d} = 0.06(1 + 9H)(\frac{\sigma}{n^2 d^3 \rho})^{0.6} \qquad (7-24)$$

式中，d——搅拌器直径，m；

n——搅拌转速，r/s。

环流速度可由下式求得：

$$w_c = 5.98 \frac{(P/V)^{0.2}\sigma^{0.2}}{\rho^{0.4}} \qquad (7-25)$$

例题 7-4　若有一装料体积为 75L 的混合罐，料液流量为 3m³/h，纯溶媒流量为 1m³/h，料液中溶质浓度为 12kg/m³，溶质在两相的分配系数为 30，求两相达到平衡时出口浓度？若搅拌功率为 0.5kW/m³，连续相的密度为 1000kg/m³，黏度为 0.001Pa·s，视连续相与分散相的黏度相同，两相间扩散系数为 1.25×10^{-9} m²/s，表面张力为 4.41×10^{-2} N/m，求此时的 X_2 和 Y_2 值？

解：若两相达到平衡，可由式 7-17 计算

$$X_2 = \frac{X_1}{1 + \frac{K}{m}} = \frac{12}{1 + \frac{30}{3}} = 1.09 \text{kg/m}^3$$

$$Y_2 = KX_2 = 30 \times 1.09 = 32.7 \text{kg/m}^3$$

实际情况下，可按下列步骤进行计算

平均停留时间：$\tau_0 = \dfrac{V}{Q} = \dfrac{0.075}{1+3} = 0.0188\text{h} = 1.125\text{min} = 67.5\text{s}$

液滴直径
$$d_p = 0.0142 \frac{\sigma^{0.6}}{\rho^{0.2} (P/V)^{0.4}} H^{0.5} (\frac{\mu_d}{\mu})^{0.25}$$

$$= 0.0142 \frac{(4.41 \times 10^{-2})^{0.6}}{1000^{0.2} \times 0.5^{0.4}} (\frac{1}{4})^{0.5}$$

$$= 3.61 \times 10^{-4}\text{m}$$

相对速度
$$w_c = 5.98 \frac{(P/V)^{0.2}\sigma^{0.2}}{\rho^{0.4}}$$

$$= 5.98 \frac{0.5^{0.2} \times (4.41 \times 10^{-2})^{0.2}}{1000^{0.4}}$$

$$= 0.176\text{m/s}$$

传质系数

$$\beta = \frac{D}{d_p} \left[2 + 0.55 (\frac{d_p w_c \rho}{\mu})^{0.5} (\frac{\mu}{\rho D})^{1/3} \right]$$

$$= \frac{1.25 \times 10^{-9}}{3.61 \times 10^{-4}} \left[2 + 0.55 (\frac{3.61 \times 10^{-4} \times 0.176 \times 1000}{0.001})^{0.5} (\frac{0.001}{1000 \times 1.25 \times 10^{-9}})^{1/3} \right]$$

$$= 1.48 \times 10^{-4}\text{m/s}$$

于是无因次参数为

$$\varphi = \frac{6\beta\tau_0}{Kd_p} = \frac{6 \times 1.48 \times 10^{-4} \times 67.5}{30 \times 3.61 \times 10^{-4}} = 5.53$$

由式 7 – 19 和式 7 – 20 得实际萃余相和萃取相中溶质浓度为

$$X_2 = \frac{X_1}{1 + \frac{K}{m}\left(\frac{\varphi}{1+\varphi}\right)} = \frac{12}{1 + \frac{30}{3}\left(\frac{5.33}{1+5.33}\right)} = 1.26 \text{kg/m}^3$$

$$Y_2 = \frac{X_1}{\frac{1}{K} + \frac{1}{m} + \frac{1}{K\varphi}} = \frac{12}{\frac{1}{30} + \frac{1}{3} + \frac{1}{30 \times 5.53}} = 32.2 \text{kg/m}^3$$

理论收率 $1 - \varphi = \dfrac{K}{K+m} = \dfrac{30}{30+3} = 91\%$

实际收率 $= \dfrac{V_2 Y_2}{V_1 X_1} = \dfrac{1 \times 32.2}{3 \times 12} = 89.4\%$

若停留时间取 10min，混合罐装料容积变为 $V = \tau_0 \times Q = 10 \div 60 \times 4 = 0.67\text{m}^3$。在计算过程中 d_p、w_c、β 不会改变，无因次参数变为 $\varphi = 6\beta\tau_0/Kd_p = 6 \times 1.48 \times 10^{-4} \times 10 \times 60/30 \times 3.61 \times 10^{-4} = 49$，则 $X_2 = 1.11\text{kg/m}^3$，$Y_2 = 32.67\text{kg/m}^3$，实际收率为 90.75%，收率增加 1.35%。

从以上计算结果可得两个结论：

①说明用一个 75L（0.075m³）较小的混合罐平均停留时间仅为 1.125min，已接近理论收率。

②收率增加 1.35%，是以增加 8.9 倍（10/1.125）能耗和设备大小为代价，从经济权衡角度考虑取停留时间为 1～2min 合理。

三、离心分离机及离心萃取机中分界面的计算

在萃取操作中，曾提到分离机可用堤圈或向心泵等控制重液和轻液的界面的厚度。为了说明其原理，可先从重力场所用的分离器分析开始。

图 7 – 6 是一利用重力将重液和轻液分离的设备示意图，此设备有一混合液的入口管（例如苯经水蒸气蒸馏后再经冷凝器后就会得到苯和水的混合液）和两个分别导出重液和轻液的出口，其中轻液出口的高度是固定的，重液出口高度可以随意调节。当重液出口调节在某一适宜的高度时，进入器内的混合液会因其密度不同又不互溶而分为两层并分别连续从各自出口导出，此时器内轻、重液间有一明显的分界面，其高度也固定不变。

因轻、重液出口处均与大气相通，根

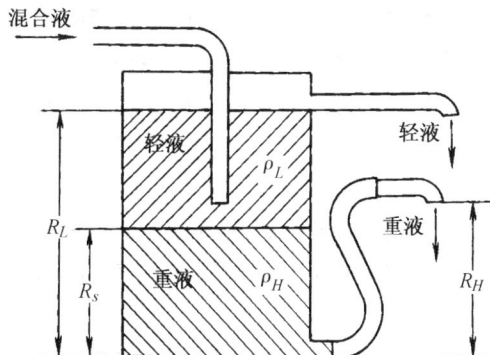

图 7 – 6 重力分离示意图

据静力学原理，取器底为等压面可得：

$$(R_L - R_s)\rho_L g + R_s\rho_H g = R_H\rho_H g$$

$$R_s = \frac{\rho_H R_H - \rho_L R_L}{\rho_H - \rho_L} \tag{7-26}$$

式中，R_s——轻、重液分界面高度，m；

   R_H——重液出口高度，m；

   R_L——轻液出口高度，m；

   ρ_H——重液密度，kg/m³；

   ρ_L——轻液密度，kg/m³。

从式 7-26 可看出，分离器中的轻、重液分界面与两相的体积的比无关，也与分离器体积无关（实际在重力场的分离器要求有一足够大的体积，其目的是给予轻、重液尽量分开的时间，可通过实验测得），而只与两相间的密度差和轻、重液出口高度有关。在密度差不变和轻液出口高度不变时，分界面仅与重液出口高度有关。因此，可以通过调节重液出口高度来变动分界面的高度，这就是设计在重力场自动分水（生产上多为水和与水不溶的有机溶剂）器的原理。

重液出口高度 R_H 虽然可随意调节，但也有一定的极限，不能太低，否则界面高度 R_s 会得出负值而不能起到分离作用，此时，轻液将随重液一起从重液出口流出。所以 R_H 的下限是 $R_s = 0$，此时 $\rho_H R_H = \rho_L R_L$ 则 $R_H = \dfrac{\rho_L R_L}{\rho_H}$；同样分析 R_H 的上限是 $R_H = R_L$，根据式 7-26 可得 $R_s = R_L$，此时重液会随轻液流出，因此，在操作过程中应保持 $R_L > R_H > \dfrac{\rho_L R_L}{\rho_H}$。例如，在分离水和醋酸丁酯时，其密度分别为 1000kg/m³ 和 880kg/m³，若取 $R_L = 1$m，R_H 的调节范围应为 0.88m 与 1m 之间，其特点是调节范围只有 0.12m，但分界面会变化 1m。两相的密度差愈大，R_H 的调节范围也随着变大。

若清楚了重力场分离器控制界面的原理，只要把图 7-6 逆时针转 90°就不难分析离心力场中的情况。图 7-7 是取管式离心分离机的部分示意图。与重力分离器不同的是圆筒体尺寸是从中心线开始，R_H 相当于重力场分离器的重液出口高度，R_L 相当于不变的轻液出口高度，更换堤圈时，若内径变小，相当于提高重液出口高度，在离心分离机中重液层会变厚。

以管式离心机为例，其界面位置的具体表达式可通过如下分析导出。

若离心机以某一转速旋转，因离心力是随半径而变化，分析受离心力只能取垂直一微分薄层液体分析，得该层液体受离心力为：

$$\mathrm{d}F = \omega^2 R \cdot \mathrm{d}m \tag{7-27}$$

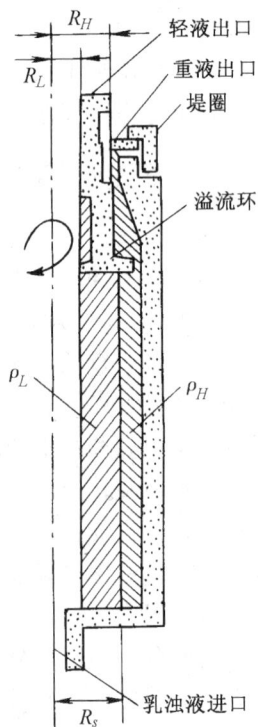

图 7-7 管式离心机示意图

式中，F——离心力，N；

$\quad\quad R$——半径，m；

$\quad\quad \omega$——角速度，弧度/s；

$\quad\quad m$——流体质量，kg。

其中
$$\mathrm{d}m = 2\pi Rh\rho \cdot \mathrm{d}R$$

式中，ρ——液体密度，kg/m^3；

$\quad\quad h$——离心机转筒高度，m。

于是
$$\mathrm{d}F = 2\pi h\rho\omega^2 R^2 \cdot \mathrm{d}R$$

在 R 处旋转面上所受的压强为

$$\mathrm{d}P = \frac{\mathrm{d}F}{2\pi Rh}$$

式中，P——压强，N/m^2。

于是
$$\mathrm{d}P = \omega^2 \rho R\mathrm{d}R$$

对轻液而言，积分是在分界面至轻液出口范围内，则

$$\int_{P_1}^{P_s}\mathrm{d}P = \int_{R_L}^{R_s}\omega^2 \rho_L R\mathrm{d}R$$

积分得
$$P_s - P_1 = \frac{\omega^2 \rho_L(R_s^2 - R_L^2)}{2}$$

式中，P_s——界面压强，N/m^2；

$\quad\quad P_1$——轻液出口压强，N/m^2。

对于重液而言，在分界面至出口范围内，则

$$\int_{P_2}^{P_s}\mathrm{d}P = \int_{R_H}^{R_s}\omega^2 \rho_H R\mathrm{d}R$$

积分得
$$P_s - P_2 = \frac{\omega^2 \rho_H(R_s^2 - R_H^2)}{2}$$

式中，P_2——重液出口压强，N/m^2。

式中的 P_1、P_2 皆通大气，所以，$P_s - P_1 = P_s - P_2$，故
$$\rho_L(R_s^2 - R_L^2) = \rho_H(R_s^2 - R_H^2)$$

移项整理后得

$$R_s = \sqrt{\frac{\rho_H R_H^2 - \rho_L R_L^2}{\rho_H - \rho_L}} \tag{7-28}$$

从式7-28可以看出，离心分离设备中的分界面与两相间的密度及两相的出口半径有关，而与两相体积比及设备容积无关，这与重力场的分离器情况相仿。

管式离心机和某些碟片式分离机是用堤圈内径不同来调节 R_H 的大小，不同内径的堤圈外径是相同的，放在重液出口处。当被处理的混合液定下后，必须选用合适的堤圈才能使两相有效分离。

与重力场分离器类似，堤圈内半径 R_H 也有一定范围，其上限分界面半径 R_s 等于转筒内固定的溢流环的外半径（溢流环内半径为 R_L，外半径从图7-7可看出和圆筒内

壁有一间隙，没有标出，是应提供的长度）R_f 时，与重力场相似，轻液就有随重液带出的可能。取 $R_s = R_f$，代入式 7 – 28 得：

$$R_H = \sqrt{\frac{\rho_L R_L^2 + R_f^2(\rho_H - \rho_L)}{\rho_H}} \qquad (7 - 29)$$

式 7 – 29 是求堤圈最大直径（$2R_H$）的方法。R_H 的下限是 $R_H = R_L$，这是设计者不必提供的堤圈内半径，因为该条件下相当于和重力场 $R_H = R_L$ 一样，不会有轻液层，当然也就谈不上分离作用。

以上讨论的分界面半径是和重力场一样，只是从静力学考虑现象，没有考虑流动时因摩擦阻力不同等因素的影响，会使实际分界面半径有所改变。实际分界面半径称动分界半径，其关系式就不仅只是物性密度和半径有关，还会与流量等因素有关。但以上几式还是抓住了主要矛盾，可以作为选用堤圈参考。

例题 7 – 5 管式离心分离机，转筒内径 105mm，轻液出口内径（溢流环内径）30mm，溢流环外径 98mm，转速为 15 000r/min，设备提供的堤圈外径为 74mm，内径分别为 37.4mm，39.0mm，41.4mm，43.8mm，46.2mm，轻液密度为 880kg/m³，重液密度为 1000kg/m³。试分析使用各种堤圈的分界面情况。

解：首先确定溢流环中间位置作为比较，因溢流环内半径为 15mm，外半径为 49mm，所以，在其中间位值为：

$$R_{s中} = 15 + \left(\frac{49 - 15}{2}\right) = 32mm$$

将已知量代入式 7 – 29，求出最大堤圈半径为：

$$R_{H\max} = \sqrt{\frac{\rho_L R_L^2 + R_f^2 \left(\rho_H - \rho_L\right)}{\rho_H}}$$

$$= \sqrt{\frac{880 \times 0.015^2 + 0.049^2 \left(1000 - 880\right)}{1000}} = 0.022m = 22mm$$

最大直径为 44mm，首先定出堤圈内径为 46.2mm 不能用。

再将其他堤圈的内半径分别代入式 7 – 28 求出界面位置，如内径为 37.4mm 的堤圈 $R_H = 0.0374/2 = 0.0187m$。

$$R_s = \sqrt{\frac{\rho_H R_H^2 - \rho_L R_L^2}{\rho_H - \rho_L}}$$

$$= \sqrt{\frac{1000 \times 0.0187^2 - 880 \times 0.015^2}{1000 - 880}} = 0.0356m = 35.6mm$$

比较 $R_{s中} = 32mm$，重液层稍薄一些（参看图 7 – 7），可认为重、轻液停留时间接近。

同理：对于 $R_H = 0.039/2 = 0.0195m$，得 $R_s = 39mm$，有利于轻液分离（轻液层厚）。

对于 $R_H = 0.0414/2 = 0.0207m$，得 $R_s = 43.8mm$，有利于轻液分离。

对于 $R_H = 0.0438/2 = 0.0219m$，得 $R_s = 48.4m$，接近 $R_f = 0.098/2 = 0.049m$，重液层过薄，有可能重液层夹带没有分离完全的轻液微滴，所以，也不能使用。

四、离心分离机生产能力的计算

离心分离机和第六章介绍的离心沉降机结构基本相同，只不过是离心分离机有轻、重液两个出口，于是

$$Q = Q_L + Q_H \tag{7-30}$$

式中，Q——离心分离机生产能力，m^3/s；

Q_L——轻液出口流量，m^3/s；

Q_H——重液出口流量，m^3/s。

若取重液最小液滴和轻液最小液滴的直径相同，同时近似取轻、重液黏度相同就可推导出离心分离机和离心沉降机的生产能力公式完全相同。

对于碟片式离心分离机而言，其生产能力为

$$\begin{aligned}
Q &= (w_g)_c \cdot \sum \\
&= \frac{d_c^2 (\rho_H - \rho_L) g}{18\mu} \left[\frac{2\pi\omega^2 s (R_2^3 - R_1^3)}{3g\tan\theta} \right] \\
&= \frac{\pi d_c^2 \omega^2 (\rho_H - \rho_L) s (R_2^3 - R_1^3)}{27\mu\tan\theta}
\end{aligned} \tag{7-31}$$

式中，d_c——液滴最小直径，m。

由上式可看出，碟片式离心分离机的生产能力与碟片数 s、转速 ω 的平方及转鼓直径的立方成正比，与碟片间距无关。这是为什么在有效容积内多装碟片的道理。另外，生产能力与半顶角 θ 有关，半顶角愈小，生产能力愈大，因半顶角愈小碟片间的水平距离愈小，离心沉降时间短，液滴就容易分离。但半顶角也不能过小，否则液滴容易粘附在碟片上。同时，通过公式也可看出和离心沉降一样，可分离的液滴直径不能无限小，说明萃取操作混合及分离过程中溶剂损失是不可避免的。

第三节 萃取过程中的溶媒回收

在溶媒萃取法提取生物产品时，多数需要大量的有机溶媒，溶媒消耗的成本占有较大比例。生产中用过的萃取剂、结晶的溶剂、洗结晶所用溶剂等，经过使用后一般被水所稀释，同时也溶解了某些杂质或少量残余的生物产品，不能重复使用，称为"废溶媒"。此外，由于生物反应液中目标产物的浓度又很低，所以反应液体积很大。例如，一个中等规模的发酵车间，用醋酸丁酯提取某目标产物时，每天会产生 50 吨左右的废水，若按废水中含醋酸丁酯为 1.5%（质量百分数），每年就会在废水中损失 225 吨。溶媒一般价格较高，若不加以处理回收，不仅经济上造成很大损失，还会造成严重的环境污染。目前溶媒回收有时不仅是为了经济效益，更重要的是为了社会效益。

溶媒回收的主要任务多数是将有机溶媒从溶媒－水的混合液中分离出来，达到从新使用的目的。溶媒回收实际上是《化工单元操作》中的蒸馏操作的具体应用，能使混合物分离的原因是混合液中各组分有不同的沸点（挥发性不同），通过气－液两相间的传质、传热来实现。

本节是在掌握蒸馏知识的基础上，主要讨论在本专业的具体应用，解决常用物系的分离过程中所需设备的直径和高度。

一、生物制药中常用溶媒的性质

生物制药生产中所遇到的溶媒－水物系多为非理想溶液。其特点与理想溶液比较，多数是有正偏差的溶液。正偏差产生的原因是混合物中不同组分分子之间吸引力，较之同一组分之间吸引力为小，结果此时诸分子所受的吸引力比在各纯组分中为小，易气化，使溶液上方各组分蒸气分压比理想溶液为大。常遇到的非理想溶液中有正偏差程度较小，如甲醇－水系和丙酮－水系统，其特点是两组分能以任何比例互溶。正偏差程度稍大的如乙醇－水系，其特点是两组分虽仍能以任何比例互溶，但会出现一最低共沸物，此时气相浓度与液相浓度相等。正偏差较大时，如正丁醇－水系统，两组分仅能在一定范围内互溶，同时出现非均相最低共沸物，即蒸气冷凝后分为上层（含正丁醇多，水少）和下层（含水多，正丁醇少）。正偏差很大时，如水－乙酸乙酯系统，两组分彼此之间互溶度极小，也具有非均相最低共沸物，蒸气冷却后分为上层（主要是乙酸乙酯，含少量水）和下层（主要是水，含少量乙酸乙酯）。也有少数情况下会遇到有负偏差的溶液，如丙酮－氯仿系统，具有最高共沸点。图 7－8 表示出几种物系的相图，非理想溶液的相图是计算理论板的基础。表 7－1 列出一些常用的溶媒系统的性质。

非理想溶液气－液平衡数据，通常可用实验测定取得。常用的物系可在有关手册中查取。具有共沸点的非理想溶液，因共沸物气－液组成相同，所以，不能用普通蒸馏方法（一个塔）获得浓度较高的两组分。

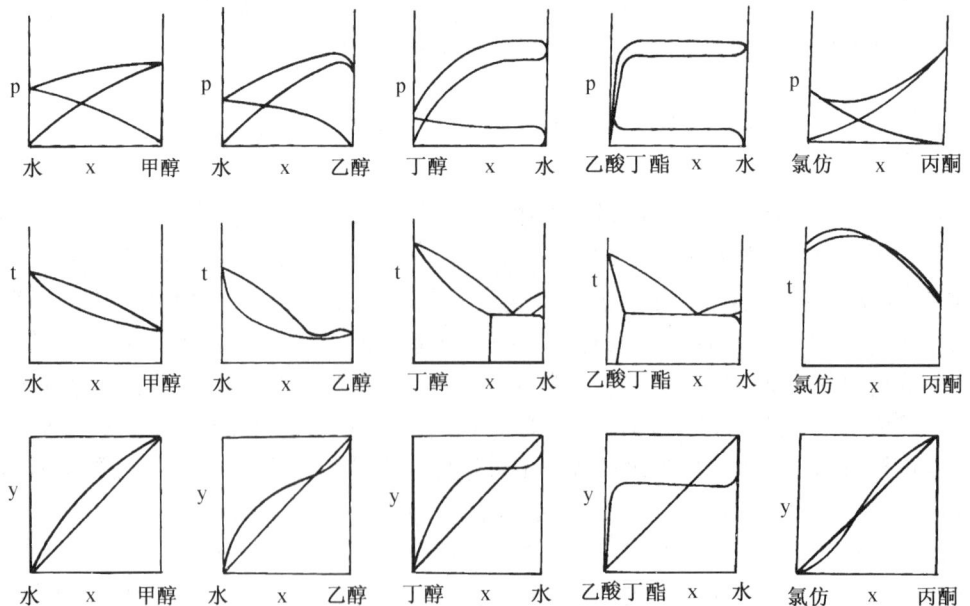

图 7－8 生产中常用溶媒的相图

表 7-1 生产中常用溶媒系统的性质

系统组分	沸点 ℃	共沸点 ℃	共沸物组成 质量%	共沸物组成 摩尔%	上层组成 质量%	上层组成 摩尔%	下层组成 质量%	下层组成 摩尔%
丙 酮 水	56.2 100	无						
甲 醇 水	64.7 100	无						
乙 醇 水	78.5 100	78.2	95.6 4.4	89.4 10.6				
乙酸乙酯 乙 醇	77.1 78.5	71.8	69.0 31.0	53.8 46.2				
乙酸正丁酯 正 丁 醇	126.5 117.7	116.2	36.7 63.3	37.0 73.3				
乙 醚 水	34.2 100	34.15	98.7 1.3	94.8 5.2	99.4 0.6	96.3 3.7	34.3 65.7	11.3 88.7
氯 仿 水	61.2 100	56.3	97.0 3.0	83.1 16.9	0.8 99.2	1.2 98.8	99.8 0.2	98.6 1.4
乙酸乙酯 水	77.1 100	70.4	91.9 8.1	69.9 30.1	96.7 3.3	85.7 14.3	8.7 91.3	1.9 98.1
水 正 丁 醇	100 117.7	90.3	44.5 55.5	76.8 23.2	20.1 79.9	50.8 49.2	92.3 7.7	98.0 2.0
水 乙酸正丁酯	100 126.5	90.7	27.1 72.9	70.5 29.5	1.2 98.8	7.3 92.7	99.3 0.7	99.9 0.1
水 乙酸正戊酯	100 148	92.5	33.0 67.0	78.2 21.8	1.3 98.7	9.0 91.0	99.3 0.7	99.9 0.1
水 正 丁 醇 乙酸正丁酯	100 117.7 126.5	90.7	29.0 8.0 63.0	69.6 4.7 25.7	3.0 11.0 86.0	15.8 14.1 70.1	97.0 2.0 1.0	99.3 0.5 0.2
丙 酮 氯 仿	56.2 61.2	64.7	23.5 76.5	38.7 61.3				

二、恒沸精馏

对于溶媒与水加热后形成非均相共沸物的物系，经冷却后若溶媒相中仅含少量的水，可取出溶媒相，采用间歇精馏或简单蒸馏方法蒸出共沸物，便得到较纯的溶媒。对于共沸物组成的蒸汽经冷凝后的水相中仍含有一定量的溶媒时，尚需进一步处理。要获得两个较纯的组分，最好采用双塔流程，见图 7-9。

现有一可产生非均相共沸物的物系，其气－液平衡相图见图 7－10。若料液组成为 x_F（含 A、B 两组分），沸点时两相的互溶极限为 x_{R1} 及 x_{R2}。现将料液引入塔 I 中，塔底应为接近纯 B 的组成 x_{W1}，塔顶引出的混合蒸气组成为 y_{D1}，其值应接近共沸物组成 M，此蒸气冷凝后，其实际混合物组成为 K，同时分成组成为 x_{R1} 及 x_{R2} 的两互不相溶的液层。上液层富有 B 组分（组成为 x_{R1}）回入 I 塔作为回流液。下层富有 A 组分（组成为 x_{R2}）送入塔 II 顶部作为进料，所以，塔 II 无精馏段，全为提馏段。塔 II 下部的残液组成为 x_{W2}，应接近纯组分 A。塔 II 顶部引出的混合蒸气组成为 y_{D2}，也应接近共沸物组成 M，当其冷凝后其实际组成为 N，同样会分成组成为 x_{R1} 及 x_{R2} 的两液层。塔 I 塔 II 可共用一个冷凝器。

在进行图解法求理论板数时，塔 I 精馏段的操作线应经过（x_{R1}，y_{D1}）点，斜率由塔中液气比决定。塔 II 的提馏段操作线应经过（x_{R2}，y_{D2}）及 x_{W2} 与对角线的交点。

对双塔进行总物料衡算

$$F = W_1 + W_2$$

$$Fx_F = W_1 x_{W1} + W_2 x_{W2}$$

$$W_1 = \frac{F(x_{W2} - x_F)}{x_{W2} - x_{W1}} \qquad (7-32)$$

$$W_2 = F = W_1$$

式中，F——进料量，kmol/h；

　　　W_1——塔 I 残液流量，kmol/h；

　　　W_2——塔 II 残液流量，kmol/h。

在塔 I 第 n 板以上的物料进行衡算，见图 7－11。

$$V_1 y_{n+1} + L_1 x_{R1} = V_1 y_{D1} + L_1 x_n$$

上式经整理后即为塔 I 精馏段操作线方程：

$$y_{n+1} = \frac{L_1}{V_1} x_n + \left(y_{D1} - \frac{L_1}{V_1} x_{R1} \right) \qquad (7-33)$$

式中，L_1——塔 I 板上下降液体量，kmol/h；

　　　V_1——塔 I 板上上升蒸气量，kmol/h。

从上式可看出，塔 I 精馏段操作线的斜率是 L_1/V_1。有了操作线方程和相平衡图就可用图解法求理论板数。

对塔 I 进行总物料衡算

$$F + L_1 = V_1 + W_1$$

$$Fx_F + L_1 x_{R1} = V_1 y_{D1} + W_1 x_{W1}$$

解上两个方程得

$$L_1 = \frac{W_1(y_{D1} - x_{W1}) - F(y_{D1} - x_F)}{y_{D1} - x_{R1}} \qquad (7-34)$$

$$V_1 = F - W_1 + L_1 \qquad (7-35)$$

将式 7－32 和式 7－34 代入上式得

$$V_1 = \frac{W_1(x_{R1} - x_{W1}) - F(x_{R1} - x_F)}{y_{D1} - x_{R1}} \qquad (7-36)$$

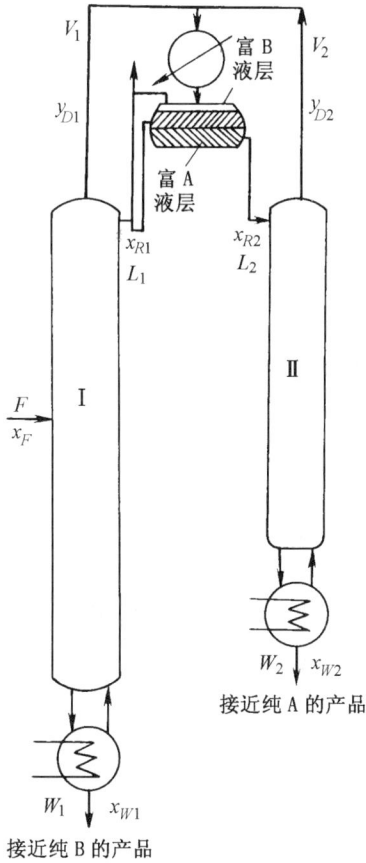

图7-9 非均相混合物的分离流程

A-易挥发组分 B-难挥发组分图

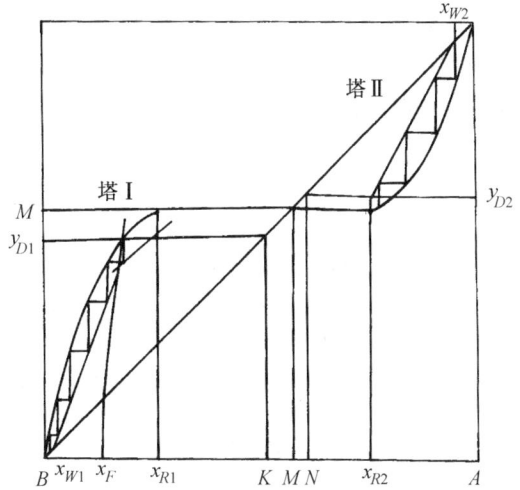

7-10 图解法求非均相混合物的理论板数

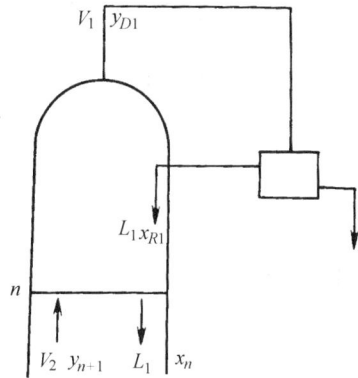

图7-11 塔Ⅰ第 n 板以上的物料衡算

$$\frac{L_1}{V_1} = \frac{W_1(y_{D1} - x_{W1}) - F(y_{D1}-x_F)}{W_1(x_{R1} - x_{W1}) - F(x_{R1} - x_F)} \qquad (7-37)$$

对塔Ⅱ进行总物料衡算

$$L_2 = V_2 + W_2$$

$$L_2 x_{R2} = V_2 y_{D2} + W_2 x_{W2}$$

于是

$$L_2 = \frac{W_2(x_{W2} - y_{D2})}{x_{R2} - y_{D2}} \qquad (7-38)$$

$$V_2 = L_2 - W_1 \qquad (7-39)$$

通过以上各式可求出各塔内的未知参数。

例题7-6 现用双塔流程分离正丁醇－水混合物，已知混合液中含丁醇为 0.8，要求成品丁醇含量为 0.98，废水中含丁醇为 0.002（以上均为摩尔分数）。若处理料液量为 100kmol/h，料液在沸点时加入。求每小时丁醇成品产量和两个塔的理论板数？

解：已知 $F = 100$kmol/h；$x_F = 0.2$（以水的摩尔分数计，因水是易挥发组分，下同）；$x_{W1} = 0.02$；$x_{W2} = 0.998$。从表 7 - 1 查得共沸物组成 $M = 0.768$，$x_{R1} = 0.508$，$x_{R2} = 0.98$。假定 $y_{D1} = 0.6$（塔 I 顶蒸气只能接近但要小于共沸物组成，因要达到共沸物组成，理论上需要无限长时间）；同理 $y_{D2} = 0.8$（塔 II 顶蒸气要高于共沸物组成）

将已知数代入式 7 - 32 得丁醇流量为

$$W_1 = \frac{F(x_{W2} - x_F)}{x_{W2} - x_{W1}} = \frac{100(0.998 - 0.2)}{0.998 - 0.02} = 81.6\text{kmol/h}$$

由式 7 - 34 和 7 - 35 得

$$L_1 = \frac{W_1 \ (y_{D1} - x_{W1}) \ - F \ (y_{D2} - x_F)}{y_{D2} - x_{R1}}$$

$$= \frac{81.6 \ (0.6 - 0.02) \ - 100 \ (0.6 - 0.2)}{0.6 - 0.508}$$

$$= 79.7\text{kmol/h}$$

$$V_1 = F - W_1 + L_1 = 100 - 81.6 + 79.7 = 98.1\text{kmol/h}$$

所以丁醇塔 I 精馏段操作线的斜率 $= \frac{L_1}{V_1} = \frac{79.7}{98.1} = 0.8$

据式 3 - 33，精馏段操作线的截距 $= y_{D1} - \frac{L_1}{V_2}x_{R1} = 0.6 - 0.8 \times 0.508 = 0.192$

$x - y$ 平衡曲线图中，通过点（0.508，0.6），截距为 0.192 的直线即为精馏段操作

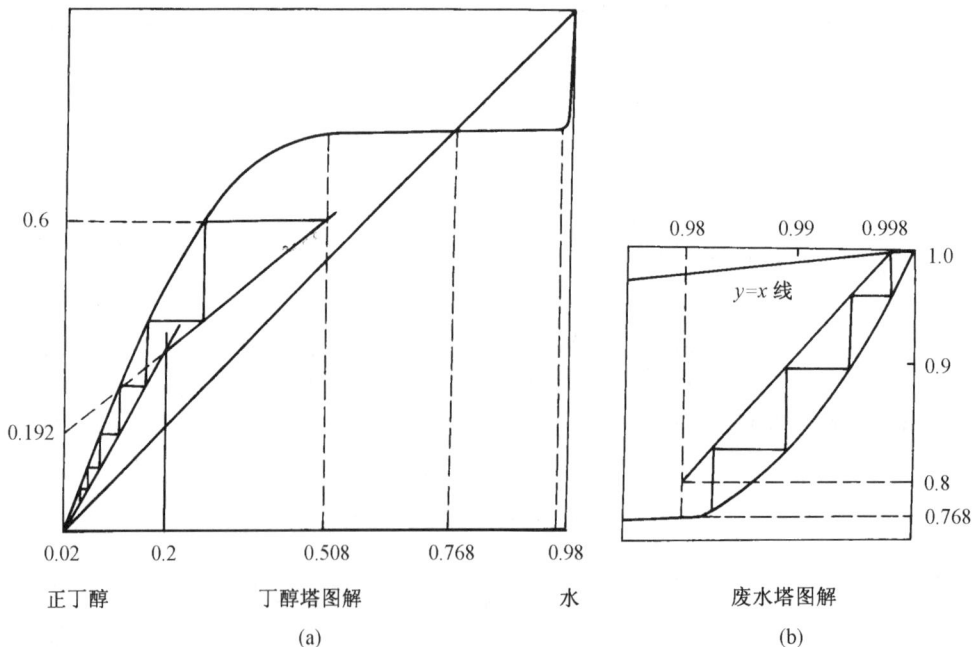

（a）   （b）

例题 7 - 6 附图

a. 丁醇塔图解；b. 废水塔图解

线。再连接由 $x_F = 0.2$ 作垂线（沸点进料）交精馏段操作线的交点及 $x_{W1} = 0.02$ 作垂线与对角线的交点便得到提馏段操作线，通过画梯级得丁醇塔需要 7 层理论板（附图 a）。

废水塔Ⅱ的理论板数也可用图解法求得，但在正方格坐标上不易精确作图，故可将 x 轴扩大 10 倍，然后作图。废水塔中全为提馏段，连接点（0.98，0.8）及从 $x_{W2} = 0.998$ 作垂线与对角线的交点即为提馏段操作线。经图解得，需要 4 层理论板（见附图 b）。

有了所需理论板数，对于填料塔若知等板高度，就可求出塔的有效高度；对于板式塔若知塔板效率可知实际板，再合理选择板间距可求出板式塔有效高度。

有了塔Ⅰ和塔Ⅱ的上升蒸气量 V_1、V_2，将其单位换算为体积流量 m³/s，再确定合理的空塔气速后就可求出两塔的直径。

三、废酸水中乙酸丁酯的回收

在青霉素、红霉素等生产中，采用溶媒萃取法提取过程中，会产生大量的废溶媒而且萃余相中会含有一定溶媒的废水，因萃取过程中是在酸性条件下，所以又称为废酸水。虽然废酸水中的乙酸丁酯含量很低，但数量很大，因此一般采用连续精馏的方法加以回收。废酸水中乙酸丁酯的含量为 1.5%（质量百分数），超过了乙酸丁酯在纯水中的饱和溶解度（饱和溶解度的质量百分数为 0.7%）。这是因为在萃取过程中，料液和溶媒混合形成的乳浊液后，溶媒相以直径大小不同的微滴悬浮在连续相水中。前面已介绍，任何好的分离机在有限时间内不可能除掉所有的微滴，废酸水中（萃余相）仍悬浮有大量微小溶媒微滴。因料液含量已高于共沸点组成，用塔回收时，可从塔顶进料，和回收丁醇的塔Ⅱ一样只有提馏段，塔顶馏出物经冷凝后分层，理论上可获得含乙酸丁酯 98%（质量百分比）的上层和含水 99.3% 的下层。至于上层与下层的质量比与塔顶蒸气组成有关，蒸气中乙酸丁酯含量愈高，上层比例愈大（在蒸气中乙酸丁酯的含量最高值应为共沸物组成的乙酸丁酯含量）。

在实际操作中，废酸水首先加入 40% 工业液碱调 pH 至 6.0 ~ 7.5（原 pH 为 2.0 左右），然后预热到 90℃ 进入精馏塔的塔顶。在操作中，塔顶维持温度为 90.2 ~ 92℃（共沸点温度为 90.7℃），塔釜可用蒸汽直接进入加热下降液体（因塔底流出液也是水，不必有换热器，可节省投资，传热效率又高），并维持 102 ~ 105℃。在塔顶蒸气中含乙酸丁酯质量百分数为 20% ~ 70%（共沸物组成为 72.9%）时，上层与下层液体的质量比为 0.25 ~ 2.3。下层（水层）可和下批料合并进塔重蒸，上层如不符合质量要求，可送至废乙酸丁酯回收塔重蒸。

例题 7 – 7　设计一台每小时可处理 10 吨废酸水的精馏塔，已知废酸水中含乙酸丁酯为 1.5%，要求塔顶蒸气含丁酯为 65%（以上均为质量百分数），试求每小时回收丁酯量及精馏塔的理论板数？

解：已知进料量 $F = 10\,000$ kg/h；进料含丁酯浓度 $x_F = 0.015$；塔顶蒸气浓度 $y_1 = 0.65$（表 7 – 1 共沸物乙酸丁酯的质量百分数为 72.9%）；蒸气冷凝后丁酯层浓度 $x_{D1} = 0.988$；水层浓度 $x_{D2} = 0.007$；塔底浓度 $x_W = 0$。见附图 a。

对塔进行物料衡算

$$F = V + W$$
$$Fx_F = Vy_1 + Wx_W$$

将已知数据代入上式

$$10000 = V + W$$
$$10000 \times 0.015 = V \times 0.65$$

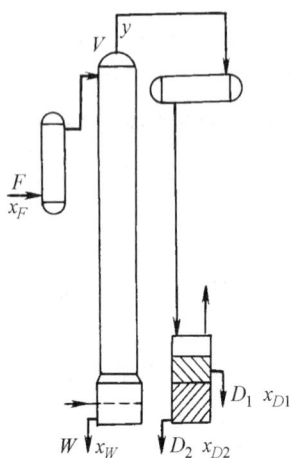

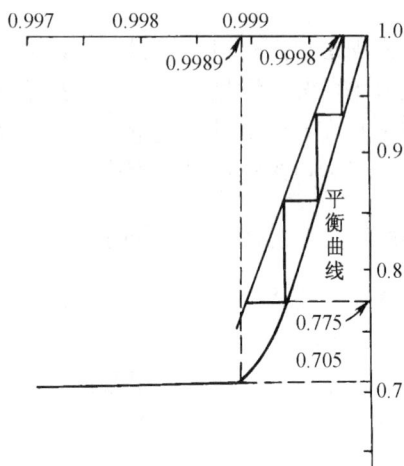

例题 7-7 附图 a   例题 7-7 附图 b

解得：塔内上升蒸气量 $V = 230\text{kg/h}$；下降液体量 $W = 9770\text{kg/h}$

蒸气 V 冷凝分层后取上层为 $D_1\text{kg}$ 和下层为 $D_2\text{kg}$，对冷凝蒸气进行物料衡算得

$$V = D_1 + D_2$$
$$Vy_1 = D_1x_{D1} + D_2x_{D2}$$

将已知数据代入上两式

$$230 = D_1 + D_2$$
$$230 \times 0.65 = 0.998D_1 + 0.007D_2$$

解得 $D_1 = 151\text{kg/h}$；$D_2 = 79\text{kg/h}$

从得出的一些数据应注意以下两点：

①该塔中气相量 V 为 230kg/h，液相量 W 为 9770 kg/h。气相量所占比例很小，因此，塔内气 – 液间传质效果会很差。

②可获得 98.8% 的丁酯 151kg/h。表面上看只消耗 230kg/h 蒸汽，会有可观的经济效益。实际上料液的预热要消耗大量的蒸汽，若取料液的初始温度为 30℃，将 10 000 kg/h 料液预热到 90℃（要求 90.2～92℃），取料液的比热容近似为水的比热容 4.18kJ/(kg·℃)，饱和水蒸气的汽化热为 2258kJ/kg（100℃的蒸汽），计算结果是料液预热要消耗蒸汽 1111kg/h，再加上 230 kg/h，共计 1341 kg/h。若能回收车间的热能来预热物料，就会有经济效益，否则就只能有社会效益了。

理论板数求取相同于回收正丁醇塔Ⅱ一样，首先要把质量百分数换算为摩尔分数，因乙酸丁酯 – 水系中水是易挥发组分，乙酸丁酯的分子量为 116，故：

$$y_1 = \frac{\dfrac{100-65}{18}}{\dfrac{100-65}{18} + \dfrac{65}{116}} = 0.775$$

釜底残液中水的摩尔分数假设为 0.9998（接近乙酸丁酯为零），图解法求理论板数见附图 b，图中的平衡曲线只是取乙酸丁酯 – 水全部平衡曲线右上角的一部分，图中 x 轴已放大 100 倍。操作线应经过点 $x = 0.9989$（见表 7 – 1 下层水的浓度，表中写的是 0.999），$y_1 = 0.775$（应高于共沸物组成），附图中的 0.705 是共沸物水的浓度，另一点应在对角线上 $x = y = 0.9998$，因只是 x 轴已放大了 100 倍，结果对角线几乎以与 x 轴重叠而无法画出，得出理论板数为 3 层。

四、废乙酸丁酯的回收

作为萃取相会产生含乙酸丁酯质量百分数为 94% 的废溶媒，约 6% 主要是水。而水在乙酸丁酯的饱和溶解度为 1.2%（质量），实际含有的水分也远超过理论饱和值。这种现象可和前面解释水中含有高于乙酸丁酯的饱和溶解度一样来说明。

回收这样的废溶媒最简单的方法是用简单蒸馏，方法是将废溶媒置于一加热釜内，加热先蒸出共沸物（沸点为 90.7℃），待其中水完全带出后，上升蒸气的温度会迅速上升为乙酸丁酯的沸点（126.5℃），收集该馏分即接近纯乙酸丁酯。蒸馏釜中最后剩下的具有杂质的溶液可弃掉。但有一点要注意，乙酸丁酯在使用过程中，特别是在遇碱时容易部分水解成丁醇。废乙酸丁酯中含有丁醇时，丁醇、乙酸丁酯与水会形成三元共沸物（共沸点为 90.7℃），丁醇也能与乙酸丁酯形成共沸物（共沸点为 116℃），生产中也可用间歇精馏的方法回收废乙酸丁酯。操作方法是先进行全回流，待塔顶温度达到共沸点（90.7℃）开始引出馏出物，冷凝后分出水（可作为废酸水的进料）乙酸丁酯相作为回流，待共沸物（三元）全部蒸完后，就可以接受 121 ~ 127℃范围内的乙酸丁酯，塔釜中残存杂质多为色素及高沸点的油类。

在蒸共沸物阶段，求理论板方法相似于前面例题，先假定塔顶上升蒸气中水的摩尔分数为 65%（共沸物含水 70.5%），塔底水的摩尔分数为 0.4% 图解后得理论板为 4 层，见图 7 – 12，同样因横坐标扩大，使图中的对角线偏下。

以上介绍了三种回收方法，可用相似方法回收生物制药生产中的其他溶媒，如废乙酸乙酯的回收以及用双塔回收的正丁醇（含 98%）浓度可再提高等等。

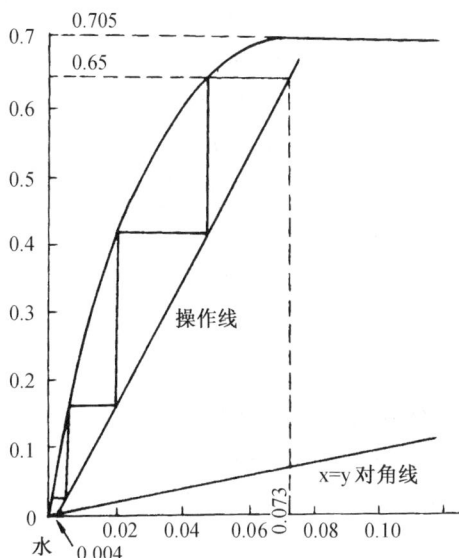

图 7 – 12　废丁醇塔理论板数的图解

五、塔高与塔径的计算

在生物制药生产中，所用塔设备有两大类。当塔径较小时采用填料塔，塔径较大时采用板式塔。对于填料塔的塔高在已知理论板层数后，如知"等板高度"（可完成一层理论板分离作用的填料层高度）就可确定有效填料层高度。塔径是在已知上升蒸汽量 m³/s 的条件下，若能确定合理的空塔气速 m/s 就可确定塔径，板式塔也是如此。板式塔高是在已知理论板层数的条件下，若知塔板效率，可知实际板层数，如果能确定合理的板间距就可确定有效塔板高度。

（一）填料塔

在生物制药生产中，当塔径小于 600mm 时就可采用填料塔。如前面提到的回收正丁醇、废乙酸丁酯、废乙酸乙酯等等。评价一个填料塔的优劣主要是看内装填料的特性，填料的主要特性有比表面积 m²/m³ 和空隙率 m³/m³。比表面积值愈大说明单位体积内传质面积大，等板高度越小，对工业生产当然好；空隙率大说明自由空间大，阻力小，相同的塔径可处理更多的料液即产量大，也有利于工业生产。等板高度不仅取决于填料特性还与物性和操作条件有关，目前尚无满意的计算公式，多数通过实验测定。但一些经验数据可供参考，如直径在 600 mm 以下的填料塔，可取等板高度与塔径相同，这说明塔径愈小等板高度愈小，分离效果愈好。目前生产上多用一种新型高效填料，是用金属丝编织的波纹的整砌填料，称之为波纹丝网填料，其比表面积可达 700m²/m³ 以上，空隙率为 0.9m³/m³，而普通填料，如常用的陶瓷乱堆填料 15×15×2.0（直径×高×厚 mm），其比表面积为 330m²/m³，空隙率为 0.7m³/m³。所以，采用波纹丝网填料可大大减少填料层高度。合理的空塔气速有较精确的公式：

$$\lg\left(\frac{a_t w_f^2}{g\varepsilon^3} \cdot \frac{\rho_V}{\rho_L} \mu_L^{0.16}\right) = 0.022 - 1.75 \left(\frac{L}{V}\right)^{1/4} \left(\frac{\rho_V}{\rho_L}\right)^{1/8} \qquad (7-40)$$

式中，w_f——泛点空塔气速，m/s；

a_t——填料的比表面积，m²/m³；

g——重力加速度，m/s²；

ρ_V、ρ_L——气、液密度，kg/m³；

V、L——气、液流量，kg/s；

μ_L——液体的黏度，厘泊 cP。

实际操作空塔气速 $w = (0.6 \sim 0.8) w_f$。

（二）板式塔

当塔径较大时采用填料塔就不经济了。评价板式塔的优劣就看不同的塔板结构是否有较大的生产能力、分离效率、操作弹性和较小流体阻力。

常用的板式塔类型有泡罩塔、筛板塔、浮阀塔、穿流板塔等。求这些板式塔的最大允许空塔气速可用如下经验式求取

$$w_{\max} = C\sqrt{\rho_V} \qquad (7-41)$$

式中，ρ_V——混合气的密度，kg/m³；

　　C ——系数，与板间距有关，当间距为 200mm 时 $C = 0.286$；当间距为 400mm 时，$C = 1.1$。

　　实际操作空塔气速 $w = （0.6 \sim 0.8）w_{max}$。

　　板式塔的塔效一般为 50% ～ 70%。在处理废酸水回收乙酸丁酯时，一般采用泡罩塔，前面经计算得知，在处理废酸水的塔中液体量非常大而且其中常有胶体杂质。泡罩塔由于其结构的特点，有不易产生漏液现象，有较好的操作弹性及塔板不易堵塞的优点，但其最大的缺点是结构复杂，使其造价高。目前已用大孔径穿流塔板处理废酸水得到成功。若采用泡罩塔，因其塔中气相量很少，使之传质效果极差，虽然经图解法得理论板数只有 3 层，但实际塔板数要取 20 ～ 24 块才能完成分离要求。

主 要 符 号 表

符　号	意　义	法定单位
a_t	填料比表面积	m^2/m^3
C	系数，与板间距有关	
d	搅拌器直径	m
d_c	液滴最小直径	m
d_P	分散相液滴平均直径	m
E	萃取因数	
F	离心力	N
F	进料量	kmol/h
g	重力加速度	m/s^2
H	分散相在乳浊液所占分率	
h	离心机转筒高度	m
K	分配系数	
L_1	塔 I 板上下降液体量	kmol/h
Q_H	重液出口流量	m^3/s
R	半径	m
R_H	重液出口高度	m
R_L	轻液出口高度	m
R_s	轻、重液界面高度	m
V	罐内装料体积	m^3
V_1	原料液流量	m^3/s
V_1	塔 I 板上上升蒸气量	kmol/h
V_2	溶媒流量	m^3/s
V_F	料液体积	m^3
V_s	溶媒体积	m^3
w_c	液滴相对速度（环流速度）	m/s
w_f	液泛空塔气速	m/s
W_1	塔 I 残液流量	kmol/h
W_2	塔 II 残液流量	kmol/h
X_1	料液中溶质浓度	kg/m^3

续表

符　号	意　义	法定单位
X_2	乳浊液萃余相浓度	kg/m^3
Y_1	溶媒中溶质浓度	kg/m^3
Y_2	乳浊液萃取相浓度	kg/m^3
β	溶质在两相中的传质系数	m/s
μ	连续相的黏度	$Pa·s$
μ_d	分散相的黏度	$Pa·s$
μ_L	液体黏度	$Pa·s$
ρ_H	重液密度	kg/m^3
ρ_L	轻液密度	kg/m^3
ρ_V、ρ_L	气、液密度	kg/m^3
σ	两相间的表面张力	N/m
τ_0	料液在罐内的平均停留时间	s
φ	小于 1 的无因次参数	
ω	角速度	弧度$/s$

习　　题

1. 青霉素在 0℃，pH = 2.5 条件下测得在醋酸丁酯和水中的分配系数 $K = 35$，现采用两极错流萃取，第一级的浓缩倍数 $m = 2$，二级 $m = 10$，求最终理论收率。

提示：采用式 7 – 10，求出不同萃取因数 E 的未被萃取分率后，可求出理论收率。

（答：98.8%）

2. 设计一连续流动的萃取混合罐，原料液流量为 $V_1 = 5m^3/h$，已知料液中溶质的浓度为 $X_1 = 10kg/m^3$，取平均停留时间为 1.3min，料液与新鲜溶媒比为 2.5。测得分配系数 $K = 25$。试求：

（1）混合罐的装料体积应为多少 L？

（2）两相达到平衡时的 X_2 和 Y_2 浓度各为多少 kg/m^3？

（答：152L，0.9kg/m^3，22.73kg/m^3）

第八章

离子交换的设备与计算

离子交换法是大工业生产中常用的初步纯化方法。和溶媒萃取法一样，离子交换法主要用于小分子的提纯。离子交换法是利用离子交换树脂和生物物质之间的化学亲和力，有选择性地先吸附上生物物质，然后以较少量的洗脱剂将其洗下来。利用此法时要求生物物质必须是极性化合物，即在溶液中能形成离子的化合物。当树脂和操作条件选择合适时，经过吸附和洗脱后，就达到了浓缩和精制的目的。

第一节　离子交换设备的分类和结构

一、离子交换设备的分类

离子交换过程根据操作方式不同可分为静态交换和动态交换两大类。

静态交换是指树脂和被交换的溶液一同置于一个容器中，一般需有搅拌装置（可以是机械搅拌，也可以是通气搅拌），这样做的目的是有利于传质，使其快速达到平衡。所用的设备称之为静态交换设备，通常使用的是一般带搅拌装置的反应罐。在静态交换操作中，当树脂达到饱和后，可利用沉降、过滤和水利旋风等方法将饱和树脂分离出来再装入解吸罐（柱）中进行洗涤（解吸）。这种交换方法设备简单，操作容易。此法和单级萃取一样只能用于容易交换的场合，否则收率较低。

动态交换是指离子交换树脂和被交换液要在离子交换柱中进行交换的操作。根据操作方式不同可分为固定床系统和连续逆流系统两大类。固定床是指树脂装在树脂柱（或罐）中形成静止的固定床，被交换液流过静止床层进行交换。固定床又可分为单床（单柱或单罐操作）、多床（多柱或多罐串联操作）、复床（阳、阴树脂柱串联操作）及混合床（阳、阴树脂混合在同一柱或罐中的操作）等均为间歇分批操作。连续逆流系统是指树脂和被交换液以相反的方向逆流进入交换柱，可以使树脂、料液、再生剂、和水都处于流动状态，使交换、再生及洗涤完全连续化进行，相似于连续逆流萃取机一样有最大的推动力，使设备的生产能力提高。当处理量很大时，多采用此操作。但由于树脂是固体，纯化过程中很难保证其做到稳定流动并会产生破碎现象等，所以给操作控制带来很多不便。因此，在生物制药中较少使用，多用固定床多柱串联（阳树脂串联和阴树脂串联）。

根据被交换液进入固定床的方向可分为正吸附（被交换液从床层上部进入向下流动

通过树脂层进行交换）和反吸附（被交换液从床层下部进入向上流动通过树脂层进行交换）两类。

二、离子交换设备的结构

（一）普通离子交换罐（柱）

普通离子交换罐是具有椭圆形顶和底的圆筒形设备，其圆筒体的长和筒径之比一般为 2~3，也有到 5 的取值。装树脂层高度约占总体积的 50%~70%，要留有足够的空间，以备反冲洗时树脂层的扩张。该设备是正吸附固定床，所以，在交换罐的上部设有液体分布装置，目的是被交换液、解吸液或再生剂能在整个罐截面上均匀地通过树脂。圆筒体的底部与椭圆形封头之间可装有多孔板，板上铺有筛网及滤布以支承树脂层，见图 8-1。对于较大的设备也有不安装支承板，而是用块状石英石或卵石直接铺于罐底作支承装置，石块大的放在下面，小的在上面，一般分为五层。各层石块的直径范围分别是 16~26mm、10~16mm、6~10mm、3~6mm、1~3mm，每层高度约为 100mm。罐顶上应设有人孔或手孔，大型交换罐的人孔也可设在罐壁上，以便于装卸树脂。视镜孔和灯孔可在罐顶上也可在罐壁上（条形视镜）。罐顶上的被吸附液、解吸液、再生剂、软水等进口可合并用一个进口管与罐顶相连，另外罐顶上还应有压力表、排空口和反洗水出口。罐底的各种液体出口、反洗水进口和压缩空气（疏松树脂用）进口也要合并用一个总进出口，见图 8-2。

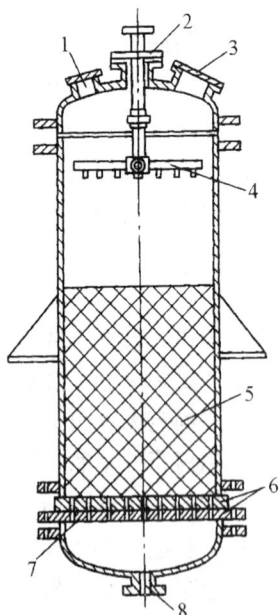

图 8-1　具有多孔支承板的离子交换罐
1. 视镜；2 进料口；3 手孔；4 液体分布器；
5. 树脂层；6. 多孔板；7. 尼龙布；8. 出液口

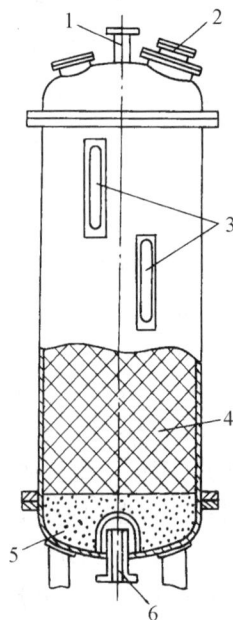

图 8-2　具有石块支承层的离子交换罐
1. 进料口 2 视镜；3. 液位计；4. 树脂层；
5. 卵石层；6 出液口

交换罐必须能耐酸和碱（因为经常用酸碱处理），大型设备通常用普通钢内衬橡胶制成。小型交换柱可用聚氯乙烯筒制成，实验室交换柱多用玻璃制做。

正吸附固定床交换罐的优点是设备简单，操作方便，适用于各种规模的生产，是最为常用的一种方式，生物制药生产大多采用这种设备。

将几个单床串联起来操作便形成多床设备。为了克服多床的阻力，要合理选用泵的扬程或有足够高度的高位槽来满足料液压入第一罐，然后靠罐内空气的压力将料液压入下一罐。

离子交换罐的附属管道同样为了防腐蚀一般采用硬聚氯乙烯管，同理阀门一般用塑料或橡皮隔膜阀门。料液的流量一般采用转子流量计计量。

（二）反吸附离子交换罐

反吸附离子交换罐在操作中，被吸附的料液是由罐的下部导入，上部引出。控制好液体流速可使树脂在料液中即呈沸腾状态又不能溢出罐外为宜（如同前面介绍的流化床）。应用反吸附可直接从发酵液开始进行离子交换，省去了菌丝体的液-固分离工序。此外，由于树脂处于沸腾状态，具有两相接触均匀，操作时不易产生短路、死角，传质效果好（因流速大），生产周期短等优点。但反吸附时树脂的饱和度不及正吸附高。因为从理论上讲正吸附有可能达到多次平衡（相似于精馏塔中可完成多层理论板的分离作用），而反吸附时最多只能完成一级平衡，反吸附时罐内的树脂层高度要比正吸附要低，以免树脂外溢，这也说明相同的设备交换量要小。反吸附交换罐的结构见图8-3。

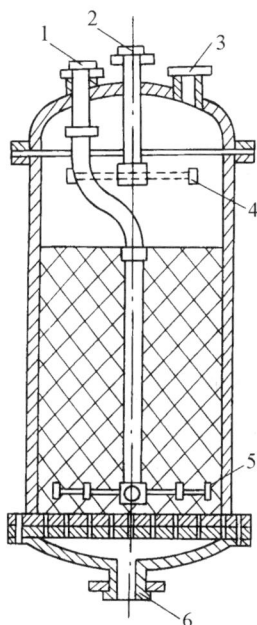

图8-3 反吸附离子交换罐
1. 被交换液进口；2. 淋洗水、解吸液及再生剂进口；3. 废液出口；4、5. 分布器；6. 淋洗水、解吸液及再生剂出口，反洗水进口

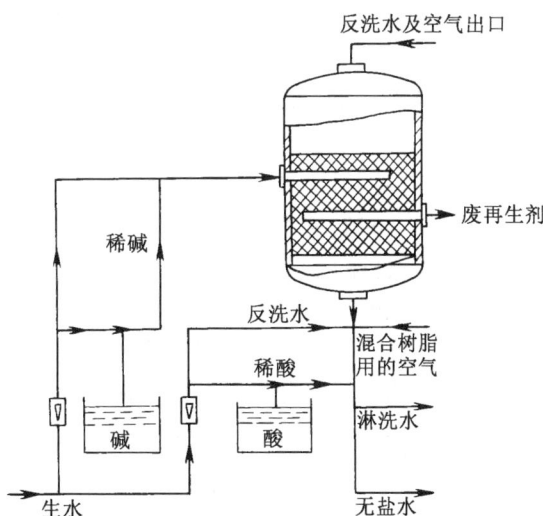

图8-4 用混合床制备无盐水流程

（三）混合床交换罐

混合床是将阴、阳两种树脂混合装在一个柱内。其优点可举一实例说明，制备无盐水时，在水中的阳离子和阴离子除去的过程中，从阳树脂交换下来的 H^+ 离子和阴树脂交换下来的 OH^- 离子可结合成水，使树脂柱呈中性。若将混合床用于生物制药的精制中，则可避免用复床（阴、阳树脂分别串联）时料液变酸性及变碱性的现象，可减少对有效成分的破坏。混床操作时溶液由上而下流动（属正吸附）再生时，先用水反冲，使阴、阳树脂借密度差分层（一般阳树脂密度较大）。然后将碱液由罐的上部引入，中和上部的阴树脂，酸液由罐底部引入，两种废再生剂要从分层的界面处导出，经过再生及洗涤完毕后，用压缩空气将两种树脂混合后重新开始操作。阴、阳树脂常以体积比 1:1 混合。混合床制备无盐水的流程见图 8－4。

第二节　离子交换设备的计算

一、离子交换设备的设计

离子交换单元的设计主要解决以下几个问题：

（1）选择离子交换树脂的类型和操作方式（一般通过实验）；

（2）确定操作条件和计算交换剂用量；

（3）确定离子交换单元设备的主要尺寸。

设计前所需要的基本数据包括如下几项：

（1）对所处理的水或溶液提供可靠的分析数据并了解其变动范围；

（2）对经离子交换处理所得水或溶液的质量提出合理的要求；

（3）单位时间处理量（离子交换时的最小流量要能满足生产上的要求）；

（4）确定再生剂和再生程度的要求；

（5）水压力的限制和变化；

（6）贮存设备的条件。

应提起注意的是：离子交换过程的平衡及传质速率与所处理的物系性质和操作条件关系很大。例如，树脂对抗生素的交换容量常比无机离子小。这是因为抗生素离子较大，常不能到达树脂所有活性中心或某些树脂对抗生素的吸附是物理性质的吸附。特别是由于发酵后的滤液中含有很多杂质，都会影响树脂对抗生素的交换容量。如链霉素生产中，弱酸性树脂的吸附量仅为该树脂总交换量的 70% 左右，因此，离子交换设备的设计，总是先利用模拟设备在实验室进行几次循环（交换和再生）取得可靠数据后再进行放大。

从工程角度要求，为了完成交换设备的设计（主要指固定床），通过实验主要考察液体合理流速和接触时间（包括吸附、洗涤和再生）。在已知生产任务（单位时间处理量）和流速就可确定设备直径，已知接触时间，就可确定设备高度。实践证明，制备无盐水时，流速为 25~30m/h，交换时间为 4~6min，再生时间为 20~30min。链霉素交换时间为 20~30min，反吸附交换时间为 15~20min，解吸时间为 200~250min。

再生剂的浓度范围为：盐酸 5% ~ 7%，硫酸 1% ~ 5%，氢氧化钠 2% ~ 4%，硫酸铵 4% ~ 6%。

二、固定床的放大

因为树脂床中的树脂颗粒半径很小，约为 0.3 ~ 1.2mm，在传质过程中流动相只有液体一相，虽然设备大小不同，但放大前后所用树脂相同。它不像发酵罐中生物代谢那样复杂。因此，离子交换单元操作的生产设备和小规模的实验室设备内的传质容易达到基本接近。这使放大问题变得简单，实际各种放大方法主要是保证接触时间相同。

在固定床放大时，通常是采取根据单位床体积中通过溶液的体积流量或单位树脂床截面积上通过溶液的体积流量相同的原则进行。

（一）根据单位树脂床体积中所通过液体的体积流量相同的原则放大

单位树脂床体积中通过溶液的体积流量可称为交换器负荷，其表达式如下：

$$a = \frac{F}{M} \qquad (8-1)$$

式中，a——交换器负荷，$m^3/(m^2 \cdot h)$；

F——通过湿树脂液体的体积流量，m^3/h；

M——湿树脂体积，m^3。

交换器负荷的倒数 $1/a$ 表示溶液在树脂层中的停留时间，也是溶液与树脂的接触交换时间。如能保证 a 在放大前后相等，就保证了接触时间相同。因此，若已知放大倍数和放大前需湿树脂体积，就可求出放大后所需湿树脂体积。

$$m = \frac{F_2}{F_1} \qquad (8-2)$$

式中，m——放大倍数；

F_1、F_2——放大前后的料液体积流量，m^3/h。

根据 $a_1 = a_2$，则

$$\frac{F_1}{M_1} = \frac{F_2}{M_2}$$

则放大后所用湿树脂体积为

$$M_2 = \frac{F_2}{F_1} M_1 = m M_1 \qquad (8-3)$$

式中，M_1、M_2——放大前后湿树脂体积，m^3。

根据 $a_1 = a_2$ 的原则放大，树脂层的几何形状不是决定因素。但一般用维持放大前后保持有相似的几何形状，即有相同的高径比。

$$\frac{H_1}{D_1} = \frac{H_2}{D_2} \qquad (8-4)$$

式中，H_1、H_2——放大前后湿树脂高度，m；

D_1、D_2——放大前后树脂柱直径，m。

因

$$M_1 = \frac{\pi}{4} D_1^2 H_1 = \frac{\pi}{4} D_1^3 \cdot \left(\frac{H_1}{D_1}\right)$$

$$M_2 = \frac{\pi}{4} D_2^2 H_2 = \frac{\pi}{4} D_2^3 \cdot \left(\frac{H_2}{D_2} \right)$$

所以
$$\frac{M_1}{D_1^3} = \frac{M_2}{D_2^3}$$

$$\left(\frac{D_2}{D_1} \right)^3 = \frac{M_2}{M_1} = \frac{F_2}{F_1} = m$$

因此，放大后的设备直径和床层高度分别为

$$D_2 = m^{1/3} \cdot D_1 \tag{8-5}$$

$$H_2 = \frac{D_2}{D_1} H_1 \tag{8-6}$$

结果得出与发酵罐几何尺寸放大相同的结果。

（二）根据单位树脂床截面积上通过液体的体积流量相同的原则放大

单位树脂床截面积上通过液体的流量，其值即为溶液通过树脂床层的线速。根据此法放大时，要维持放大前后的设备内树脂高度必须相同，只是放大后的设备直径加大。高度相同，线速也相同，实际就是保证两者接触时间相同。其关系式如下：

$$w = \frac{F}{A} = \frac{FH}{AH} = \frac{FH}{M} = a \cdot H \tag{8-7}$$

式中，w——床层内线速，m/h；

A——树脂床截面积，m^2；

H——床层高度，m。

放大前后线速相等，即 $w_1 = w_2$，则

$$\frac{F_1}{A_1} = \frac{F_2}{A_2}$$

式中，A_1、A_2——放大前后树脂床截面积 m^2。

$$A_2 = \left(\frac{F_2}{F_1} \right) A_1 = m A_1$$

$$\frac{\pi}{4} D_2^2 = m \frac{\pi}{4} D_1^2$$

$$D_2 = m^{1/2} \cdot D_1 \tag{8-8}$$

$$H_2 = H_1 \tag{8-9}$$

$$M_2 = \frac{\pi}{4} D_2^2 \cdot H_2 = m \frac{\pi}{4} D_1^2 \cdot H_1 = m M_1 \tag{8-10}$$

从以上两种放大方法结果可以看出，放大后所需要的树脂量相同。第一种放大方法的长径比要比第二种方法大，所以线速大。线速大有利于传质，当然阻力也会大。实际工作中最后取那一种，要符合交换柱的长径比的要求。总之，放大方法很简单，放大的关键是实验数据要准确。

例题 8-1　用弱酸型树脂吸附链霉素溶液，其体积流量为 $3m^3/h$，实验设备床层高度为 1.27 m，直径为 1m。现要将流量放大一倍，求放大后的交换罐中树脂床层的高度和直径？

解：实验设备树脂床层体积 $M_1 = \frac{\pi}{4} \times 1^2 \times 1.27 = 1\text{m}^3$；交换器负荷 $a = F/M = 3 \; 1/\text{h}$；线速 $w = aH = 3 \times 1.27 = 3.81\text{m/h}$。

（1）根据交换器负荷相同的原则放大

树脂体积 $\qquad M_2 = mM_1 = 2 \times 1 = 2\text{m}^3$

树脂床层直径 $\qquad D_2 = m^{1/3}D_1 = 2^{1/3} \times 1 = 1.26\text{m}$

树脂床高度 $\qquad H_2 = \frac{D_2}{D_1}H_1 = \frac{1.26}{1} \times 1.27 = 1.6\text{m}$

线速 $\qquad w_2 = aH_2 = 3 \times 1.6 = 4.8\text{m/h}$

取树脂柱装树脂体积为 60%，则放大后的长径比为 $\frac{H_2/0.6}{D_2} = \frac{1.6/0.6}{1.26} = 2.1$

（2）根据线速相同原则放大

树脂床层直径 $\qquad D_2 = m^{1/2}D_1 = 2^{1/2} \times 1 = 1.41\text{m}$

树脂床层高度 $\qquad H_2 = H_1 = 1.27\text{m}$

树脂体积 $\qquad M_2 = mM_1 = 2 \times 1 = 2\text{m}^3$

线速 $\qquad w_2 = w_1 = 3.81\text{m/h}$

长径比为 $\qquad \frac{H_2/0.6}{D_2} = \frac{1.27/0.6}{1.41} = 1.5$

根据长径比要求，在该题条件下应采用第一种放大方法为好。该法柱内线速要增加。

从发酵液中吸附抗生素时，因为吸附带的存在，只有树脂柱的上部才能为抗生素所完全饱和。为了使树脂在柱内达到最大的饱和度，必须采用几个柱串联使用。例如，用弱酸型树脂吸附链霉素时就采用三罐（柱）串联。虽然吸附过程是安排三罐串联进行，但在某一批操作开始时，第一罐已在前两批操作时吸附了较大部分的链霉素，第二罐也在前一批操作中吸附了小部分的链霉素，仅第三罐是刚经再生未曾吸附链霉素。当这批操作结束时，第二罐中吸附的链霉素量就相当于开始的第一罐中的链霉素量（树脂基本饱和），第三罐中树脂相当于开始的第二罐吸附的链霉素（树脂只有少部分饱和），第一罐这时已全部饱和可进入再生阶段。这样安排操作的优点是保证再生某一罐时，树脂皆处于饱和状态，提高了树脂的利用率，缩短了操作周期。因此，可认为每批操作进入系统的链霉素全部被第一罐所吸附，这样多床串联系统树脂量和设备的计算就和计算单床相同。但每一罐中应放入数量相同的树脂。

三、操作周期所需时间的计算

用固定床进行离子交换时，通常解吸时间要比吸附时间长得多，再加上洗涤和再生时间，每次循环周期所用时间中，真正用于交换的时间只占较少部分。这样通过实验准确确定各过程时间，对于最后计算交换罐几何尺寸十分重要。这些时间均可用下式计算：

$$\tau = V/F = V/Ma = VH/Mw \qquad\qquad (8-11)$$

式中，τ——各步操作时间，h；

V——吸附、水洗、解吸、再生时所用液体的体积，m^3；

F——吸附、水洗、解吸、再生时所用液体的体积流量，m^3/h；

a——吸附、水洗、解吸、再生时的交换器负荷，$m^3/(m^3 \cdot h)$；

w——吸附、水洗、解吸、再生时的速度，m/h。

四、液体通过固定床层的压力降计算

正吸附时，溶液通过床层的压力降为

$$\Delta p = \frac{200\mu (1-\varepsilon)^2 Hw}{\varepsilon^3 d_p^2} \tag{8-12}$$

式中，Δp——溶液通过床层的压力降，Pa；

μ——流体的黏度，$Pa \cdot s$；

d_p——树脂的平均直径，m；

ε——树脂的空隙率，%；

w——溶液的流速，m/s。

计算压力降目的是为输送设备的选择或高位槽位置提供参考数据。

以上介绍了两种初步分离的方法，实际初步分离方法还有很多。其中设备比较简单的有沉淀法。超临界流体萃取法有很多优点，但因它的结构复杂，在压力较高的条件下操作，造价高。还有超滤法和膜过滤法，色层分离技术等，近期还很难推广使用。在处理量大的工业生产中，还须不断研究克服其缺点，应有很好的发展前景。目前有很多先进设备已用于工业生产，如膜过滤，色层分离技术等，已有用于工业生产的实例。在生物制药设备中还有很多化工单元操作可以应用，如浓缩、结晶和干燥等。

最后强调二点，过去上游技术的发展常不考虑下游方面的困难，致使培养浓度虽然提高了，但由于分离困难而得不到更多的产品。目前要求把生物技术作为一个整体，上、下游要相互配合。上游方面已开始注意为下游提取方便创造条件。例如，将原来是细胞内产物变为细胞外产物，在细胞内高水平表达形成细胞的包涵体，在细胞破碎后，在低离心力条件下就可沉降，使之容易分离。如利用基因工程方法，使尿抑胃素接上几个基团，增加其碱性，就会增加离子交换树脂的吸附能力。

主 要 符 号 表

符号	意义	法定单位
A	树脂床截面积	m^2
A_1、A_2	放大前后树脂床截面积	m^2
a	交换器负荷	$m^3/(m^3 \cdot h)$
D_1、D_2	放大前后树脂床直径	m^2
d_p	树脂平均直径	m
F	通过树脂液体的体积流量	m^3/h
F_1、F_2	放大前后料液体积流量	m^3/h
H	床层高度	m

符号	意义	法定单位
H_1、H_2	放大前后湿树脂高度	m
M	湿树脂体积	m³
M_1、M_2	放大前后湿树脂体积	m³
m	放大倍数	
Δp	液体通过床层的压力降	Pa
w	床层内线速	m/h
ε	树脂空隙率	%
μ	流体黏度	Pa·s
τ	各步操作时间	h

第九章

发酵车间工艺设计简介

作为一名合格的生物技术工程技术人员，除应掌握本专业知识，还应具备工程设计能力，使实验室的样品变为产品。因此，了解工程设计过程，掌握本专业技术人员在设计过程中应完成的项目是十分重要的。

项目设计（如一个工厂、一个车间或一套设备）是全部用图纸、表格和必要的文字说明来表述，可由施工人员建设完成的设计。但是一个项目不可能通过一个专业就能完成，而是需要多个非工艺专业相配合才能完成。一个生物技术产品的工厂包括多个专业的技术人员，如设备专业人员、自动控制专业人员、给排水专业人员、电气专业人员、供热供气专业人员、土建专业人员、总图运输专业人员等等。以上多个专业人员构成了工厂生产技术人员的有机整体。设计院也是由以上各科室组成。

在设计中工艺设计是设计环节中最先进行的一项工作，起着主导作用，其他专业项目的设计都是围绕工艺设计进行。随着生物技术领域的科研、生产的迅猛发展，要求设计人员要不断地在设计中采用先进的工艺和设备，慎重考虑如何最经济合理，最有效地运用建设资金，取得较好的经济效益。设计人员还必须经常深入实际，收集数据资料，不断总结提高。

设计可根据具体情况分为通用设计、"因地制宜"设计和工程设计三种。通用设计是为全国或某一地区推广使用而编制使用的设计。"因地制宜"设计是在采用通用设计时，根据建厂地区的具体情况对通用设计修改或补充相应设计。工程设计是在没有通用设计时为新建企业所编写的设计。生物制药厂多为工程设计。上述每种设计又根据规模大小分为工厂设计和车间设计。

对于一个工程建设项目来说，通常要经过如下几个步骤：

（1）工程项目的可行性研究报告；

（2）编写和批获设计任务书；

（3）初步设计；

（4）施工图设计；

（5）土建施工和设备、管道安装；

（6）开车试运转合格后竣工验收。

第一节　可行性研究报告和设计任务书的编写

工程建设项目的可行性研究报告是建设前期的重要内容,其目的是为避免和减少建设项目决策的失误,提高建设投资的综合效益。

一、可行性研究报告

(一)可行性研究的含义

可行性研究是第二次世界大战后,首先在美国发展起来的。在国外,现在已有一套完整的方法,被世界公认是投资决策的必要手段。通俗地说,所谓可行性研究,就是最后做出决策该项目能否进行建设的研究。

可行性研究最终要回答如下问题:

(1)根据国内外市场预测,确定该项目是否值得进行投资建设;

(2)技术上是否可行;

(3)经济效益或社会效益是否显著;

(4)环境保护和三废处理是否成熟;

(5)需要投入多少人力;

(6)建设需要多长时间;

(7)工程投资额以及资金来源和资金回收周期;

可行性研究要回答上述7方面问题,其核心问题是市场需求、工艺技术和投资的经济效益。

(二)可行性研究报告的内容

其主要内容如下:

(1)项目总说明;

(2)承办企业的基本情况与条件;

(3)生产规模;

(4)物料供应规划;

(5)厂址选择;

(6)技术与设备;

(7)生产组织、劳动定员及人员培训;

(8)环境污染的防治;

(9)项目实施的综合计划;

(10)资金的概算和来源。

(三)可行性研究的步骤

在工程建设项目可行性研究过程中,除工艺技术人员参加外,还需要工业经济、市场分析、财务、土建等工程技术人员协同进行工作才能完成编制报告的任务。

在进行可行性研究报告时,大致可分为六个步骤进行:

（1）开始筹划（讨论可研究的范围和确定投资的目的）；

（2）实地调查和技术经济研究（市场机会和工艺方案）；

（3）优化和选择方案（选择方案评价）；

（4）对选择方案作详细研究；

（5）编制报告；

（6）资金筹措。

可行性报告可由筹建单位自行进行，也可委托有关技术咨询公司进行，一般需要几个月到半年的时间。所需要的费用约占总投资的 0.25% ~ 1.5%。

二、设计任务书的编写

设计任务书的编写是在可行性研究报告经评价是可行的基础上，经领导机关审评批准，项目正式立项后进行的。

设计任务书可由建设单位自行编写，也可委托设计部门编写后报请主管机关审评批准，然后作为正式文件下达，是属指令性文件。一旦批准下达后，未经审批机关同意，不得随便修改。

设计任务书的内容大致包括下列几个方面：

（1）建设的目的和依据；

（2）建设规模、生产方法及产品规格；

（3）厂址的选点和建厂条件；

（4）原材料、燃料的主要来源和供应量；

（5）水、电、气主要来源和落实情况；

（6）技术工艺、主要设备选型、建设标准和相应的技术经济指标。成套设备进口项目还要有维修材料、配件、辅料供应的安排；

（7）环境保护、城市规划、防震、防洪、文物保护等要求和采取的相应措施方案；

（8）全厂布置方案和土建工程量；

（9）建厂期限；

（10）设计单位和设计进度的规定；

（11）其他附件（包括各种文件、协议书、鉴定报告、评估资料等）。

第二节　设计阶段

设计阶段的划分，一般可按工程规模的大小以及工程的重要性，分为三个阶段设计（初步设计、技术设计、施工图设计）；两个阶段设计（初步设计和施工图设计）。目前生物制药的建设项目多属于中小型建设项目，故多采用两个阶段设计。至于工厂进行的技改项目可以采用一个阶段设计即施工图设计。两段设计是设计人员根据下达的设计任务书，首先进行初步设计；完成后由主管部门邀请有关专家对初步设计说明书进行审核；如果通过后，由主管部门下达批文，然后再开展施工图设计。

一、初步设计说明书

对于生物制药工厂中某一具体工程项目来讲，初步设计说明书是由工艺设计和非工艺设计两部分组成，其内容大致包括以下几项：

(1) 设计依据；

(2) 设计指导思想和设计原则；

(3) 产品方案；

(4) 生产方法和工艺流程；

(5) 生产车间组成；

(6) 原料、中间体的主要技术规格；

(7) 工艺计算；

(8) 设备选型和设备计算；

(9) 公用工程计算（对压缩空气、水、电、蒸汽等消耗量计算并列表汇总）；

(10) 生产中质量控制的分析项目；

(11) 对非工艺部分提出具体要求（对土建、仪表、安全放火防爆、三废处理、设备维修等）；

(12) 车间定员；

(13) 工艺设备概算与工程估算；

(14) 设计存在的问题与建议；

(15) 设备一览表；

(16) 图纸（全厂总平面图、工艺设备流程图、车间平面布置图、立面图、主要设备单体总图）。

二、施工图设计阶段

施工图设计阶段的主要任务是编写施工图说明书、绘制施工图图纸和工程预算书。

（一）施工图设计说明书编写

施工图设计说明书主要内容包括以下几项：

(1) 设计依据；

(2) 对初步设计修改的内容进行说明；

(3) 设备安装说明；

(4) 管道安装说明。

（二）施工图设计阶段的图纸种类

(1) 非定型设备单体制造施工图；

(2) 设备安装图；

(3) 管道安装图和安装说明书；

(4) 土建施工图和说明书；

（5）电器线路施工图和说明书；

（6）采暖通风施工图和说明书；

（7）三废处理施工图和说明书。

此外，在施工图设计阶段，还应根据施工图内容计算出材料需要数量和项目的建设费用并编制工程预算书。

第三节 各专业的设计内容

前面已介绍一项工程设计工作需要由多方面专业人员配合进行才能完成。下面分别介绍各专业技术人员在设计中应承担的具体任务，了解他们应做那些工作。

一、工艺专业

工艺设计是设计中的主要内容，其他各专业是与之配合并为它服务。设计的优劣很大程度上取决于工艺设计。因此，生产方法是否先进、原材料消耗、水电气单耗、成本是否降低，产品质量是否有保证等都与经济效益直接相关，是对专业技术人员能力的综合考核。在设计中工艺专业在设计中应完成以下几项：

（1）生产方法的选择；

（2）工艺流程的确定；

（3）物料衡算和能量衡算；

（4）设备的选择和计算；

（5）车间的布置和设计；

（6）化工管路设计；

（7）给公用工程提供设计条件；

（8）编制设计说明书；

（9）编制概（预）算。

图纸方面主要有工艺流程图示意图、生产工艺流程图、工艺管道流程图、设备布置图（平、立面）等。

二、设备专业

根据工艺要求，计算并选定贮存和计量设备的容积，选定某些定型设备（泵、换热器、过滤器、离心机、萃取机、反应器、蒸发器、干燥器等）的型号和规格，绘制非定型设备（塔、特殊要求的反应器、树脂柱等）的施工图。除此之外，还需设计管口方位图以及管口与支座，底角螺栓等相对位置等。

三、自动控制专业

自动控制专业与工艺专业之间关系十分密切，尤其是现代化生物技术产品更是如此。各种仪表可以组成自动控制回路，也可成为自动计算机数据记录系统的一部分。自动控制设计人员必须提出符合工艺要求的测量仪表（如温度、压力、流量、液位、pH、溶氧等）、信号、线路图、控制室等。还要与工艺专业人员合作，完成带控制点的工艺流程图，并提出安装、使用和维修应注意的事宜。其目的是要达到保证产品质量的前提下成本最低。

四、给排水及采暖、通风专业

给排水、采暖、通风等项目是设计内容之一。它是根据工艺提出的要求进行设计。供水是指生产用水、生活用水、消防及化验室用水。设计内容包括供水管网、管径、用户的最大和平均用水量、连续或间歇用水，供水点的标高等要求。排水是指离开车间的水。设计内容包括管网并说明水量、水管直径、水温、水的成分，连续或间歇排水。例如产生有害物质的污水，要经过处理后符合规定标准才能排放。为了保证车间适宜温度，排除有害气体，要设计出通风、排风的装置。北方冬季寒冷，车间要设计出合理的采暖装置。

五、电气专业

电气工程包括动力电、照明、避雷、弱电、变电、配电。根据工艺要求，提出电力用电负荷，电动机台数、型号、防爆等级、功率、转数、电缆走向，提供设计原则，附供电线路图，弱电装置系统图。还要提出车间和生活区的照明电的位置、照度、防爆等级。高层厂房还要有避雷设施。

六、供热（供气）专业

根据工艺要求，设计并选择锅炉的台数、型号、气量、气压并提出厂区外管图，支架、有关的保温材料及锅炉用水的处理等。当然，锅炉应布置在厂区常年主导风向的下风侧，保证不影响生产和生活。

七、土建专业

土建专业人员，接受工艺条件后，要设计包括车间的房屋结构、厂房的高度、层数、跨度、防火防腐措施等内容。根据设备平面布置计算楼板负荷和确定预留孔、门、窗、楼梯位置等。另外，绘制厂房建筑图（包括外形图和剖面图）除了生产厂房外，还要提出辅助车间（机修车间、中心化验室、控制室及仓库等）的处理原则及其基本技术决定。

八、总图运输专业

根据工艺过程的特点，总图运输专业应与其他有关专业人员一起，讨论并确定厂区的布置方案，绘制厂区总平面布置图及立面布置图，要求达到既考虑生产又考虑生活，厂区主干道与支干道明显，人流车流分开，使厂区布置合理。

第四节 车间工艺设计

上面介绍了各专业在设计中应完成的内容。本节将详细阐述工艺设计人员如何完成设计中的任务。

一、生产方法的选择

一个生物产品，无论是抗生素、有机酸、氨基酸或酶制剂，一般都要经过发酵、提取和精制三个步骤。对同一发酵制品的生产，当采用不同菌种时，发酵工艺条件也会有所不同。生物产品提取过程，是由不同的化工单元操作组成，不同品种提炼工艺区别很大，对同一品种，往往也可有几种提取方法可供选择。所以，在发酵车间设计开始时，首先应将所收集到的各种生产方法、工艺流程资料、数据和经中试得出的结论进行分析研究，仔细论证，方能确定一条切实可行的工艺流程。各种生产方法的技术以及经济性比较，可从以下几方面讨论：

(1) 主要原材料供应尽可能立足国内或建厂地区获得；

(2) 若有引进设备是否适合我国生产情况；

(3) 所选的工艺流程中控制条件是否苛刻，操作是否方便；

(4) 所选的工艺流程中，对劳动保护、安全放火防爆等是否解决；

(5) 是否需要进行特殊的三废处理；

(6) 原材料单耗、动力消耗、产品质量和成本如何。

选择生产方法及工艺流程是极为重要的一项工作，它关系到将来的生产在技术上是否先进，经济上是否有效益，是认真做好设计工作的第一步。

二、工艺流程的设计

工艺流程设计是用图解形式来表示从原料投入到制出产品的全部过程。由于生产工艺流程的复杂性，要与整个设计工作中各方面都有牵连，因此，它不可能一气呵成，而是随着设计进程的进展，由浅入深，由定性到定量，逐步完善，以达到预期的目的。工艺流程图可有三种形式来表示：①生产工艺流程示意图；②生产工艺流程图；③工艺管道流程图。

(一) 生产工艺流程示意图

生产工艺流程示意图又称方框流程图，是在物料衡算前设计的。它只是定性地表示由原料转变为产品的过程。由于未进行物料衡算，对于设备只能有个大致的轮廓。不要求有正确比例和相对位置。为了简化起见，就用方框图表示。图9-1是用方框图表示的赖氨酸生产流程图。

```
┌──────────┐   ┌──────────┐   ┌──────────┐   ┌──────────┐
│冷冻干燥管 │→ │斜面管    │→ │摇瓶种子  │→ │种子罐    │
│沙土管    │   │30℃ 24h  │   │30℃16~18h│   │31±1℃ 20h│
└──────────┘   └──────────┘   └──────────┘   └──────────┘
                                                    │种子液
                                                    ↓
水解糖化   ┌──────┐   ┌──────────┐        ┌──────────┐
液等原料 →│配料罐│→ │连消设备    │ ─────→│发酵罐    │
           └──────┘   │120~130℃， │        │31±1℃ 65±1h│
                      │停留时间    │        └──────────┘
                      │5min       │培养基        │发酵液
                      └──────────┘             ↓
                                          ┌──────────┐
                             工业盐酸 →│发酵液贮罐 │
                                          │pH 3~4    │
                                          └──────────┘
                                               │酸化发酵液
                                               ↓
        2mol 氨水（解析）  ┌──────────────┐ ←自来水（洗涤）
        盐酸             →│732树脂交换罐 │
                          └──────────────┘
       母液（回收）            │解析液      60℃
                              ↓           0.092Mpa
  ┌──────────┐  ┌──────────┐  ┌──────────┐真空度
  │篮式离心机│←│结晶罐    │←│真空浓缩锅 │
  └──────────┘  │pH 4.9,4h │浓缩液│18~20°B′e │
     │结晶液     └──────────┘  └──────────┘
     │湿晶品
     ↓
  ┌──────────┐        ┌──────────┐  ┌──────────────┐
  │粗晶溶解罐│ ─────→│粗晶溶解罐│→│真空浓缩锅60℃,0.092MPa│
  └──────────┘脱色混合液└──────────┘精制脱色液│18~20°B′e 真空度│
     │                              └──────────────┘
  蒸馏水  活性炭                          │浓缩液
                                          ↓
                                    ┌──────────┐
                                    │结晶罐    │
                                    └──────────┘
                                          │结晶液
                   湿晶体              ↓
  ┌──────────┐  ┌──────────┐  ┌──────────┐
赖氨酸成品←│真空干燥器│←│篮式离心机│  精制母液
  └──────────┘  └──────────┘
```

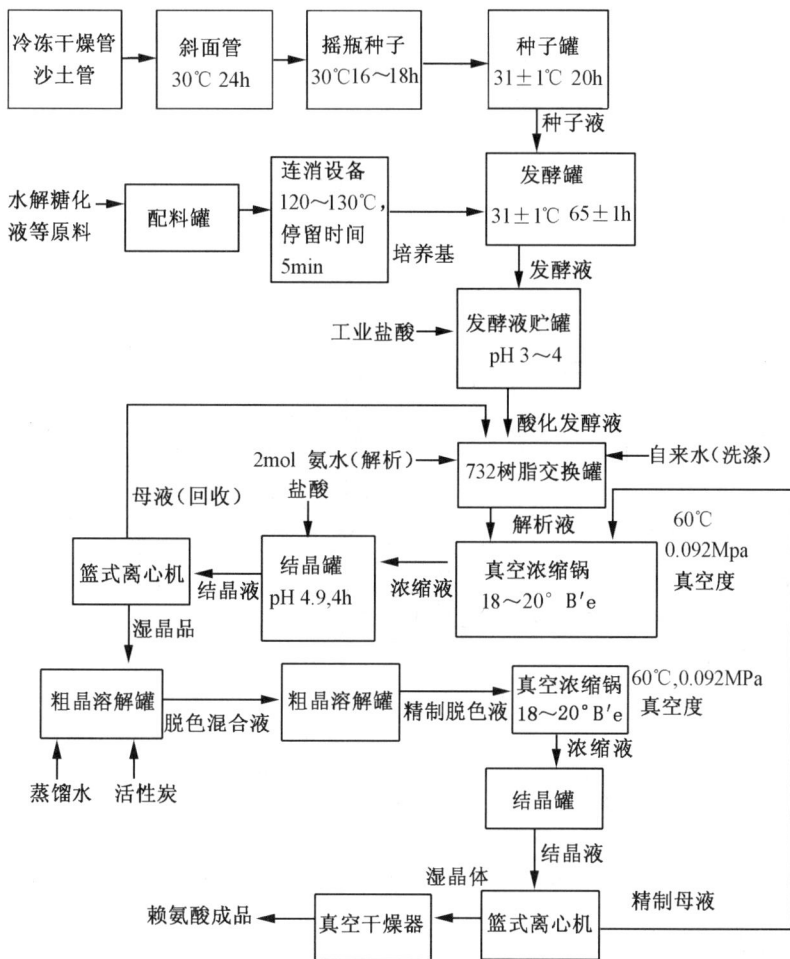

图 9 - 1　赖氨酸生产流程示意图

（二）生产工艺流程图

生产工艺流程图又称物料流程图，是在初步设计阶段时进行的。在完成物料衡算、设备选型等计算的基础上，才能进行生产工艺流程图设计。生产工艺流程图通常由物料流程、图例、设备一览表和必要的文字说明四个部分组成。流程图中设备比例常采用 1：100 来绘制，如设备过大或过小，也可采用 1：200 或 1：50 比例。流程图的画法是采用自左至右展开，其步骤如下：

（1）先将厂房各层地平线用细双线画出，并注明标高；

（2）将设备外形轮廓以一定比例按厂房内布置的高低位置用细线画出，设备之间应留有一定的间隔距离；

（3）将物料流程管线用粗线画出，并画出流向箭头；

（4）将动力线（水、蒸汽、真空等）管线用细实线画出，并画上流向箭头；

（5）画出设备（相同设备只画一个即可）和管道上主要阀门，控制点和必要的附件；

（6）标上设备流程位号及辅助线；

（7）最后加上必要的文字说明。

在工艺流程图上，还须标上图例说明和设备一览表。在流程图上的设备一览表的作用是说明物料流程中所有设备的名称、数量、规格、材质等。图9-2为培养基连消系统工艺流程图。

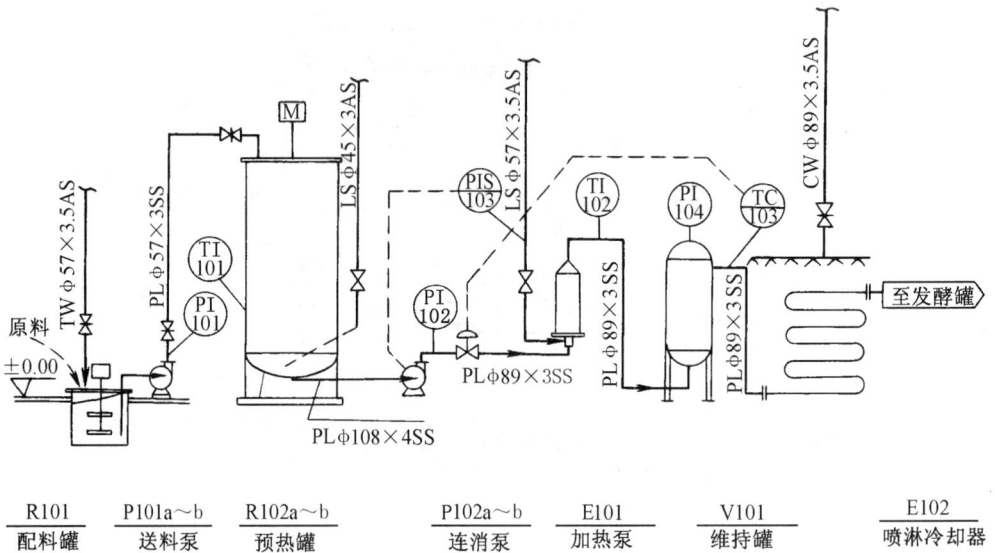

R101	P101a～b	R102a～b	P102a～b	E101	V101	E102
配料罐	送料泵	预热罐	连消泵	加热泵	维持罐	喷淋冷却器

图9-2　培养基连消系统工艺流程图

（三）工艺管道流程图设计

上面所介绍的两种生产工艺流程图，是在可行性报告中和初步设计中进行的。而工艺管道流程图的设计是在生产工艺流程图的基础上绘制的，它是内容较为详细的一种工艺流程图，是施工图设计阶段的主要管线图。由于该图上要绘画出管线和设备上所有的阀门、管件和自控仪表及其符号，所以，工艺管道流程图又被称为带控制点的工艺管道流程图。

工艺管道流程图是管道平面及立面布置设计的依据，也是管道施工安装时的主要图纸。图9-3是培养基连消系统工艺管道流程图。绘制时，应注意以下几点：

（1）按工艺生产车间或工段（大的车间要分为几个工段）作为主项，一个主项画一张图纸。图纸幅面一般采用1号或2号图纸，若流程复杂，图纸可横向延长；

（2）各种设备一般按1:100或1:50的比例绘制外形轮廓，如其中设备过大或过小，则设备外形可适当缩小或放大；

（3）流程图上应表出全部设备，并表明设备任务。有时对相同的并联设备用1台表示，但要在位号上注明个数（用英文字母表示），如 $\dfrac{R101A—F}{发酵罐}$ 即表明位号为R101的发酵罐共有6台并联。（代号R表示反应器或发酵罐，A—F，表示有A、B、C、D、E、F

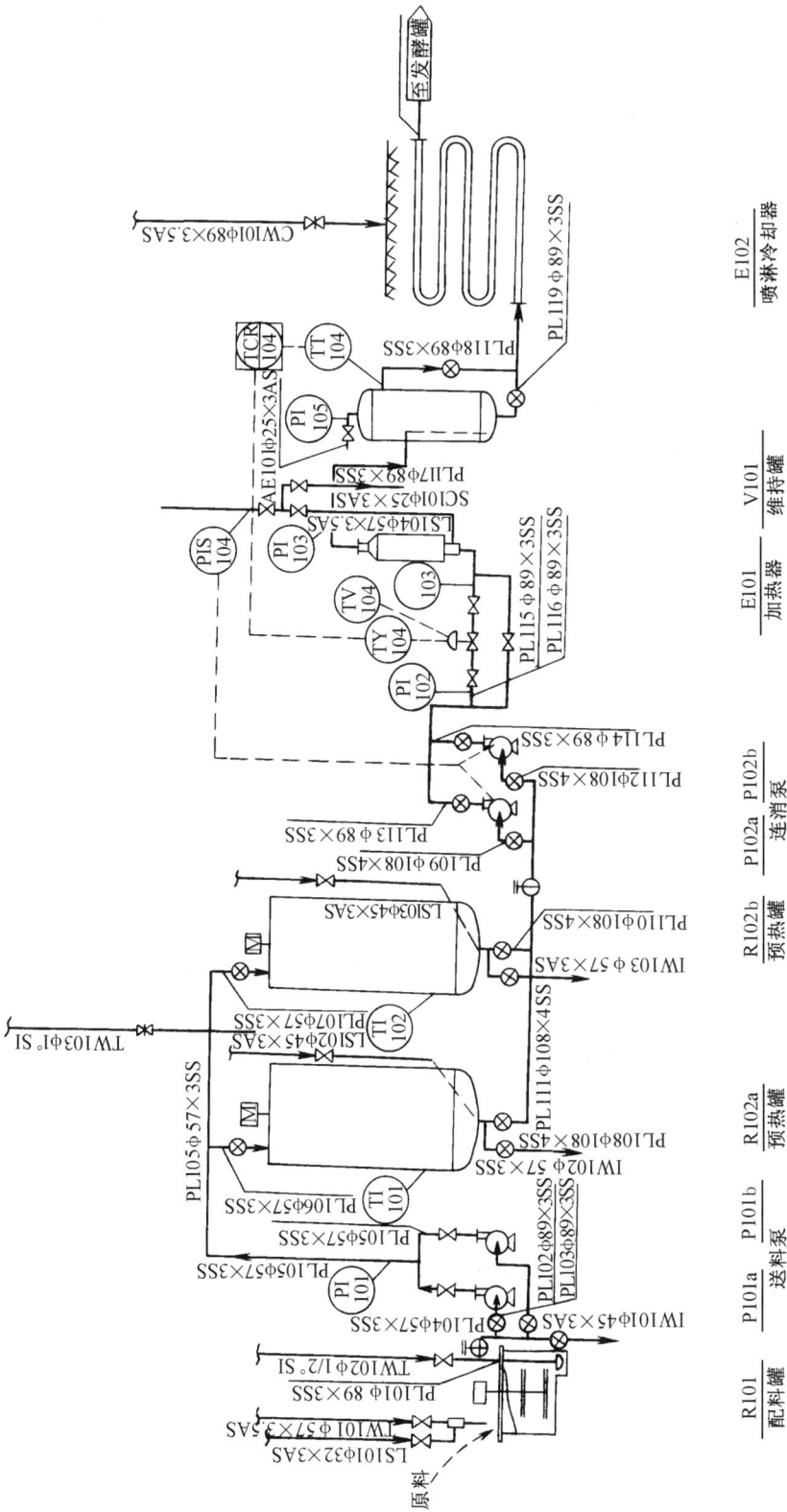

图9-3 培养基连消系统工艺管道流程图

6个发酵罐);

(4) 绘制图纸时,设备轮廓线为0.3mm的细实线条,工艺物料管道用0.9mm的粗实线条,蒸汽、水、等动力辅助管道用0.6mm的中粗实线条绘制,用箭头表示管道内物料流向;

(5) 工艺管道流程图上应表示出管道上所有的阀门、异径管,但不必绘出法兰、弯头、三通等一般管件。工艺管道流程图上管道之间的连接位置,应与以后绘制的配管图(或管道布置图)相一致;

(6) 流程图上的自控仪表的控制点应由工艺专业和自控专业的设计人员协同确定绘制;

(7) 固体物料除用粗虚线表示外,还要表示出物料的名称。

三、物料衡算和能量衡算

(一) 物料衡算

物料衡算是质量守恒定律的一种表达形式。其原则是:凡是进入某一设备的物料质量之和,必须等于操作后所得产品、副产品和损失的物料之和。在发酵车间计算中,通常是以一个培养罐的罐批物料作为进行计算的基准,来开展从原料开始,经发酵培养、提炼、直到产品形成的全部物料衡算。

根据物料衡算的结果,再考虑每批操作的时间,就可计算出需要的设备数量,设备的容量和设备的主要尺寸,然后进行设备的选型和各设备的平衡配套。在完成了物料衡算和设备选型后,就可进行能量衡算,计算出每台设备的能量消耗,并汇总出车间(或工段)最大瞬间消耗能量和平均消耗量,作为供热供气专业进行公用工程设计的基础。下面以青霉素提取工段萃取岗位的物料衡算为例,说明物料衡算的过程。

例题9-1 如每班处理发酵滤液40m³,滤液效价为17 000u/ml,试进行物料衡算。已知设计数据:

(1) 醋酸丁酯按滤液1/3.5投料进行萃取,萃取收率为98%;

(2) 用10%浓度的稀硫酸调滤液pH至1.9~2.1,已知每1 m³滤液需消耗酸液60L;

(3) 用5% "1231" 溶液作为去乳化剂,已知每1m³滤液耗用68L;

(4) 萃取后废液含醋酸丁酯浓度为1.5%(体积),供回收工段回收醋酸丁酯,在送之前,需用40%工业碱调到废液pH至6.0~7.5,已知1m³废液耗用碱液0.6L。

[物料衡算]:

(1) 醋酸丁酯用量 $40 \times \dfrac{1}{3.5} = 11.428m^3$

醋酸丁酯密度为882kg/m³,则醋酸丁酯用量为 $11.428 \times 882 = 10079.5kg$

(2) 硫酸用量:10%稀硫酸用量为 $40 \times 60 = 2400L$

折成92.5%工业硫酸用量为 $\dfrac{2400 \times 0.1}{0.925} = 259.5kg$

92.5%硫酸密度为1830kg/m³,则每批工业硫酸体积为:

$259.5 \div 1830 = 0.142m^3 = 142L$

(3) 去乳化剂 "1231" 用量:5% "1231" 溶液用量 $40 \times 68 = 2720L$

"1231"原液用量 $2720 \times 5\% = 136L$

（4）经处理后废液中重液体积 $40 + 2.4 + 2.72 = 45.12m^3$

废液中醋酸丁酯体积 $45.12 \times 1.5\% = 0.676m^3$

废液总体积 $45.12 + 0.676 = 45.796m^3$

（5）萃取液体积和效价

萃取液体积 $11.428 - 0.676 = 10.752m^3$

$$萃取液特价 = \frac{滤液体积 \times 滤液效价 \times 萃取收率}{萃取液体积}$$

$$= \frac{40 \times 10^6 \times 17000 \times 0.98}{10.752 \times 10^6}$$

$$= 61\ 979u/ml$$

（6）中和废液用的 40% 液碱用量

$$45.796 \times 0.6 = 27.5L$$

［设备选择］

（1）萃取机选择

在萃取过程中萃取机内沉积固体较多（主要是蛋白质），需每班拆洗一次，每次操作拆洗时间为 2h，故每班实际可用于萃取操作时间为 6h，则每小时进料量（45.796 + 10.752）$\div 6 = 9.43m^3/h$

国产 LC—500 立式萃取机生产能力约 $5m^3/h$，故选用萃取机台数为：$9.53 \div 5 \approx 2$ 台

（2）10% 稀硫酸配置罐

每天配置一次（供三个班使用），贮罐装液量为 $2.4 \times 3 = 7.2m^3$

配置罐装料系数取 0.8，采用压缩空气混合搅拌，出料用压缩空气压料输出，则稀硫酸配置罐容积为 $7.2 \div 0.8 = 9m^3$

（3）"1231"溶液配置罐

每班配置一次，装料系数去 0.8，用旋桨式搅拌器搅拌混合，则配置罐容积为 $2.72 \div 0.8 = 3.4m^3$

（4）40% 液碱贮罐

以 7 天用量计，则 $27.5 \times 3 \times 7 = 577.5L$

选用 1000L 搪瓷贮罐即可

（5）萃取机重液进料泵

每班萃取机重液进料量 $= \frac{45.12}{2 \times 6} = 3.76m^3/h$

选用 40F—26 耐腐蚀离心泵（流量为 $7.2m^3$，扬程为 25.5m），每台萃取机配置 1 台，加上备用 1 台，共需 3 台泵。其他设备选用可用上述方法衡量。

（二）能量衡算

抗生素生产的特点是耗量大、耗能大、耗水大。所以，能量衡算和物料衡算一样，对生产工艺条件的确定、设备的设计是不可缺少的基本计算。能耗的大小不仅与生产工艺有关，也与管理水平有关。所以，能耗是衡量一个工厂（或一个车间）综合水平的重要指标之一。

能量衡算必须在物料衡算的基础上进行，可以解决的问题包括：确定各种设备所需的功率；确定各单元操作（蒸发、蒸馏、结晶、干燥等）的传热量；如何保持生物反应正常进行（多数为放热）；如何充分利用余热等。实际以上要解决的问题在已学过的《化工原理》及本书中多数已详细论述。下面针对生物制药的特点再强调几项。

1. 冷却水消耗量的计算

生物制药工厂中常用的冷却水有循环水（初温可取 30℃）、深井水（初温可取 15℃）、低温冷冻水（4～14℃）和冷盐水（－15～－5℃）。应强调是目前要求不能把可利用的水随便排弃。根据工艺要求，按不同季节来计算平均负荷和最高负荷。传热有不稳定过程和稳定过程两大类。例如，培养基实罐灭菌后的冷却过程是不稳定过程，而发酵过程应控制恒温就是稳定过程。不稳定过程在第二章已阐述。对于稳定过程可按下式计算：

$$W = \frac{Q}{C_2 \ (t_K - t_H)} \tag{9-1}$$

式中，W——冷却水消耗量，kg/h；

Q——物料的热效应，kJ/h；

C_2——冷却水的比热容，kJ/（kg·℃）；

t_H、t_K——冷却水的进出口温度，℃。

冷却水进出口温差（$\Delta t = t_K - t_H$）对于循环水可取 3℃，冷冻水和冷盐水可取 5℃。计算时还应计算出冷冻水或冷盐水的冷冻消耗量。

式 9-1 中的物料热效应计算介绍如下几种情况。

（1）发酵罐发酵热过程中的热效应计算：

$$Q = Q_F \cdot V_L \tag{9-2}$$

式中，Q——发酵罐的热效应，kJ/h；

Q_F——发酵热，kJ/（m³·h），其值见表 9-1；

V_L——发酵罐中发酵液体积，m³。

表 9-1　各类发酵液的发酵热

序号	发酵液名称	发酵热，kJ/（m³·h）
1	青霉素丝状菌	23 000
2	青霉素球状菌	13 800
3	链霉素	18 800
4	四环素	25 100
5	红霉素	26 300
6	古氨酸	29 300
7	赖氨酸	33 400
8	柠檬酸	11 700
9	酶制剂	14 700～18 800

（2）结晶（或溶解）时的热效应　很多发酵产品在结晶过程中会释放出热量，为了

获得更多的结晶产物，大多采用冷冻盐水来冷却物料。其结晶热效应可由下式求取：

$$Q = (W_c \times C_1 - W_M \times C_2) q \qquad (9-3)$$

式中，W_c——每批料液量，kg；

W_M——每批结晶后母液量，kg；

C_1、C_2——结晶料液和母液的浓度，质量%；

q——结晶热，kJ/kg。

上式中的结晶热数据，较难从有关手册中查到，大多数发酵制品的结晶热要通过试验来实测获得。

（3）酸碱的稀释热计算 酸碱类在用水稀释时会放出热量，其热效应可从图9-4和9-5中估算。

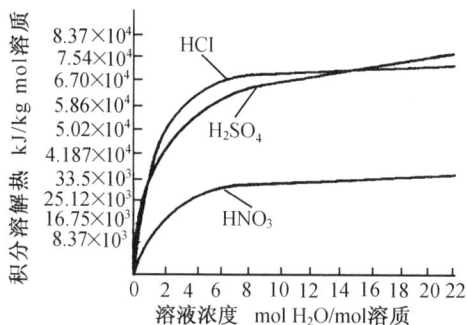

图9-4 在18℃时酸类在水中的积分溶解热

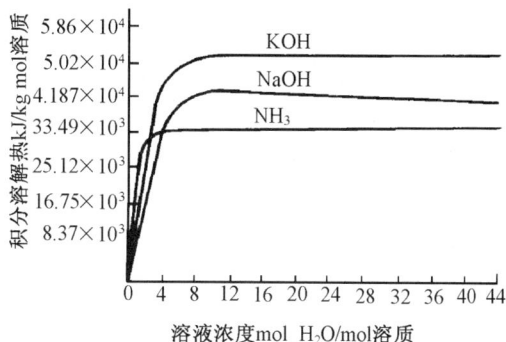

图9-5 在18℃时碱类在水中的积分溶解热

例题9-2 求18℃时1000kg 75%的硫酸在稀释到40%时，过程中所释放出的热量。

解：1000kg 75%的硫酸含有

H_2SO_4 750kg   或 $\dfrac{750}{98} = 7.65$ kg·mol

H_2O 250kg   或 $\dfrac{250}{18} = 13.89$ kg·mol

硫酸溶液浓度可表示为 $13.89/7.65 = 1.82$ mol H_2O / H_2SO_4 mol，查图9-4曲线，可得该情况下的积分溶解热为 4.1×10^4 kJ/（kg·mol）。稀释到40%后，溶液中的含量：

H_2SO_4 750kg   或 $\dfrac{750}{98} = 7.65$ kg·mol

H_2O $\dfrac{1000 \times 0.75}{0.4} - 750 = 1125$ kg，$\dfrac{1125}{18} = 62.5$ kg·mol

此时硫酸溶液浓度可表示为 $62.5/7.65 = 8.17$ mol H_2O/H_2SO_4 mol，查图9-4曲线，可得该情况下的积分溶解热为 6.3×10^4 kJ/（kg·mol）。

稀释溶解热效应 $Q = 7.65 \times (63\,000 - 41\,000) = 1\,683\,000$ kJ

2．蒸汽耗量的计算

用蒸汽加热物料，可用两种方式，一种是将蒸汽直接与物料混合加热，另一种是用蒸汽冷凝放出热量通过间壁传热来进行。

（1）直接蒸汽混合加热

$$D = \frac{G \cdot C \ (t_2 - t_1)}{i - t_2 \cdot C} \ (1 + \eta) \qquad (9-4)$$

式中，D——蒸汽耗量，kg；

$\quad$ G——被加热料液量，kg；

$\quad$ C——料液比热容，kJ/（kg·℃）；

$\quad$ t_1、t_2——加热开始和结束时料液的温度，℃；

$\quad$ i ——蒸汽热焓，kJ/kg；

$\quad$ η——蒸汽热损失增加耗量，可取 5% ~ 10%。

（2）间壁加热时蒸汽消耗量计算

$$D = \frac{G \cdot C \ (t_2 - t_1)}{r} \ (1 + \eta) \qquad (9-5)$$

式中，r——蒸汽的汽化热，kJ/kg。

（3）蒸发浓缩时的蒸汽耗量的计算　如果是水溶液，蒸发器出来的二次蒸汽是水蒸气，其蒸汽耗量可用下式计算：

单效蒸发 $\qquad\qquad\qquad D = （1.1 ~ 1.15）S \qquad (9-6)$

双效蒸发 $\qquad\qquad\qquad D = （0.57 ~ 0.6）S \qquad (9-7)$

式中，D——蒸汽消耗量 kg/h；

$\quad$ S——水蒸发量，kg/h。

四、设备的选择和计算

生物制药设备主要分为两大类，即定型设备和非定型设备，但绝大多数是定型设备。所谓设备计算，对定型设备来讲就是根据工艺要求、经济条件等先选定类型，再计算每台设备的生产能力，根据生产任务，就可选定台数。对于一些贮罐、计量罐等在已知体积和材质时就可选择加工。在物料衡算中就会确定很多设备。同时在设备出厂说明书中还可知道一些工艺设计所需的一些参数，如功率、占地面积、重量和价格等。下面介绍几种常用计算方法。

（一）压缩空气消耗量的计算

压缩空气消耗量的计算，可作为选择空压机的依据。

1. 发酵罐和种子罐的空气消耗量

空气耗量可用下式求得：

$$Q_g = \sum （VVM） \cdot V_L \qquad (9-8)$$

式中，Q_g——所需的压缩空气总量，（标准状态）m³/mim；

$\quad$ （VVM）——单位体积培养基在单位时间内通入的压缩空气量，（标准状态）m³/（m³·min）；

$\quad$ V_L——培养液体积，m³。

2. 板框压滤机吹压滤饼所需压缩空气的量

其耗量可用下面经验式计算：

$$Q_g = 0.05 F_B \qquad (9-9)$$

式中，Q_g——压缩空气消耗量，（标准状态）m^3/mim；

$\qquad F_B$——板框压滤机的过滤面积，m^2。

3. 压送料液所需要消耗的压缩空气量的计算

料液在一次操作中被压出部分料液时，所需压缩空气量可由下式计算：

$$Q_g = \frac{V_A \, (1-\varphi) \, (\frac{p}{9.8 \times 10^4} - 1) + V_L \cdot \frac{p}{9.81 \times 10^4}}{\tau} \qquad (9-10)$$

式中，Q_g——所需压缩空气量，（标准状态）m^3/h；

$\qquad V_A$——设备全容积，m；

$\qquad \varphi$——设备装料系数，%；

$\qquad p$——设备内的压强，Pa；

$\qquad V_L$——被压送出料液的体积，m^3；

$\qquad \tau$——操作时间，h。

4. 用于搅拌液体所需要的压缩空气量

用压缩空气搅拌液体所需压缩空气量可用下式估算：

$$Q_g = KA \, (\frac{H_L\rho}{10^4} + \frac{p_0}{10^5}) \qquad (9-11)$$

式中，Q_g——搅拌液体时所需要压缩空气量，（标准状态）m^3/h；

$\qquad A$——设备内液体的截面积，m^2；

$\qquad H_L$——设备内液柱的高度，m；

$\qquad \rho$——液体的密度，kg/m^3；

$\qquad p_0$——液面上空的压强，Pa；

$\qquad K$——液体搅拌系数，弱搅拌取 0.4；中等强度取 0.8；强搅拌取 1.0。

（二）真空需要量的估算

1. 抽吸料液需要的真空量

其真空量可由下式计算：

$$V_h = \frac{V_A}{\tau} \, (-2.303 \, lg \, \frac{p_k}{10^5}) \qquad (9-12)$$

式中，V_h——真空泵的抽气量，m^3/h

$\qquad V_A$——设备的容积，m^3；

$\qquad p_k$——设备中剩余压强，Pa；

$\qquad \tau$——抽吸一次所需要时间，h。

2. 真空抽滤时所需真空量

对一批物料进行抽滤操作时，可用下式估算：

$$V_0 = KF\tau \qquad (9-13)$$

式中，V_0——所需真空量，m^3/h；

F——真空过滤面积，m^2；

τ——抽滤一批物料所需要时间，h；

K——经验常数，取 15~18。

3．真空干燥需要的真空量

可按经验数据考虑，在真空干燥设备中，每产生 1kg 水蒸气（水蒸气要经过冷凝），则应抽走 $0.1~0.2m^3$ 的空气。

真空泵的性能参数中有抽气量 m^3/mim；最大吸气量 m^3/h。通过以上各式计算所得数据，可为选择真空泵提供依据。

应该注意的是在设计真空系统装置时，对于真空蒸发和真空干燥等设备要单独建立真空系统，不要与车间真空总管相连。其目的是保持设备内真空度的稳定，有利于控制。

五、车间布置的设计

车间布置设计是设计中的重要组成部分。设备布置设计是否合理，会直接关系到基建成本。影响设备布置的因数很多，在设备布置前，必须充分掌握有关生产、安全、卫生等资料，全面考虑，仔细推敲，求得最佳设备布置方案。设备布置设计是以工艺为主导，并在其他专业密切配合下集中各方面意见，最后由工艺专业人员汇总完成。

（一）车间布置设计原则

车间布置应注意以下几项内容：

（1）车间与其他车间的关系。要避免原料、中间体、成品往返交叉运输；

（2）设备布置应按工艺顺序，做到上下纵横相呼应；

（3）操作中相互有联系的设备应彼此接近，设备排列整齐，保持合理的间距；

（4）车间布置要满足检修要求；

（5）要充分考虑劳动保护、安全防火和防腐等特殊要求，设计要符合各项设计规范；

（6）要考虑今后的发展，在厂房内要留有发展余地；

（7）布置时应同时满足其他非工艺专业的设计要求，做好相互协作。

（二）车间布置内容

车间布置设计的目的是对厂房内的配置和设备的排列做出合理的安排。车间布置设计的最终成果是车间布置图（或称设备布置图）。图样一般包括下列几方面内容：

（1）一组视图，有各层平面布置图和相对应的立面布置图；

（2）对设备安装若有特殊要求应用文字说明；

（3）对图中各设备应按流程图中位号写明位号，对房间标上名称；

（4）标题栏中要注明图名、图号、比例、工程名称、设计阶段。

对不同设计阶段，车间布置图要求有所不同。在初步设计阶段，因设备的安装方位一般尚未确定，因此，各设备的管口可以不必画出。厂房建筑一般只表示其基本结构要求。但在施工图设计阶段就要求内容全面准确。

（三）车间布置技术

发酵工厂的工艺生产车间，一般由下列部门组成：

（1）生产工段（包括配料、发酵、提取、精制等）；

（2）种子组的操作室、化验室、无菌室、摇瓶培养室等；

（3）变电或配电室；

（4）动力室（真空房、压缩房等）；

（5）材料间、成品间、堆放场等；

（6）机修房；

（7）车间办公室、会议室、休息室、更衣室、浴室和厕所等。

下面对厂房和生产工段的布置设计进行讨论。

1. 厂房的整体布置和厂房的轮廓设计

发酵车间大多采用多层厂房，一些动力车间的厂房如空压站，冷冻站、锅炉房则采用单层厂房。生产车间的厂房通常为长方形，其优点是便于总图布置、节省占地面积、自然采光和通风条件较好。也有采用"L"型和"T"型的厂房。

厂房的平面布置和建筑设计有着十分密切的联系。在设计过程中，工艺设计和土建设计往往是交叉进行的。目前国内新建的发酵车间大多采用框架结构的多层厂房。其柱间距为 4m、5m、6m、7.5m 等，最大不超过 12m。常用的厂房跨度（即宽度）为 9m、12m、15m。厂房宽度不宜超过 24m，否则会影响采光和通风。发酵车间常采用中间一跨为人行通道，所以，车间厂房可采用三跨组成，其跨度分别为 6—3—6 或 6—2.1—6（其中的 6m 为安装设备跨度）等。厂房的总长度可根据生产规模不同而定，但一般不宜超过 60m。

2. 发酵车间的布置设计

发酵车间可按一级种子罐、二级种子罐、发酵罐的工艺流程布置。为了操作方便，通常在同一楼面上布置种子罐、发酵罐及附属的补料罐、消沫剂罐等。大多数工厂都设有仪表操作室进行集中控制。在立面布置方面，往往是根据发酵罐的高度来确定楼层高度。如某车间发酵罐从支座到罐顶总高为 7.8m，支座安装在底层基础上，发酵操作面层高度可以考虑为 7m，罐顶高出楼面 0.8m。一般取发酵罐顶高出楼面 0.7～1m 为宜。

种子罐与补料罐等设备常采用耳式支座，挂在楼面的梁上。种子罐顶与楼面的距离一般为 0.8～1.2m。发酵罐操作楼面的层高应根据通风和搅拌轴、立式蛇管、电机、减速机器的检修或装卸的要求而定。一般 50m³ 发酵罐，其操作面层高为 6m 左右。小发酵车间厂房顶部的中间，应设置气楼，便于自然通风。

为了充分利用空间，个别发酵车间在同一厂房内也可以采用两种不同的层高布置。如在发酵罐操作面底层层高为 7m，操作面层高为 6m 时，那么在另一端就可在立面上采用四层结构，层高分别为 3.5m、3.5m、3.0m、3.0m，可布置车间机修房、化验室、种子制备室、车间办公室及更衣室等辅助用房。而在发酵操作的底面，由于种子罐、补料罐都挂在楼面上，这些设备的下放底层可布置配料、消毒等设备。

种子制备室是发酵车间的关键部门。种子制备室应包括无菌操作间、摇瓶间、恒温室、菌种贮存间、消毒灭菌间和操作准备间。图 9－6 为某厂的种子组的布置。无菌室是进行接种或进行无菌实验的专用房间，室内要求达到1万级洁净度要求。在无菌室内布置有超净工作台，在此台面上要达到100级洁净度要求。无菌室层高一般为2.5m，操作者应能在凳子上可用沾有灭菌液的纱布擦揩墙和天花板，无菌室墙面应用光洁材料制造，墙角应做成弧状。墙面和地面一般用环氧树脂涂层，无菌室顶棚上面，应设技术夹层来布置通风和电线管道等。

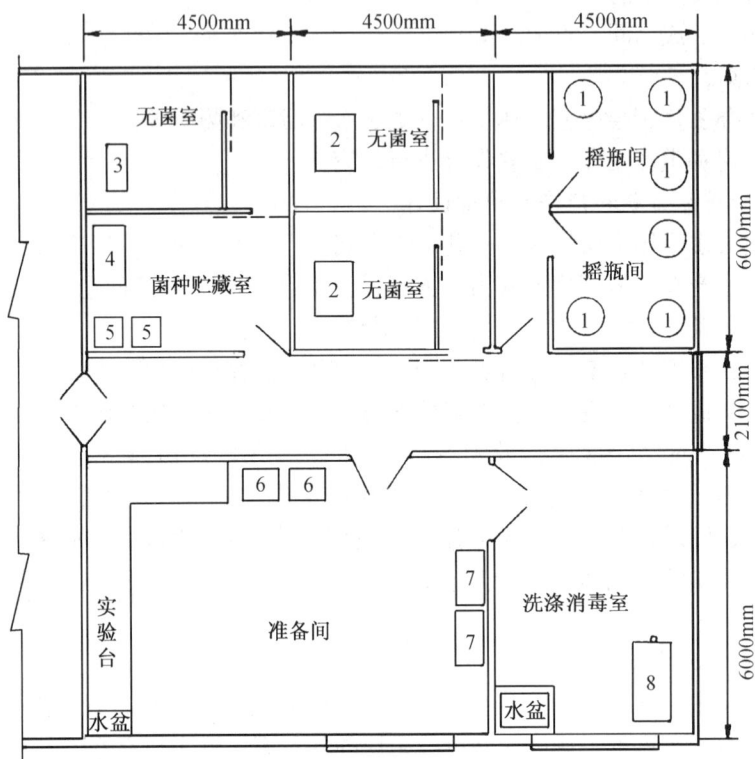

图9-6 菌种制备室布置

1. 摇瓶机；2. 超净工作台；3. 冷冻干燥机；4 冰箱；5. 恒温培养箱；

6. 冰箱；7. 药品柜；8. 灭菌锅

3. 提取车间的布置设计

发酵工厂的提取车间一般可按过滤→提取→精制→结晶→干燥等工序来布置设备，目的是避免物料往返输送。在操作中相互有联系的设备应彼此接近，并保持必要的间距，保证有原材料、半成品的堆放空间。前后工序布置在同一平面上有很多优点。但在生产过程中若有固体物料，因不能用泵输送，会带来操作麻烦。这时可采用立面布置，利用高低位差方便输送固体。同样在蒸发浓缩、结晶和离心分离三种设备往往采用立体布置为好，物料可依重力流动。

提取车间在布置设计时，还要注意防爆、放火或洁净厂房等的特殊要求。要尽量将易燃易爆物料和设备布置在同一防爆区域内。对于结晶、干燥和分装岗位一定要符合"GMP"要求。

总之，在进行车间设备布置的设计时，应尽可能将体积大的贮罐及有震动的设备布置在底层。个别设备和溶媒回收塔等可布置在露天。在室外布置高大设备时，要注意厂房的采光和通风，并保持一定的距离。

（四）车间布置设计的步骤和方法

车间布置的步骤和方法，一般先从平面布置开始，可分为两个阶段进行。

1. 车间布置草图

在经过讨论的厂房建筑平面轮廓线内，将车间所有设备按 1∶100（或 1∶50）的比例尺寸，按设备投影的图形，精心排列，对不同方案进行比较，直到满意为止。在排列时要注意建立立体概念，因为，每一个平面图形就代表一个立体实物，应注意上下位置。在做车间布置平面草图时，同时必须确定柱、梁、楼梯和其他占有一定面积的构件位置。当最后选出理想方案作为布置草图，可提交土建设计人员进行厂房的建筑设计。

2. 绘制车间布置图

当建筑图设计初步完成后，即可绘制正式的车间布置图。该图包括设备平面布置图、立面布置图（或剖面图）。

（1）平面布置图　平面布置图一般是每层厂房绘制一张，图中包括各层建筑平面图、设备外形俯视图、操作台等辅助设施俯视图和辅助用房、生活用房的设备、器具示意图等。在图上标明各设备定位尺寸。

（2）立面图（或剖面图）　图中包括厂房立面图、设备外形的侧视图，操作平台的侧视图等，并标明尺寸。

在布置图上，一般不标注设备定形尺寸，而只表明定位安装尺寸。在平面布置图上，设备与建筑之间、设备与设备之间的定位尺寸一般以建筑定位轴线为基准，注出与设备中心线或设备支座中心线的距离。悬挂在墙上或柱上的设备，应以墙内壁或外壁、柱的两边线为基准，标出定位尺寸。设备在高度方向的位置，一般可以标明设备的基础或设备的最高点标高。对于卧式贮罐等设备，用中心线的标高来表示。

六、管路设计

在生物制药生产中，设备的连接，物料、蒸汽、水、气体的输送，都要用到各种管径、材质不同的管道。工厂中管道安装的费用约占全厂投资的 15% ~ 20%。因此，管路设计同样是工艺设计中重要的组成部分，工艺设计人员必须给与高度重视。

管路设计必须深入实际，了解安装、施工、生产和维修等情况，熟悉整个生产过程和学习了解其他专业一些知识，依据施工流程图、设备平面、立面布置图和与配管相关的其他专业图纸（如建筑结构图、电器图、自控图等）进行设计。

（一）管路设计步骤

（1）根据输送物料的性质和操作条件等选择管材。

（2）根据工艺要求（流量、压力等）计算管径和壁厚。

（3）根据施工流程图进行管路设计，绘制配管图（包括平面、剖面），对于复杂的管路还要绘制管段图。

（4）编制施工说明书。其中包括说明采用的规范，施工的特殊要求，开工说明等文字说明。

（二）管路设计文件内容

(1) 管路安装图。

(2) 管段图。

(3) 管架和非标准管件图。

(4) 管段表。

(5) 管架表

(6) 综合材料表。

(7) 设备管口方位图。

七、向公用工程提供设计条件

公用工程是指给排水、供热（主要指蒸汽）、供冷、电气、采暖通风等工程内容。工艺专业人员在设计时，要向各专业人员提供设计条件。

（一）给排水

工艺专业向给排水专业提供设计条件：

(1) 工艺生产的最大、最小用水量；

(2) 工艺生产所用水温、水压、水质；

(3) 供水是连续还是间断；

(4) 劳动定员和每班工作最大定员数；

(5) 排污量，污水化学成分和含量，特殊物质的理化性质；

(6) 车间上、下水管与管网连接的管口直径、方位和标高；

(7) 提供工艺流程图，设备布置图（平、立面）。

（二）供热

工艺专业向供热专业提供设计条件：

(1) 生产工艺的平常和最大用热量；

(2) 生产工艺用热的温度和压力；

(3) 生产工艺用蒸汽的质量要求；

(4) 供热系统与车间的管口连接、直径、方位和标高；

(5) 提供工艺流程图，设备布置图（平、立面）。

（三）供冷

工艺专业向供冷专业提供设计条件：

(1) 冷冻量和冷冻负荷调节范围；

(2) 冷冻参数、压力和温度；

(3) 制冷方式和冷媒要求；

(4) 最大和最小冷冻时间；

(5) 提供工艺流程图，设备布置图（平、立面）。

（四）供电

工艺专业向供电专业提供设计条件：

（1）车间总用电量，说明高低压数量；

（2）负荷类型，允许停电时间（小时），是否需要备用电源；

（3）工作班次；

（4）有无特殊用电设备，如直流电机等；

（5）车间平面布置图（要标出各设备所用电机功率、相数、极数、防爆要求、位置，低压配电间位置）；

（6）区域变电所位置；

（7）电线铺设方式（说明是明管还是暗管）；

（8）照明要求（说明是否要求防爆，照明灯高度，灯具要求，局部照明还是事故照明，静电及防雷等要求）。

（五）采暖通风

工艺专业向采暖通风专业提供设计条件内容如下。

（1）平、立面布置图。图上标出固定操作岗位和活动操作地带的范围，供专业设计人员据此铺设管道，安装采暖设备。

（2）工艺设备表。表中说明散热设备的位号、表面积、表面散热量及吸热设备的位号、表面积、温度等。专业设计人员可根据此数据计算出车间单位时间的散热量。

（3）采暖通风及空气调节条件表。此表作为详细介绍车间情况和对采暖、通风、空调的要求条件表，是供该专业设计的主要数据。

八、概（预）算

车间的概算和预算是设计工作的重要组成部分，通过概算和预算的编制，说明车间各项工程的基本建设投资，从中可以明显地看出车间设计在经济上是否合理。

概算是在初步设计阶段编写的，是对基本建设单位拨款的依据。由于没有详细的施工图纸，因此，对于一个车间的费用，尤其是一些零星的费用，不可能详细地编制出来。概算主要是提供车间建筑、设备及安装费用等的基本情况。

预算是在施工图阶段编制的。预算是预备计算车间的投资，是作为对基本建设单位正式投资的依据。由于有了施工图，因此，有条件编制得详细完整，要包括车间的全部费用。概、预算应由设计单位编制，设计人员要对设计工程所编写的概、预算负责。概、预算的编制可参阅有关资料。下面只对概算的依据和内容做简单介绍。

（一）概算的依据

（1）设计说明书和图纸。

（2）设备价格资料。

（3）概算费用指标。

（二）概算内容

1．单位工程概算

单位工程概算可按工段编制，其内容如下：

（1）工艺设备部分（包括定型和非定型设备）；

（2）电器设备部分（包括电动设备、变配电设备和通讯设备）；

（3）自控设备部分（包括各种仪器和通讯设备）；

（4）管道部分（车间管道、阀门及所用保温、防腐、油漆）；

（5）土建部分。

2．其他工程费用概算

其他工程概算主要内容如下：

（1）建设单位管理费；

（2）生产工人培训费；

（3）基本建设试车费；

（4）生产工具及家具购置费；

（5）办公及生活用具购置费；

（6）建设场地准备费。

3．总概算

总概算是由单位工程概算和其他工程费用概算组成，所以总概算也是概算的最后表示形式。其内容如下：

（1）编制说明书（包括生产品种、规模、公用工程等主要情况）；

（2）主要设备、建筑、安装的三大材料用量估算表；

（3）投资评价（从经济上分析建设项目是否合理）；

最后编制总概算表。

总之，完成一个工厂（或车间）的设计涉及的内容很多，知识面很广，设计中要符合国家颁布有关文件和技术规范。本章编写的目的是了解设计中的基本知识和主要内容，明确工艺专业应完成那些设计，要想掌握设计知识，只有在设计过程中才能达到。

主 要 符 号 表

符号	意义	法定单位
A	设备内液体的截面积	m^2
C	料液比热容	$kJ/(kg \cdot \text{℃})$
C_2	冷却水比热容	$kJ/(kg \cdot \text{℃})$
C_1，C_2	结晶料液和母液的浓度	质量%
D	蒸汽耗量	kg
F	真空过滤面积	m^2
F_B	板框压滤机过滤面积	m^2
G	被加热料液量	kg
H_L	设备内液柱高度	m
i	蒸汽热焓	kl/kg
K	液体搅拌系数	
K	经验常数	
p	设备内压强	Pa
p_k	设备内剩余压强	Pa

续表

符号	意义	法定单位
p_0	液面上空压强	Pa
Q	物料热效应	kJ/h
Q_F	发酵热	kJ/($m^3 \cdot h$)
Q_g	压缩空气耗量	(标准状态) m^3/min
q	结晶热	kJ/kg
r	蒸汽汽化潜热	kJ/kg
S	水蒸发量	kg/h
t_H，t_K	冷却水进出口温度	℃
t_1，t_2	加热开始和结束的料液温度	℃
V_A	设备全容积	m^3
V_h	真空泵抽气量	m^3/h
V_L	被压送出料液体积	m^3
V_L	发酵罐中发酵液体积	m^3
V_0	所需真空量	m^3/h
W	冷却水用量	kg/h
W_c	每批结晶料液量	kg
W_M	每批结晶母液量	kg
η	蒸汽热损失增加量	
ρ	液体密度	kg/m^3
τ	操作时间	h
τ	抽吸一次所需时间	h
φ	设备装料系数	

附录一 各种重要数据

1. 干空气的重要物理性质

温度 t ℃	密度 ρ kg/m³	比热 $Cp \times 10^{-3}$ J/kg·K	导热系数 $\lambda \times 10^2$ W/m·K	导温系数 $\alpha \times 10^5$ m²/s	黏度 $\mu \times 10^5$ Pa·s	运动黏度 $\mu_2 \times 10^5$ m²/s	普兰德数 Pr
−50	1.584	1.013	2.034	1.27	1.46	9.23	0.727
−40	1.515	1.013	2.115	1.38	1.52	10.04	0.728
−30	1.453	1.013	2.196	1.49	1.57	10.80	0.724
−20	1.395	1.009	2.278	1.62	1.62	11.60	0.177
−10	1.342	1.009	2.359	1.74	1.67	12.43	0.714
0	1.293	1.005	2.440	1.88	1.72	13.28	0.708
10	1.247	1.005	2.510	2.00	1.77	14.16	0.708
20	1.205	1.005	2.591	2.14	1.81	15.06	0.702
30	1.165	1.005	2.673	2.28	1.86	16.00	0.701
40	1.128	1.005	2.754	2.43	1.91	16.96	0.696
50	1.093	1.005	2.824	2.57	1.96	17.95	0.697
60	1.060	1.005	2.893	2.72	2.01	18.97	0.698
70	1.029	1.009	2.963	2.86	2.06	20.02	0.701
80	1.000	1.009	3.044	3.02	2.11	21.09	0.699
90	0.972	1.009	3.126	3.19	2.15	22.10	0.693
100	0.946	1.009	3.207	3.37	2.19	23.13	0.695
120	1.898	1.009	3.335	3.68	2.29	25.45	0.692
140	0.854	1.013	3.486	4.04	2.37	27.80	0.688
160	0.815	1.017	3.637	4.40	2.45	30.09	0.685
180	0.779	1.022	3.777	4.75	2.53	32.49	0.684
200	0.746	1.026	3.928	5.14	2.60	34.85	0.679
250	0.674	1.038	4.265	6.10	2.74	40.61	0.666
300	0.615	1.047	4.602	7.15	2.97	48.33	0.675

$$Pr = \frac{Cp\mu}{\lambda} = \frac{\mu}{\alpha}$$

2. 水的重要物理性质

温度	压力	密度	焓	比热	导热系数	导温系数	黏度	运动黏度	体积膨胀系数	表面张力	普兰德数
t	P	ρ	H	$Cp \times 10^{-3}$	$\lambda \times 10^2$	$\alpha \times 10^7$	$\mu \times 10^5$	$\mu \times 10^6$	$\beta \times 10^4$	$\sigma \times 10^3$	Pr
℃	atm	kg/m³	kJ/kg	J/kg·K	W/m·K	m²/s	Pa·s	m²/s	1/K	N/m	
0	1.03	999.9	0	4.212	55.08	1.31	178.78	1.789	− 0.63	75.61	13.66
10	1.03	999.7	42.04	4.191	57.41	1.37	130.53	1.306	+ 0.70	74.14	9.52
20	1.03	998.2	83.90	4.183	59.85	1.43	100.42	1.006	1.82	72.67	7.02
30	1.03	995.7	125.69	4.174	61.71	1.49	80.12	0.805	3.21	71.20	5.42
40	1.03	992.2	167.51	4.174	63.33	1.53	65.32	0.659	3.87	69.63	4.30
50	1.03	988.1	209.30	4.174	64.73	1.57	54.92	0.556	4.49	67.67	3.54
60	1.03	983.2	211.12	4.178	65.89	1.61	46.98	0.478	5.11	66.20	2.98
70	1.03	977.8	292.99	4.187	66.70	1.63	40.60	0.415	5.70	64.33	2.53
80	1.03	971.8	334.94	4.195	67.40	1.66	35.50	0.365	6.32	62.57	2.21
90	1.03	965.3	376.98	4.208	67.98	1.67	31.48	0.326	6.95	60.71	1.95
100	1.03	958.4	419.19	4.220	68.21	1.69	28.24	0.295	7.52	58.84	1.75
110	1.46	951.0	461.34	4.233	68.44	1.70	25.89	0.272	8.08	56.88	1.60
120	2.03	943.1	503.67	4.250	68.56	1.71	23.73	0.252	8.64	54.82	1.47
130	2.75	934.8	546.38	4.266	68.56	1.72	21.77	0.233	9.19	52.86	1.35
140	3.69	926.1	589.08	4.287	68.44	1.72	20.10	0.217	9.72	50.70	1.26
150	4.85	917.0	632.20	4.312	68.33	1.73	18.63	0.203	10.3	48.64	1.18
160	6.30	907.4	675.33	4.346	68.21	1.73	17.36	0.191	10.7	46.58	1.11
170	8.08	897.3	719.29	4.379	67.86	1.73	16.28	0.181	11.3	44.33	1.05
180	10.23	886.9	763.25	4.417	67.40	1.72	15.30	0.173	11.9	42.27	1.00
190	12.80	876.0	807.63	4.460	66.93	1.71	14.42	0.165	12.6	40.01	0.96

3. 饱和水蒸气的物理性质（以温度为准）

温度 ℃	压力 kPa	压力 atm	密度 kg/m³	比容 m³/kg	饱和蒸气压下液体的密度 kg/m³	焓 kJ/kg 液体	焓 kJ/kg 蒸汽	汽化热 kJ/kg	比热 $C_p \times 10^{-3}$ J/kg·K	导热系数 $\lambda \times 10^2$ W/m·K	导温系数 $\alpha \times 10^6$ m²/s	动力黏度 $\mu \times 10^5$ Pa·s	运动粘度 $\mu \times 10^6$ m²/s	普兰德数 Pr
0	0.608	0.0060	0.00485	206.19	1000	0	2491	2491				0.8238	1699	
10	1.226	0.0121	0.00940	106.38	1000	41.87	2510	2468				0.8532	908	
20	2.331	0.0230	0.01719	58.17	998.0	83.74	2530	2446				0.8924	519	
30	4.246	0.0419	0.03036	32.94	996.0	125.6	2549	2423				0.9317	307	
40	7.377	0.0728	0.05114	19.55	992.1	167.5	2569	2402				0.9707	190	
50	12.341	0.1218	0.0830	12.05	988.1	209.3	2587	2378				1.0003	121	
60	19.921	0.1966	0.1302	7.681	983.3	251.2	2606	2355				1.0395	79.8	
70	31.168	0.3076	0.1979	5.053	977.5	293.1	2624	2331				1.0788	54.5	
80	47.380	0.4676	0.2929	3.414	971.8	334.9	2642	2307				1.1180	38.2	
90	70.137	0.6922	0.4229	2.365	966.2	376.8	2660	2283				1.1572	27.4	
100	101.325	1.000 0	0.5970	1.675	958.8	418.7	2677	2258	2.01	2.42	20.08	1.1965	20.0	0.994
110	143.30	1.4143	0.8254	1.212	950.6	461.0	2693	2232	2.05	2.59	15.31	1.2455	15.1	0.986
120	198.63	1.9603	1.120	0.8929	943.4	503.7	2709	2205	2.09	2.75	11.75	1.2847	11.5	0.976
130	270.13	2.6660	1.496	0.6685	935.5	546.4	2724	2178	2.18	2.94	9.01	1.3239	8.85	0.982
140	361.46	3.5673	1.966	0.5087	926.8	589.1	2738	2149	2.22	3.08	7.06	1.3534	6.88	0.975
150	476.12	4.6989	2.547	0.3926	917.4	632.2	2751	2119	2.30	3.31	5.65	1.3926	5.47	0.968
160	618.14	6.1006	3.259	0.3068	907.4	675.8	2763	2087	2.39	3.49	4.48	1.4318	4.39	0.981
170	792.16	7.8180	4.122	0.2426	896.9	719.3	2773	2054	2.47	3.69	3.62	1.4711	3.57	0.985
180	1002.9	9.8983	5.157	0.1936	887.4	763.3	2783	2020	2.55	3.84	2.92	1.5103	2.93	1.003

续表

温度 ℃	压力 kPa	压力 atm	密度 kg/m³	比容 m³/kg	饱和蒸气压下液体的密度 kg/m³	焓 kJ/kg 液体	焓 kJ/kg 蒸汽	汽化热 kJ/kg	比热 $C_p \times 10^{-3}$ J/kg·K	导热系数 $\lambda \times 10^{2}$ W/m·K	导温系数 $a \times 10^{6}$ m²/s	动力黏度 $\mu \times 10^{5}$ Pa·s	运动黏度 $\mu \times 10^{6}$ m²/s	普兰德数 Pr
190	1255.5	12.391	6.395	0.1564	875.7	807.6	2790	1982	2.72	4.10	2.36	1.4711	2.30	0.976
200	1555.3	15.350	7.863	0.1272	864.3	852.0	2796	1944	2.85	4.31	1.92	1.5985	2.03	1.057
210	1908.5	18.835	9.578	0.1044	851.8	897.2	2799	1902	3.01	4.51	1.56	1.6378	1.71	1.093
220	2320.7	22.903	11.62	0.08606	839.6	942.5	2801	1859	3.18	4.70	1.27	1.6868	1.45	1.141
230	2798.6	27.620	13.99	0.07148	825.7	988.5	2800	1812	3.39	4.95	1.04	1.7358	1.24	1.182
240	3348.7	33.049	16.76	0.05967	811.7	1035	2797	1762	3.64	5.20	0.852	1.7751	1.06	1.243
250	3978.4	39.264	19.98	0.05005	797.5	1082	2790	1708	3.85	5.44	0.707	1.8241	0.913	1.291
260	4694.5	36.331	23.72	0.04216	781.4	1129	2781	1652	4.19	5.67	0.571	1.8829	0.794	1.391
270	5506.7	54.347	28.09	0.03560	765.7	1177	2768	1591	4.56	5.98	0.467	1.9320	0.688	1.473
280	6420.9	63.369	33.19	0.03013	749.6	1226	2752	1526	4.98	6.31	0.382	1.9908	0.600	1.571
290	7446.9	73.495	39.17	0.02553	730.5	1275	2732	1457	5.57	6.67	0.306	2.0595	0.526	1.720
300	8593.5	84.811	46.21	0.02164	710.2	1326	2708	1382	6.20	7.01	0.245	2.1281	0.461	1.882
310	9871.6	97.425	54.61	0.01831	687.8	1379	2680	1301	7.08	7.60	0.197	2.1968	0.402	2.041
320	11293	111.45	64.74	0.01545	662.3	1436	2648	1212	8.12	8.14	0.155	2.2850	0.353	2.279
330	12867	126.99	77.09	0.01297	636.5	1497	2611	1114	9.80	8.80	0.116	2.3929	0.310	2.665
340	14611	144.20	92.77	0.01078	607.5	1563	2569	1006	11.72	9.58	0.0881	2.5204	0.272	3.083
350	16540	163.24	113.6	0.008803	572.7	1636	2517	881	16.75	10.69	0.0562	3.6577	0.234	4.164
360	18678	184.34	144.1	0.006940	527.4	1729	2443	714	20.93	12.32	0.0408	2.9127	0.202	4.948
370	21057	207.82	202.4	0.004941	454.6	1888	2302	414	29.31	15.34	0.0259	3.3736	0.167	6.446
374	22092	218.03	277.0	0.003610	326.8	1983	2098	115						

$$Pr = \frac{U}{a} = \frac{C_p \mu}{\lambda}\; ; \; a = \frac{\lambda}{C_p \rho}\; ; \; U = \frac{\mu}{\rho}$$

附录二　通用式发酵罐

通用式发酵罐主要参数表

项目		100L	400L	1000L	1800L	5m³	10m³	15m³	20m³	30m³	40m³	50m³	60m³	70m³	100m³	备注
		公　称								容　积						
罐	全容积 (m³)	0.123	0.410	1.004	1.895	5.20	10.75	15.80	21.34	32.6	38.27	56.39	61.46	73.6	103.6	
	罐体内径 (mm)	φ400	φ600	φ800	φ1000	φ1400	φ1800	φ2000	φ2200	φ2600	φ2800	φ3000	φ3200	φ3200	φ3800	
	夹套内径 (mm)	φ500	φ700	φ900	φ1100	φ1500	—	—	—	—	—	—	—	—	—	
	筒体内高度 (mm)	800	1200	1650	2000	2800	3600	4300	4800	5200	6040	6900	6500	8000	7800	
	H/D 值	2.0	2.0	2.06	2.0	2.0	2.0	2.15	2.18	2.0	2.16	2.3	2.03	2.5	2.05	
体	筒体壁厚 (mm)	5	6	8	10	12	10	12	12	14	14	12	10	12	16	
	封头壁厚 (mm)	6	8	10	10	12	12	14	14	16	16	14	12	14	18	
人、手孔规格 (mm)		φ125	φ125	椭圆 400×300	椭圆 400×300	φ400	φ500	φ500	φ550	φ600	φ600	φ700	φ600	φ600	φ700	
冷却蛇管	盘管直径 (mm)	—	—	—	—	—	φ51×3.5	φ51×3.5	φ51×3.5	φ57×3.5	φ57×3.5	φ57×3.5	φ89×4.5 半剖	φ57×3.5	φ57×3.5	
	传热面积 (m²)	传热面积与装料高度有关				—	8	10	24	32	48	50	外蛇管 58	60	90*	* 内蛇管 54m² 外蛇管 36m²
搅拌装置	搅拌转速 (r/min)	400	350	250	220	210	200	180	200	180	140~170	135	90~150	130	90	
	轴径 (mm)	φ30	φ35	φ40	φ45	φ55	φ65	φ80	φ85	φ95	φ95	φ125	φ130	φ130	φ130	
	中间轴承段	—	1	1	1	1	1	2	2	2	2	2	2	2	2	

续表

项目		公称					容积									备注
		100L	400L	1000L	1800L	5m³	10m³	15m³	20m³	30m³	40m³	50m³	60m³	70m³	100m³	
搅拌装置	搅拌器型式	6-6 平叶	6-6 平叶	6-6 弯叶	6-6 弯叶	6-6 弯叶	6-6 弯叶	6-6 弯叶	6-6 弯叶	6-6-3 弯叶	8-6-6 -6弯叶	6-6-6 箭叶	6-6-6 -6箭叶	6-6-6 弯叶	6-6-6-6-3-3 平叶	
	搅拌器直径 (mm)	φ160	φ250	φ300	φ400	φ500	φ600	φ670	φ700	φ850	φ840	φ1000	φ1100	φ1200	φ1250	
	搅拌器层数	2	2	2	2	2	2	2	3	3	4	3	4	3	3	
电动机	型号	Y90S-6	Y112M -6	$Y132M_1$ -6	$Y132M_2$ -6	Y180M -8	Y209L -8	Y225M -8	Y280S -8	Y280S -8	Z_2-111	Y280M -8	JZTL- 10-89	YJL130 -12	YJL128 -10	
	功率 (kW)	0.75	2.2	4	5.5	11	22	30	55	55	75	75	120	130	130	
	转速	940	940	960	960	725	730	730	740	740	额定 750	730	460~700	480	530	
减速装置	三角皮带 型号和根数	A×2根	A×3根	B×3根	B×4根	B×4根	C×4根	C×6根	D×6根	D×8根	D×8根	D×8根	D×12根	E×9根	E×10根	
	小皮带轮 直径 (mm)	φ70	φ100	φ115	φ125	φ148	φ200	φ200	φ300	φ315	φ315	φ335	φ315	φ440	φ426	
	大皮带轮 直径 (mm)	φ165	φ270	φ440	φ545	φ510	φ730	φ811	φ1100	φ1295	φ1170	φ1860	φ1450	φ1620	φ2620	
进气及排料管 规格		D_g20	D_g25	D_g40	D_g40	D_g50	D_g65	D_g80	D_g100	D_g100	D_g100	D_g125	D_g125	D_g150	D_g150	
视镜规格		D_g80	D_g80	D_g80	D_g80	D_g125	D_g125	D_g100	D_g125	D_g125	D_g150	D_g150	D_g150	D_g150	D_g150	
支座形式		耳式支座				支脚	支座	支座	支座	裙座	支座	裙座	裙座	裙座	支脚	

参 考 文 献

1 俞俊棠主编. 抗生素生产设备. 北京：化学工业出版社，1982

2 戚以政，夏杰编著. 生物反应工程. 北京：化学工业出版社，2004

3 刘佳佳，曹福编著. 生物技术原理和方法. 北京：化学工业出版社，2004

4 陈洪章等编著. 生物过程工程与设备. 北京：化学工业出版社，2004